# E. AUBERT

Docteur ès sciences, Agrégé de l'Université
Professeur au Lycée Charlemagne

# LECTURES

# PROMENADES SCIENTIFIQUES

ÉCOLES
ET
COURS PRIMAIRES

# PARIS

E. ANDRÉ fils

6 rue Casimir Delavigne

1902

# LECTURES

ET

# PROMENADES SCIENTIFIQUES

# INTRODUCTION





Mes chers Amis,

Les enfants sont très curieux; vous en savez bien quelque chose : rien de ce qui se passe autour d'eux ne leur échappe. Comme ils veulent tout savoir, ils interrogent sans cesse leurs Parents ou leurs Amis.

« Papa, pourquoi cette pomme mûre est-elle tombée de l'arbre qui la portait? — Maman, pourquoi la neige qui couvrait la cour ce matin n'y est-elle plus à midi? — Monsieur, comment le grain de blé qu'on met dans la terre donne-t-il la tige verte que je viens d'arracher avec sa racine? »

Vous avez raison, mes Enfants, de voir avec attention, *d'observer* les objets qui sont à votre portée, d'en chercher la forme, la grandeur, la couleur, la composition; demandez-vous si ces objets sont utiles, et pourquoi ils le sont.

C'est en questionnant vos Parents, vos Maîtres, vos Camarades, que vous apprendrez, que *vous vous instruirez*.

Devenus grands un jour, et savants avec cela, vous serez heureux de pouvoir, à votre tour, rendre service aux petits enfants et même aux grandes personnes, à vos *concitoyens*. Votre savoir vous permettra de donner de sages conseils autour de vous.

*Être utile à ses semblables, c'est servir son pays.* Pour bien servir la France, votre Patrie, travaillez avec courage dès votre jeune âge.

A l'école primaire, vos Maîtres vous donnent l'exemple, puisqu'en vous instruisant ils cherchent à faire de vous de bons Français.

# LES ÈTRES DE LA NATURE

## I. — Une promenade à la campagne.

[PIERRES, PLANTES, ANIMAUX]

2ᵉ LECTURE                                     [Iᵉʳ COURS]

**1**. Comme il fait beau temps aujourd'hui, mes Enfants, je vous ai amenés en pleine campagne pour vous apprendre à lire dans le grand livre de la Nature ouvert à vos yeux.

Qu'est-ce que la nature? C'est tout ce qui nous entoure : le soleil qui nous envoie sa chaleur, les étoiles brillant la nuit dans le ciel, la terre où nous marchons, les pierres du chemin, l'arbre à l'ombre duquel vous m'écoutez, le Cheval qui prend ses ébats là-bas dans la prairie, l'Oiseau dont le chant nous égaie, le Poisson qui nage dans la rivière, l'Abeille agile butinant de fleur en fleur, l'Escargot qui rampe avec lenteur dans la haie voisine.

Nous nous contenterons aujourd'hui d'examiner les **êtres** qui sont le plus près de nous.

**2**. Vous apercevez cette grosse pierre (fig. 1) qui borde la route? a-t-elle changé de forme ou d'aspect depuis que vous la connaissez? Non, n'est-ce pas? elle est aussi restée à la même place.

Or, *tous les êtres qui conservent leur forme et leur aspect, qui ne peuvent changer de place par eux-mêmes, sont des* **pierres**, *des* **minéraux**.

**3**. Mais, me direz-vous, les arbres non plus ne changent pas de place? C'est vrai ; seulement, ils n'ont pas le même aspect en hiver et en été : dans la belle saison, ils poussent des branches nouvelles couvertes de feuilles. Ces feuilles tomberont dès les premiers froids de l'automne.

Le Pêcher est orné de fleurs roses au printemps ; les rameaux
du Lilas por-
tent de gros bou-
quets de fleurs
violettes au mois
de mai ; le Ceri-
sier, le Poi-
rier forment de
splendides ger-
bes de fleurs

Fig. 1. — Les Pierres,
les Plantes et les Animaux
sont les seuls êtres de la
nature.

blanches. Ces fleurs
disparaissent pour
donner des fruits
Les êtres qui res-
tent à la même place comme les arbres, mais qui n'ont pas tou-

*jours le même aspect, s'appellent des* **plantes,** *des* **végétaux.**

**4.** Voyez la Jument qui s'amuse dans le pré avec son poulain, elle a été petite comme lui ; le poulain deviendra un grand Cheval à son tour.

Le Cheval change donc à mesure qu'il vieillit, comme le font les arbres ; mais tandis que l'arbre reste toujours à l'endroit où il a été planté, le Cheval change de place suivant ses besoins : c'est un *être animé* et *sensible.*

*On appelle* **animaux** *tous les êtres qui changent d'aspect et peuvent se mouvoir.*

**Les** *Pierres,* **les** *Plantes* **et les** *Animaux* **sont les seuls êtres de la nature.**

## II. — Une excursion au bois.

[LES ÊTRES VIVANTS]

3ᵉ LECTURE                                              [1ᵉʳ COURS]

**5.** Nous avons appris hier, mes Enfants, à distinguer une pierre d'une plante et d'un animal ; aujourd'hui le joli bois dans lequel nous sommes (fig. 3), va nous révéler quelques-unes de ses curiosités.

Regardez par terre au pied de ce grand Chêne ; vous y voyez beaucoup de petites plantes ; arrachons-en une avec précaution ; que nous montre-t-elle ?

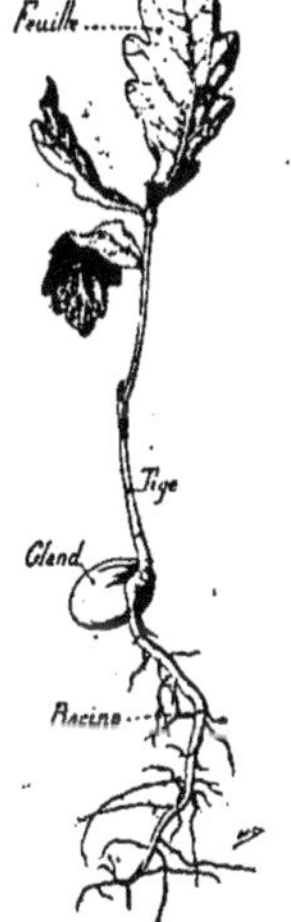


FIG. 2. — Le gland a donné un petit Chêne.

C'est d'abord un gros fruit, un gland, qui a poussé une racine déjà profondément enfoncée dans la terre, et une petite tige ornée de trois feuilles (fig. 2) ; ces feuilles sont les mêmes que celles du grand Chêne. Le gland a donné *naissance* à cette jeune plante, il y a un mois à peine.

Nous avons donc un Chêne *jeune* entre les mains.

Remettons la petite plante dans la terre avec attention ; quand nous reviendrons l'année prochaine, *elle aura grandi* ; dans cinquante ans, ce sera un gros arbre ; plus tard, son tronc pourrira comme celui du vieux tronc *mort* couché près de nous sur le sol.

FIG. 3. — Le petit Chêne deviendra grand, puis il mourra.

*Puisqu'il naît, grandit et meurt, le Chêne est un* **être vivant** *comme toutes les plantes.*

**6.** Avez-vous vu s'envoler ce joli petit Chardonneret? Approchons-nous avec précaution du buisson qu'il vient de quitter.

Ah! voici un nid  sur lequel couve sa compagne. La toute belle nous a entendus et s'enfuit à son tour  en poussant des cris désespérés.

Que renferme le nid ! deux œufs et un petit oiseau bien faible, encore au milieu des débris d'une coquille; le pauvre animal a froid; vite, éloignons-nous pour que sa mère vienne le réchauffer.

Le petit Chardonneret est sorti de l'œuf qu'il a brisé en *naissant*; il *grandira* en se couvrant de plumes, pourra pondre. ui aussi des œufs; tôt ou tard, il *mourra*.

*Le Chardonneret est un* **être vivant** *comme tous les animaux.*

**La nature renferme deux sortes d'*êtres vivants* : les *Plantes* et les *Animaux*.**

# LE SOLEIL ET LA TERRE

4° LECTURE                                          [I<sup>er</sup> COURS]

7. Vous avez tous éprouvé, mes Amis, le plaisir d'être, un soir d'hiver, au coin d'un bon feu dans une chambre fermée. Le feu de la cheminée réchauffait vos mains et vos pieds engourdis; il vous éclairait en même temps : c'était un **foyer** *de chaleur et de lumière.*

En effet, quand la flambée s'est éteinte, l'*obscurité* s'est faite dans la chambre, puis *vous avez senti le froid.*

Or le **soleil**, cet *astre* visible dans le ciel bleu, est comparable au feu de la cheminée; il nous envoie lui aussi de la lumière et de la chaleur.

La *nuit* ne commence-t-elle pas aussitôt après le *coucher* du soleil, qui a lieu le soir à l'*ouest*? le *jour* n'apparaît-il pas avec le *lever* de l'astre, que nous observons le matin à l'*est*?

*Le soleil est donc une* **source de lumière**.

Au milieu du jour en hiver, quand les vents froids soufflent du *nord*, je vous vois rangés le long du mur de l'école, éclairé par le soleil de *midi*; une douce chaleur vous pénètre alors. Mais dès qu'un gros nuage passe devant l'astre, aussitôt vous cessez d'en sentir l'effet bienfaisant.

*Le soleil est donc un* **foyer de chaleur**.

## Tous les points de la surface de la terre ne sont pas également échauffés par le soleil.



**8.** Dans une même journée, c'est à midi que le soleil nous envoie le plus de chaleur et de lumière ; vous en comprendrez la raison en faisant avec moi une petite expérience.

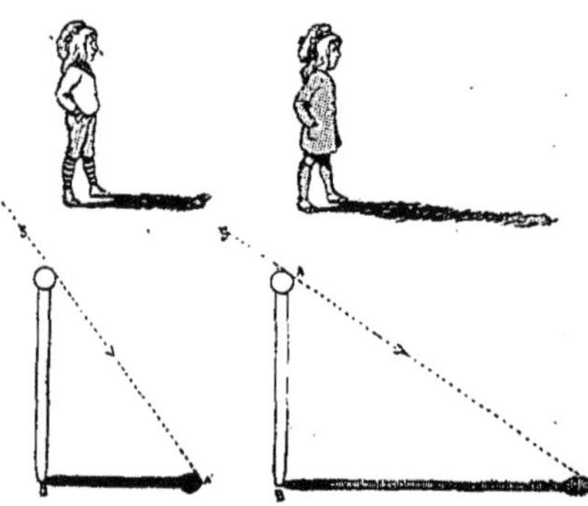

Dans la cour de l'école, à l'endroit le plus longtemps éclairé, je plante bien verticalement un piquet, AB (fig. 4), terminé par une petite boule A ; remarquez qu'il fait ombre sur le sol en A'B. Demain, nous mesurerons la longueur de cette ombre à trois reprises différentes : le

Fig. 4 et 5. — L'ombre A'B portée par le soleil en été est plus courte qu'en hiver ; en été, le soleil nous échauffant davantage, nous avons besoin de moins nous couvrir.

matin aussitôt après le lever du soleil, puis à midi, enfin le soir un peu avant la nuit. Je puis vous dire déjà ce que nous observerons : la longueur de l'ombre A'B sera la plus courte à midi ; c'est parce qu'à ce moment le soleil est *le plus haut dans le ciel.* A cet instant même, il nous éclaire et nous réchauffe le plus.

Au mois de juin prochain, puis au mois de décembre, nous mesurerons encore l'ombre A'B de notre piquet ; vous verrez qu'elle sera très courte en juin, très allongée en hiver (*fig.* 5).

*En été, le soleil est très élevé au-dessus de l'horizon* et nous en ressentons vivement la chaleur ; *en hiver, il est très bas* et nous envoie peu de chaleur.

**9.** Ces remarques vont nous permettre de comprendre pourquoi, sur la terre, il y a des pays chauds et des pays froids.

Rappelez-vous d'abord que *la terre est une grosse boule, une sphère.* Supposez que je place quelques-uns d'entre vous

en faction, comme autant de soldats, le 20 mars, aux postes
que je vais indiquer sur le cercle NES de la figure 6.

Noël sera au point N qu'on appelle le **pôle** *nord* ; Samson
montera la garde au point S qu'on appelle le **pôle sud** ; Élie
occupera le poste E situé sur l'**équateur**, également éloigné des
poles ; Pierre
sera en P, à
égale distance
de l'équateur et
du pôle nord ;
Octave s'instal-
lera de même
au point O, en-
tre l'équateur
et le pôle sud.

Vos cinq ca-
marades plan-
tent chacun, et

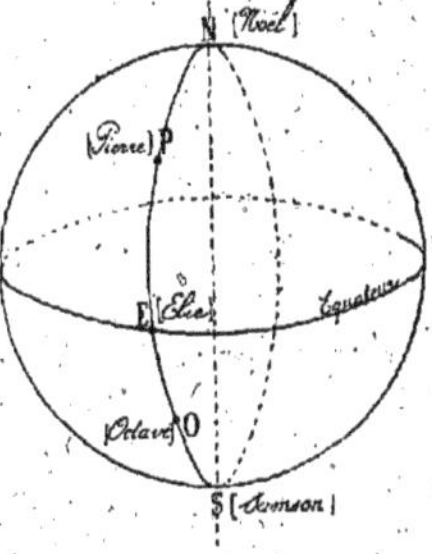

FIG. 6 et 7. — La surface de la Terre se divise en 5 zones.

bien *verticalement*, un piquet de même longueur aux postes
que je leur ai confiés. Ce même jour, le 20 mars à midi, ils
mesurent la longueur de l'ombre portée par les piquets sur
le sol.

Élie, *à l'équateur*, est fort surpris ; son piquet ne projette
aucune ombre ; le soleil est juste au-dessus de la tête du pauvre
garçon qui souffre beaucoup de la chaleur excessive.

Noël et Samson, *aux pôles*, ne peuvent mesurer l'ombre
indéfinie de leur piquet, parce qu'ils aperçoivent le soleil
seulement au ras du sol ; aussi ont-ils grand froid.

Pour Pierre et Octave, la mesure ne présente pas de difficulté ; ils reçoivent l'un et l'autre du soleil une quantité de
chaleur très supportable.

La partie de la surface de la terre qui entoure l'équateur,
celle où Élie a si chaud, s'appelle la **zone torride** (fig. 7) ; celles
où Pierre et Octave sont installés sont les **zones tempérées** ;
enfin les régions qui avoisinent et entourent les pôles où Noël
et Samson grelottent de froid, s'appellent les **zones glaciales**.

*Le soleil envoie à la terre de la chaleur et de la lumière qui y
sont inégalement distribuées.*
**La surface du globe est partagée en 5 zones :** *la zone*

*torride*, coupée en deux par l'équateur; *les zones tempérées;* enfin *les zones glaciales* dont les centres sont le pôle nord et le pôle sud de la terre.

# LA MATIÈRE

## I. — Les trois états de la matière.

6ᵉ LECTURE　　　　　　　　　　　　　　　　[1ᵉʳ & 2ᵉ COURS]

**10**. Mes Enfants, notre grand voyage d'hier vous a sans doute fatigués; aussi nous nous reposerons aujourd'hui en examinant les objets que j'ai choisis et rangés sur cette table (fig: 8).

Fɪɢ. 8. — L'eau est un corps liquide; elle prend la forme du verre dans laquelle je la verse.

Vous voyez ici, à gauche, un bâton de craie, *c*; un morceau de charbon, *C*, et une pièce en argent, *a*.

Au milieu de la table, j'ai fait trois groupes de corps : — Le premier groupe se compose d'un fragment de fer, *F*, d'un morceau de plomb, *P*, et d'une petite motte de beurre, *B*. — Le deuxième groupe comprend trois bouteilles avec de l'huile, de l'eau et de l'essence de pétrole. [A côté, j'ai rangé un verre droit, V, et un verre à pied, L; ils me serviront tout à l'heure.] — Le troisième groupe est formé de trois verres : l'un est vide; le second contient un peu d'eau de Javel dont vos

Mamans se servent pour enlever les taches; dans un autre, j'ai placé un morceau de craie [A côté est une terrine presque remplie d'eau.]

On dit que **tous ces corps sont formés de** *matière.*

**11.** Or, *la matière est-elle la même pour tous?* La craie, le charbon et ma pièce en argent se chargent de vous répondre :

La craie est blanche et *tendre*; je la casse facilement avec la main. — Le charbon est noir, un peu plus *dur* que la craie, car je dois faire plus d'effort pour le briser. — La craie et le charbon sont *ternes* tous deux, tandis que l'argent *brille* à la lumière; de plus, je ne puis le casser entre les doigts.

*La craie, le charbon, l'argent sont formés de* **matières différentes.**

**12.** La matière qui compose les corps n'est pas seulement différente de l'un à l'autre; elle possède des **états** différents; je vais vous le prouver à l'aide des groupes du milieu de la table.

Le morceau de fer du premier groupe conserve *la même forme* et *le même volume*, bien que je le presse entre les doigts ou que je le frappe avec un marteau ; il est résistant.

*Le fer est un corps solide.*

**13.** Je prends maintenant la bouteille d'eau du second groupe et je marque, par un trait, le niveau de cette eau dans le flacon. — *L'eau ne conserve pas la même forme* toujours : si je la verse dans le verre sans pied, V (fig. 8), elle prend la forme cylindrique (comme celle du tuyau du poêle); dans le verre à pied, L, elle prend la forme conique (comme celle d'un pain de sucre).

*L'eau, qui change facilement de forme et non de volume, est un* **corps liquide.**

**14.** J'arrive au troisième groupe. — Voici un verre *vide*; l'est-il véritablement? Suivez bien cette petite expérience :

Je renverse le verre sur la terrine de manière que son bord touche tout entier la surface de l'eau (fig. 9), puis je l'enfonce dans le liquide en le maintenant bien droit. L'eau monte-t-elle dans le verre à mesure que je l'enfonce? Fort peu (fig. 10); *le verre contient donc quelque chose* qu'on appelle de l'*air.*

En effet, j'incline légèrement le verre ; voyez l'air qui s'en échappe par bulles à travers l'eau (fig. 11).

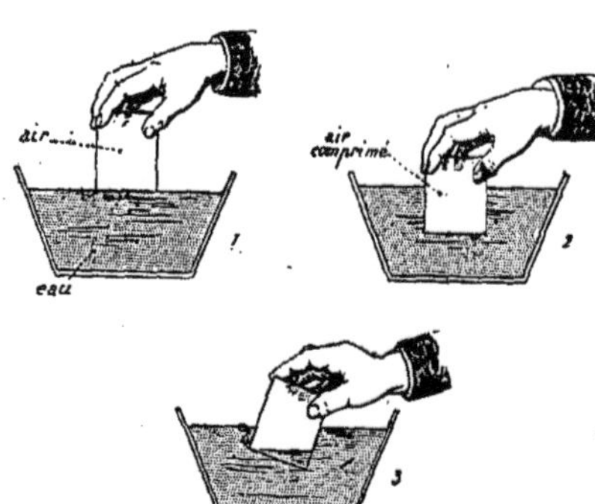


FIG. 9, 10 et 11. — Le verre renversé sur l'eau contient de l'air (1) ; j'enfonce le verre, l'air est comprimé (2) ; je renverse le verre, des bulles d'air s'en échappent (3).

*L'air change plus facilement de forme que l'eau* ; il est très mobile : vous savez bien que les courants d'air font claquer les portes. — *Il change facilement aussi de volume :* vous le verrez.

*L'air est un* **gaz**.

**La matière se présente sous trois** *états* **différents** : l'état *solide*, l'état *liquide* et l'état *gazeux*.

*Les corps solides*, comme le fer, *ne changent pas facilement de forme et de volume.*

*Les corps liquides*, comme l'eau, *peuvent changer aisément de forme, mais conservent le même volume.*

*Les* **gaz**, comme l'air, *peuvent changer de forme et de volume.*

## II. — Les trois états de la matière (*fin*).

7° LECTURE  [2° & 3° COURS]

**13.** Mes Amis, vous ne me paraissez qu'à moitié satisfaits ; vous vous dites avec raison que si j'ai rassemblé tant de corps sur la table (fig. 8), c'est pour vous en parler ; cela est vrai.

Le groupe du fer comprend seulement des **corps solides** qui n'ont pas le même aspect ; sont-ils aussi solides les uns que les autres ? Non. — Le fer est *plus dur* que le plomb qu'il raye ; un coup de marteau frappé sur le plomb laisse une trace (ce qui n'a pas lieu sur le fer).

Le plomb est *moins mou* que le beurre; il me suffit d'appuyer le doigt sur le morceau de beurre pour y faire un trou.

**14.** Le groupe de l'eau ne renferme que des **corps liquides**; mais ils ne le sont pas au même degré. En effet, quand j'agite un instant le flacon d'eau et le flacon d'huile, voyez comme les bulles d'air remontent vite à la surface de l'eau, et comme elles gagnent lentement la surface de l'huile.

*L'eau est un liquide mobile* qui peut couler par gouttes détachées; *l'huile est un liquide visqueux* qui coule en filant.

L'essence de pétrole est aussi un liquide mobile, mais elle se transforme en un gaz qui s'enflamme facilement; il faut avoir soin de *remplir une lampe à essence le jour, loin du feu,* et *non pas le soir à côté d'une bougie allumée;* vous pourriez mettre le feu à vos habits et brûler la maison.

**15.** Les trois verres qui forment mon dernier groupe vont me permettre de vous montrer que *tous les* **gaz** *ne se ressemblent pas.*

Vous avez constaté que le premier verre, en apparence vide, contient de l'*air* sans couleur.

Dans le second verre, je verse un peu de vinaigre dans l'eau de Javel; un *gaz vert* s'en dégage : c'est du *chlore* qu'il ne faut pas respirer car il vous ferait tousser horriblement. Le chlore diffère de l'air par sa couleur; il donne à l'eau de Javel la propriété d'enlever les taches.

Fig. 12. — Une bougie allumée s'éteint dans le gaz carbonique.

Dans le troisième verre, je verse du vinaigre sur la craie; il se produit comme un bouillonnement (on dit une effervescence); un *gaz sans couleur* se dégage de la craie. Ce gaz est-il de l'air? Nullement; en effet, j'y plonge une bougie enflammée qui s'éteint aussitôt (fig. 12), tandis que dans l'air elle aurait brûlé jusqu'au bout.

Le gaz qui s'est dégagé de la craie s'appelle du *gaz carbonique.*

**Les corps** *solides* **ne sont pas tous semblables; il en est de même pour les** *liquides* **et les** *gaz.*

### III. — Un même corps peut être solide, liquide ou gazeux.

8ᵉ LECTURE         [Iᵉʳ COURS]

**16.** Quand il fait très froid en hiver, les étangs, les pièces d'eau, les rivières elles-mêmes se couvrent de *glace*. D'où vient cette glace? Elle est due à ce que l'eau s'est *congelée*; en effet, aussitôt que le soleil réchauffe l'air, la glace *fond*.

Ainsi *la glace est de l'eau* **solide.** — On appelle *solidification* le changement de l'eau en glace par le froid.

*L'eau est de la glace* **fondue.** — On appelle *fusion* le changement de la glace en eau par la chaleur.

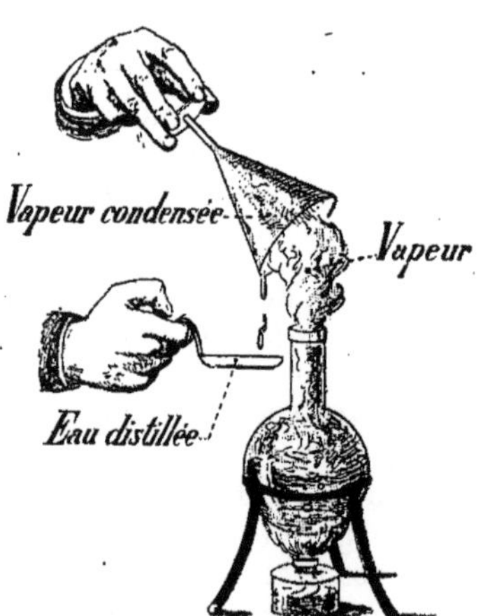


Fig. 13. — L'eau, mise à bouillir dans un ballon, se transforme en vapeur. La vapeur, condensée sur la paroi d'un verre froid, redevient de l'eau (eau distillée).

Je mets de l'eau dans une casserole ou un ballon sur le feu (fig. 13); au bout d'un instant, vous voyez se dégager des bulles de *vapeur* au milieu de l'eau qui *bout*. — Dans la vapeur d'eau, je place ce verre froid; voyez comme il se couvre vite de buée; la buée augmente peu à peu et donne cette fois des gouttes d'eau : vous dites que la vapeur s'est *condensée, liquéfiée*.

Ainsi *la vapeur d'eau est de l'eau transformée en* **gaz.** — On appelle *vaporisation* le changement de l'eau en gaz par la chaleur.

*L'eau est de la vapeur* **liquéfiée.** — On appelle *liquéfaction* le changement de la vapeur en eau par le froid.

*L'eau, corps* **liquide,** *peut devenir un* **solide** *sous la forme de glace, un* **gaz** *sous la forme de vapeur d'eau.*

# L'ATMOSPHÈRE

## I. — L'air.



**17.** Si je demande à l'un de vous, mes Amis, quel temps il fait, immédiatement il regarde le ciel et me répond :

« Oh ! Monsieur, il fait beau temps, car le ciel est bleu » ou bien « Le temps n'est pas sûr, car il y a de gros nuages qui couvrent le ciel ».

Pourquoi le ciel est-il bleu? Y a-t-il donc là haut une voûte bleue que les nuages peuvent nous cacher? Mais, si cette voûte existait, il faudrait qu'elle fût très loin de nous; autrement elle nous empêcherait d'apercevoir le soleil, les étoiles, la lune, comme le plafond d'une chambre nous cache les objets placés au grenier ou dans une autre chambre située au-dessus de la première.

Il n'y a donc pas de voûte dans le ciel. — *La couleur bleue est celle de l'air qui nous entoure.*

Vous me regardez avec de grands yeux étonnés; si vous l'osiez, vous me diriez : « Mais dans un verre vide il y a de l'air, vous nous l'avez montré hier [10]; et cependant le verre n'est pas bleu? »

Cela est vrai. *L'air, vu sous une* **petite** *épaisseur, paraît sans couleur; vu sous une* **grande** *épaisseur, il nous montre sa couleur bleue.* — C'est qu'en effet, l'air dans lequel nous vivons forme, autour de la Terre, une couche épaisse de 300 kilomètres (300 000 mètres); cette couche d'air s'appelle *l'atmosphère.*

**18.** Nous connaissons déjà l'*étendue* et la *couleur* de l'air; ce gaz possède encore d'autres propriétés : il est très *léger.*

Vous savez qu'*un* litre d'eau (fig. 14) pèse 1 kilogramme ou 1 000 grammes; *un* litre d'air pèse seulement 1 gramme 3 décigrammes; il faudrait 773 litres d'air pour peser autant qu'*un* litre d'eau.

*L'air chaud est plus léger encore :* dans la cheminée où brûle du bois un peu humide, vous voyez monter l'épaisse fumée entraînée par l'air chaud. — Auprès du verre de la lampe allumée, je projette un peu de fumée d'une cigarette; la fumée monte vite le long du verre brûlant, et plus rapidement encore au-dessus.

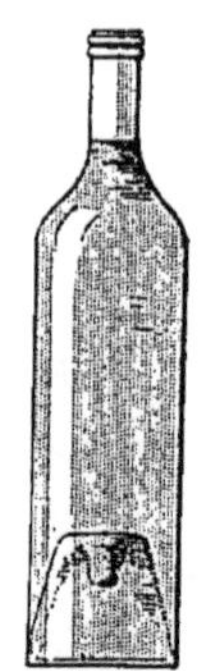

1 litre.    1 kilogr.    1 gr.

FIG. 14. — Un litre d'eau pèse un kilogramme; un litre d'air pèse un peu plus d'un gramme.

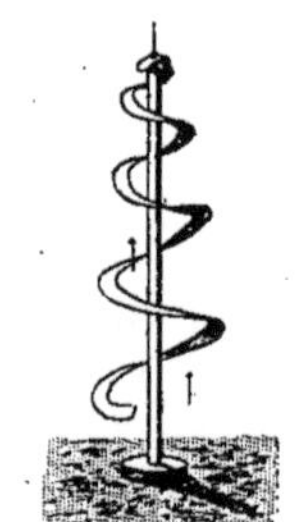

FIG. 15. — L'air chaud fait tourner la spirale de papier.

Faisons encore l'expérience suivante : dans un large bouchon de liège posé à plat, est piquée verticalement une aiguille à tricoter; sur la pointe de l'aiguille, j'appuie l'extrémité d'une spirale de papier dont l'autre bout est libre, je porte le tout sur le poêle allumé. Aussitôt la spirale de papier tourne sur son support, entraînée par l'air que la chaleur du poêle rend plus léger.

C'est une remarque aussi simple qui a conduit les frères Montgolfier à la découverte des *ballons*.

## II. — Les ballons.

                    

**19.** Les frères Montgolfier étaient fabricants de papier à Annonay dans l'Ardèche. Un jour, Mᵐᵉ Montgolfier repassant du linge avait suspendu, devant le feu d'une grande cheminée, un jupon dont le cordon de taille était très serré; son mari vit que l'air chaud, s'engouffrant sous le jupon, le gonflait et le soulevait un peu.

Les deux frères, intéressés par cette remarque, eurent l'idée de fabriquer une grande enveloppe sphérique en toile légère, recouverte de papier et ouverte en bas (fig. 16). Au-dessous de l'ouverture, ils allumèrent un feu de paille : l'air remplit le ballon qui s'éleva à une hauteur de plus de 100 mètres, pour redescendre lorsque l'air fut refroidi (5 juin 1783).

La nouvelle de cette expérience fut connue bientôt dans toute la France; on appela *montgolfière* l'appareil imaginé.

Trois mois plus tard, à Paris, une montgolfière assez vaste put soulever un panier contenant un mouton, un coq et un canard; les trois animaux n'ayant pas souffert de cette *ascension*, des hommes audacieux résolurent de tenter l'aventure.

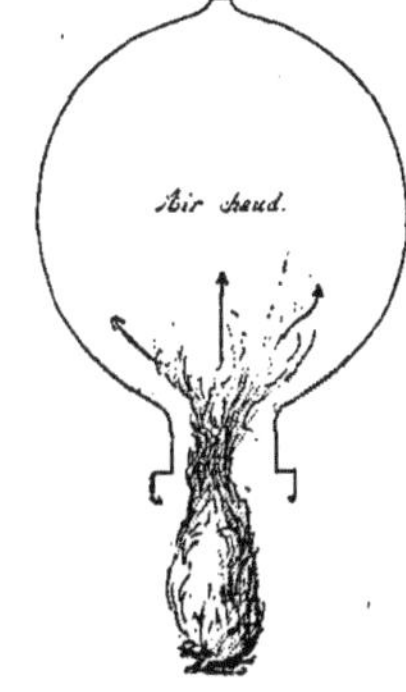


FIG. 16. — L'air chaud soulève
un ballon en papier léger.

FIG. 17. — Montgolfière.

Pilâtre de Rozier et le marquis d'Arlandes montèrent les premiers dans les airs, entraînés par une grande montgolfière (fig. 17); au-dessous pendait une *nacelle* où s'étaient placés les deux voyageurs; en entretenant le feu sous l'ouverture de leur ballon, ils purent s'élever à 2 000 mètres.

Songez, mes Enfants, à l'imprudence que commettaient ces hommes hardis; le feu pouvait gagner l'enveloppe du ballon et la brûler; or, un jour que Pilâtre de Rozier voulait traverser la Manche dans une montgolfière, son ballon prit feu à une grande hauteur et le malheureux *aéronaute* se tua dans sa chute. Cet homme fut *victime de la science et de son courage;* vous ne devez pas oublier son nom.

**20.** Aujourd'hui on n'emploie plus les dangereuses montgolfières, mais des ballons gonflés avec un gaz beaucoup plus léger que l'air : l'*hydrogène* ou le *gaz d'éclairage* dont nous parlerons bientôt.

Dans les villes, les enfants s'amusent avec de petits ballons ainsi gonflés qu'ils retiennent soigneusement par un fil. Lâchent-ils la ficelle de leur *ballon captif?* vite ce dernier s'élance dans l'air à la stupéfaction des jeunes étourdis qui lui ont donné la liberté.

Si le ballon était suffisamment gros, il pourrait vous em-

FIG. 18. — Les enfants jouent avec des *ballons captifs*; les savants cherchent à diriger des *ballons libres* à travers l'espace.

porter vous-mêmes qui chercheriez à le retenir.

En temps de guerre, une armée en campagne surveille l'ennemi à l'aide de *ballons captifs*; pour cela un officier, armé d'une lunette d'approche, prend place dans la nacelle; des soldats permettent au ballon de s'élever assez haut, tout en le maintenant avec une grosse corde; l'officier

peut alors se rendre compte de l'importance de l'armée
ennemie et reconnaître ses positions.

Il faut espérer que bientôt les ballons pourront être *dirigés*
dans les airs; alors les voyageurs pressés se rendront d'un
pays à un autre beaucoup plus vite qu'avec les chemins de
fer, les automobiles et les bicyclettes.


## III. — L'air est un mélange de deux gaz : l'azote et l'oxygène.

**II° LECTURE**                                    [2° & 3° COURS]

**24.** Vous savez déjà, mes Amis, que *sans air nous ne pourrions
pas vivre;* de même, si l'air n'arrivait pas à la cheminée de
votre chambre ou au poêle de la classe, il serait impossible
d'y faire du feu — Pourquoi cela? Je vais vous l'expliquer à
l'aide de petites expériences .

Dans cette terrine à moitié pleine d'eau (fig. 19), je tiens

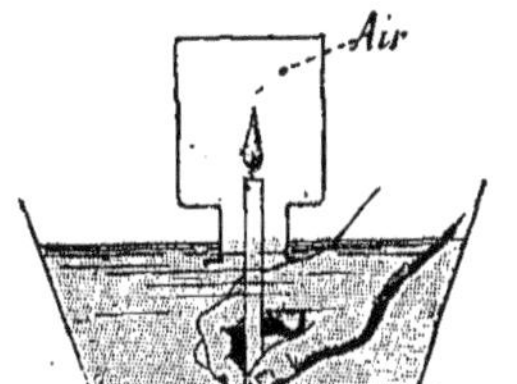

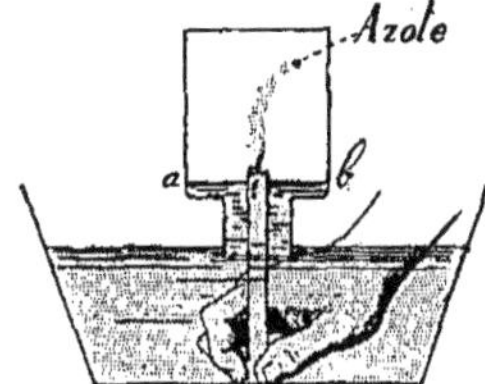


FIG. 19. — La bougie brûle dans l'*air*
confiné de la carafe.

FIG. 20. — Mais elle ne tarde pas à s'y
éteindre.

debout une bougie allumée dont la flamme dépasse le niveau
de l'eau de 5 à 6 centimètres environ; puis je coiffe la
bougie d'une carafe renversée *pleine d'air*, de manière que
le goulot s'enfonce à peu près d'un centimètre dans l'eau.
*La bougie brûle dans l'air de la carafe;* mais voyez comme
sa flamme pâlit vite, elle diminue de longueur;... *la voilà
éteinte* (fig. 20).

Remarquez encore que le niveau de l'eau s'élève de quelques
centimètres dans le flacon, puis s'arrête : ainsi *une petite
partie de l'air* que renfermait le flacon au début *a disparu ;* la

flamme en est certainement la cause, puisque la bougie est éteinte depuis un instant et l'eau ne monte plus.

**22.** Observez bien la suite : tout en laissant le goulot de la carafe plongé dans l'eau, je retire la bougie ; puis, fermant avec la paume de la main l'ouverture de la carafe, je retire celle-ci de l'eau et je la retourne sur la table en la tenant toujours fermée.

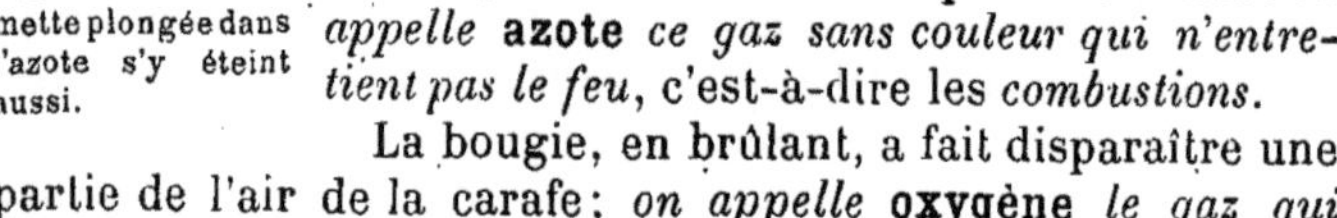

Que l'un de vous enflamme une allumette ; la voici qui brûle bien *dans l'air* ; vous la plongez dans le flacon dont j'ai retiré la main ; voyez l'allumette qui s'éteint de suite.

Ainsi le gaz de la carafe ne permet ni à la bougie ni à l'allumette de brûler ; il fait partie de l'air, mais il ne le forme pas tout entier : *on appelle* **azote** *ce gaz sans couleur qui n'entretient pas le feu*, c'est-à-dire les *combustions*.

FIG. 21. — L'allumette plongée dans l'azote s'y éteint aussi.

La bougie, en brûlant, a fait disparaître une partie de l'air de la carafe ; *on appelle* **oxygène** *le gaz qui entretenait* au début *la flamme de la bougie*.

**23.** L'oxygène est aussi un gaz incolore ; s'il m'est impossible de vous le montrer, je veux cependant en préparer un peu pour vous faire connaître sa propriété d'entretenir les combustions.

Dans ce tube de verre (fig. 22), je chauffe avec précaution, à la lampe ou au feu de charbon, un peu d'une matière blanche solide appelée *chlorate de potasse* ; la substance fond, puis dégage des bulles d'un gaz incolore qui remplace l'air du tube. — Après quelques minutes, j'introduis dans le tube le bout d'une allumette éteinte, *A*, mais qui présente encore un point rouge, *incandescent* ; voyez comme elle se rallume et brûle avec éclat, en *B*.

FIG. 22. — Le chlorate de potasse chauffé dégage de l'*oxygène*.

Le gaz contenu dans le tube, qui a suffi à rallumer l'allumette, est l'**oxygène** dégagé par le chlorate de potasse suffisamment chauffé.

*L'air est un mélange de deux gaz : l'*azote *et l'*oxygène.
Sur 5 litres d'air, il y a environ 4 litres d'azote et 1 litre
d'oxygène. Eh bien ! mes Enfants, *l'azote qui éteint les corps
en feu n'entretient pas* non plus *la vie ;* si je renfermais un petit
Oiseau ou une Souris dans l'azote du flacon, l'animal y mour-
rait très vite *asphyxié.*

*C'est grâce à l'*oxygène, *qui entretient les combustions, que
nous pouvons vivre dans l'air*

# L'EAU

### I. — L'eau dans la nature.



**24.** Nous trouvons de l'eau presque partout dans la nature;
une plante ne pouvant vivre sans eau, les pays où ce liquide manque sont dé-pourvus de végétation : ce sont les *déserts,* comme le
Sahara, en Afrique.

L'*eau* est solide sous la forme de *glace,* ga-zeuse sous la forme de
*vapeur d'eau*

Fig. 23.
Les cours
d'eau
se rendent
à la mer.

[16]. Sur la terre, elle se rencontre sous ses trois états.

**25. Eau liquide.** — L'eau est le plus répandue sous la forme liquide ; tombant en pluie sur le sol, elle coule, elle *ruisselle* jusqu'à la rivière ; la rivière emporte cette *eau de ruissellement* jusqu'à la mer (fig. 23). — Les mers sont d'immenses bassins où se jettent les fleuves ; sur les cartes de géographie, vous les voyez colorées en bleu. — Les étangs, les lacs, comme le lac de Genève que traverse le Rhône (fig. 24), sont aussi des bassins renfermant de l'eau ; mais ils sont plus petits que les mers.

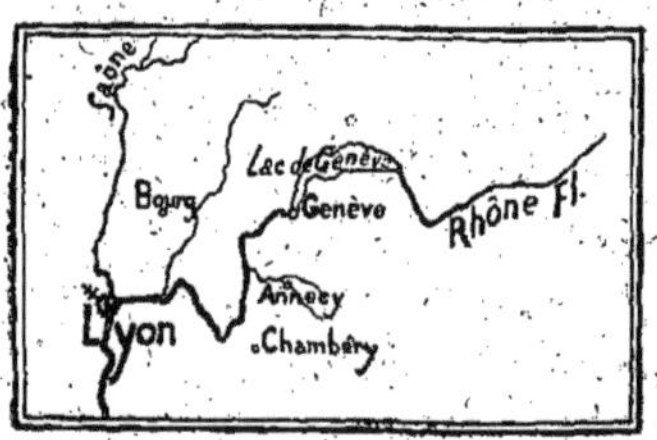



Fig. 24. — Le Rhône traverse le lac de Genève.

Quand la pluie tombe, une partie de l'eau pénètre dans le sol, s'y *infiltre* et le maintient humide ; creusez un trou assez profond, vous rencontrez cette *eau d'infiltration* qui alimente nos puits et nos sources.

**26. Eau solide** ou **glace.** — En hiver, vous voyez flotter parfois dans l'air de jolis flocons blancs de neige ; *la neige est de l'eau solide.* — Par les grands froids, la surface des pièces d'eau se couvre de *glace* ; l'eau gèle aussi dans les vases, les cuviers en bois ou en pierre (et la glace les fait souvent casser, nous verrons cela bientôt [52]).

Fig. 25. — La banquise se débite en énormes glaçons.

Or, ce qui se passe dans nos bassins se produit aussi dans les mers froides qui avoisinent les pôles : ces mers sont couvertes d'une immense croûte de glace appelée *banquise*, épaisse de plusieurs centaines de mètres quelquefois.

Sur ses bords, la banquise se débite en énormes glaçons

flottants, très dangereux pour les navires qui s'y aventurent (fig. 25).

Les hautes montagnes, comme les Alpes et les Pyrénées, sont revêtues d'un manteau de neige et de glace ; la glace, descendant le long des pentes, forme des *glaciers* dont la fusion donne naissance à certains cours d'eau : ainsi le Rhône prend sa source en Suisse dans un grand glacier, large de plus de 600 mètres.

**27. Eau gazeuse** ou **vapeur d'eau**. — Après la pluie, s'il fait bien chaud, la terre sèche rapidement ; l'eau qui mouillait le sol a disparu ; qu'est-elle devenue? *elle s'est transformée en vapeur* invisible, contenue dans l'air.

En été, laissez un peu d'eau dans une assiette au soleil ; au bout de quelques heures, vous trouvez l'assiette vide ; le liquide s'est *évaporé*.

Les mers, les lacs, les fleuves sont comme de vastes cuvettes dont l'eau se transforme partiellement en vapeur.

**28.** Ainsi *l'eau est toujours en mouvement dans la nature* (fig. 26).

L'eau des océans s'évapore (fig. 27); la vapeur qui en provient se répand dans l'air et s'y condense en fines gouttelettes dont la réunion forme les nuages. Nuages et vapeur d'eau sont entraînés par les vents au-dessus des continents, s'y condensent en neige dans les régions froides, en pluie dans les points où il fait plus chaud.

La neige se transforme en glace qui descend lentement vers les vallées, y fond et donne naissance à des rivières.

FIG. 26. — L'eau, toujours en mouvement, se précipite contre la falaise.

L'eau de pluie qui tombe sur le sol se divise en 3 parties :

*l'eau d'évaporation* (vapeur) qui retourne dans l'atmosphère ;

*l'eau de ruissellement* qui coule sur le sol ;

*l'eau d'infiltration* qui y pénètre et forme des nappes souterraines en regagnant la mer.

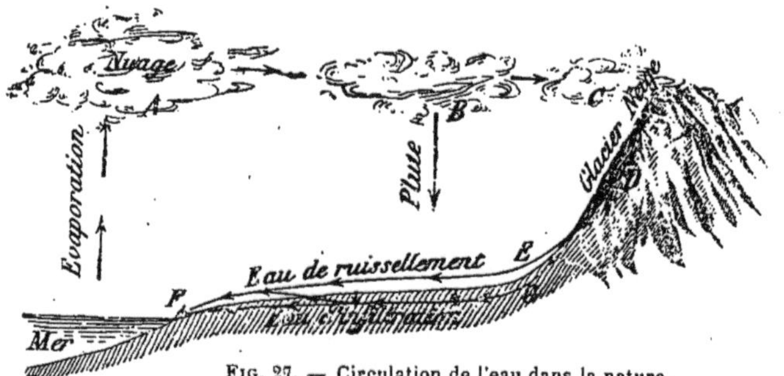

FIG. 27. — Circulation de l'eau dans la nature.

L'eau part donc d'un immense *bassin d'évaporation* : l'océan ; elle se répand à la surface des continents et retourne à l'océan qui en est aussi le *bassin de réception*.

**29.** Ce voyage perpétuel de l'eau à la surface de la terre, c'est *la vie répandue partout où l'eau pénètre*, et l'océan en est la source.

FIG. 28: — Quand les hautes montagnes sont trop déboisées, l'eau s'en écoule sous forme de torrents.

Que sont les nuages, sinon d'immenses arrosoirs dispersés par le vent et chargés de répartir la pluie bienfaisante aux continents assoiffés ? La neige qu'ils accumulent sur les hautes montagnes, n'est-elle pas une réserve d'eau pour les grandes chaleurs de l'été ? A ce moment, en effet, la neige fondra et alimentera les cours d'eau (fig. 28) qui risqueraient fort d'être à sec.

Sources multiples, petits ruisselets, rivières et grands fleuves sèment la fertilité partout où ils se trouvent ; les forêts sont plus belles sur leurs bords, les prairies plus vertes, les moissons plus abondantes, les animaux plus robustes ; l'Homme enfin travaille avec plus de courage dans cette nature si riante et si généreuse envers lui.

## II. — La rosée, la gelée blanche, le brouillard, la pluie, la neige, la grêle, le verglas.

13ᵉ LECTURE [3ᵉ COURS]

30. Mes Amis, je retire du feu cette barre de fer toute rouge ; approchez-en votre main sans toucher le métal, vous éprouvez une sensation de chaleur. Le fer, plus chaud que l'air environnant, envoie de la chaleur dans toutes les di-

FIG. 29. — Le voyageur, dans les hautes montagnes, voit souvent des nuages se former au-dessous de lui.

rections : *il perd de la chaleur par rayonnement.* — La barre se refroidit ainsi, elle n'est déjà plus rouge ; dans un instant, elle sera assez froide pour que nous puissions la tenir à la main sans nous brûler.

*Un corps chaud* **rayonne** *de la chaleur vers l'air froid qui l'entoure.*
Or la terre reçoit la chaleur du soleil pendant le jour; elle s'échauffe.
Pendant la nuit, elle rayonne de la chaleur dans l'atmosphère.

Plus on s'élève dans les airs, plus il y fait froid: les aéronautes en ballon, les voyageurs qui se rendent dans les montagnes, se protègent du froid par des vêtements épais, des fourrures, etc.

**31. Rosée.** — Au mois d'avril ou de septembre, n'avez-vous pas remarqué le matin une **rosée** abondante sur l'herbe des prairies? Ce dépôt de fines gouttes d'eau, vous ne l'observerez pas sur les feuilles des arbres élevées de quelques mètres; de plus, la rosée ne se produit qu'après une nuit claire et calme, sans vent. Pourquoi cela?

La terre a perdu beaucoup de sa chaleur par rayonnement pendant la nuit, elle a refroidi les couches d'air qui l'avoisinent; comme cet air est humide, sa vapeur d'eau s'est condensée en petites gouttelettes sur l'herbe. — Les couches d'air plus élevées n'ont pas été assez refroidies pour que le même phénomène s'y produise. — Un vent fort empêche l'air de séjourner près du sol et de s'y refroidir; il s'oppose donc à la rosée. — Les nuages, un hangar, un abri quelconque empêchent aussi le rayonnement et le dépôt de rosée.

**32. Gelée blanche.** — Si la terre se refroidit beaucoup la nuit, la rosée peut se congeler et former la **gelée blanche,** dangereuse au printemps pour les jeunes pousses délicates.

**33. Brouillards** et **nuages.** — En hiver, il vous est bien arrivé d'être plongés dans du **brouillard?** Le matin, en mars ou en octobre, les brouillards sont fréquents sur le bord des cours d'eau, dans les prairies basses.

Un brouillard est formé de très fines gouttelettes d'eau en suspension dans l'air ; les gouttelettes sont dues à la condensation de la vapeur contenue dans l'air humide. — Le brouillard disparaît, *se dissipe,* dès que le sol est réchauffé par le soleil.

Fɪɢ. 30. — Un paysage de neige.

Un **nuage** est un brouillard flottant à une plus ou moins grande hauteur dans l'air. Les personnes qui gravissent les montagnes sont très souvent plongées dans les nuages, ou même parviennent au-dessus d'eux (fig. 29).

**34. Pluie et neige.** — Quand l'air très humide subit un refroidissement brusque, la vapeur d'eau se condense en **pluie** ou en **neige** (fig. 30), suivant qu'à la surface du sol la température est supérieure ou inférieure à 0°.

C'est un phénomène du même genre qui se produit sur les vitres de votre chambre en hiver : *quand il gèle dehors* la nuit, vous voyez sur les vitres, à votre réveil, de jolis dessins semblables à des feuilles très découpées (fig. 31); ils sont dus à la congélation, sur chaque vitre froide, de la vapeur d'eau répandue dans la chambre. Ces dessins disparaissent dès que vous y exhalez l'air chaud sortant de votre bouche, ou quand les rayons du soleil frappent la fenêtre. — *S'il fait seulement froid*, sans geler au dehors, la vapeur d'eau se condense en eau qui mouille les vitres.

**35. Grêle.** — La **grêle** ne tombe que pendant les orages, quand l'air est violemment agité. Les grêlons sont des grains de glace, parfois de la grosseur d'un œuf; dans ce cas, ils tombent avec force, coupent les jeunes tiges et les branches, détruisent bourgeons, feuilles et fruits; ils hachent les récoltes qui sont perdues en quelques instants.

Fig. 31. — Sur les vitres se sont formés de jolis dessins de glace.

**36. Verglas.** — Quand une fine pluie parvient à la surface du sol refroidi au-dessous de 0°, elle se congèle de suite en recouvrant la terre d'une couche de glace lisse et glissante, appelée **verglas.**

## III. — La température et le thermomètre.

14° LECTURE                                    [2° & 3° COURS]

37. La *température* est bien difficile à expliquer.

On dit que *deux corps, appliqués assez longtemps l'un contre l'autre, prennent* **la même température** : cela signifie qu'ils se mettent au même niveau calorifique, comme l'eau se met au même niveau dans l'entonnoir $E$ et dans le tube de verre $T$ réunis par un tube de caoutchouc, $C$ (fig. 32).

Pour reconnaître si des corps ont la même température,

nous appliquerons ce principe en nous servant d'un appareil appelé *thermomètre*.

**38**. Le **thermomètre** est formé d'un réservoir *A* surmonté d'un tube très étroit (fig. 33) ; le réservoir et une partie du tube contiennent du mercure, liquide blanc et brillant comme de l'argent. Le tube *B* est divisé en parties d'égal volume appelées *degrés*.

Je tiens le réservoir du thermomètre à la main ; voyez comme la chaleur de ma main fait monter le mercure dans la tige ; le niveau était en face de la division 12 tout à l'heure ; il s'arrête à la division 28. Qu'est-ce que cela signifie ?

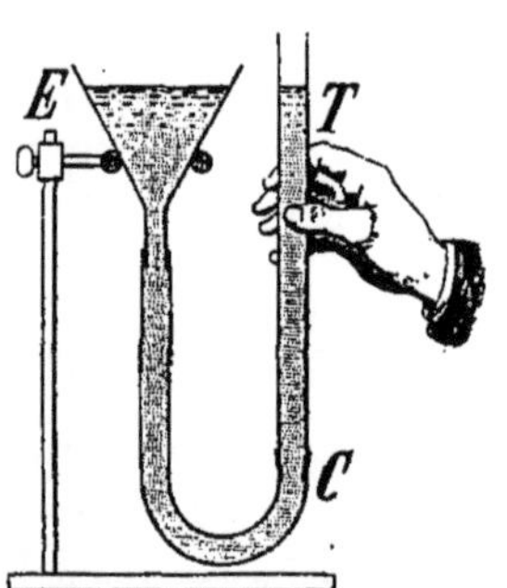

Fig. 32. — L'eau atteint le même niveau dans les deux vases communicants.

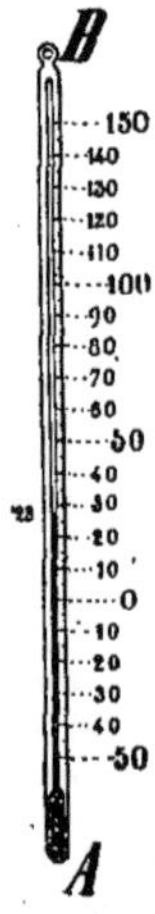

Fig. 33. — Le thermomètre.

Deux expériences vous permettront de le comprendre :

1° Je remplis l'entonnoir E de petits morceaux de glace au milieu desquels le réservoir du thermomètre est installé (fig. 34) ; la glace fond peu à peu ; en même temps le niveau du mercure s'abaisse, s'arrête et se maintient à la division *zéro*.

Désormais nous dirons :

*La glace fond à la température de zéro degré* (qu'on indique 0°).

2° Je suspends le thermomètre un peu au-dessus de l'eau contenue dans le ballon B (fig. 35) ; l'eau étant chauffée, le niveau du mercure monte

Fig. 34. — Je détermine le point zéro.

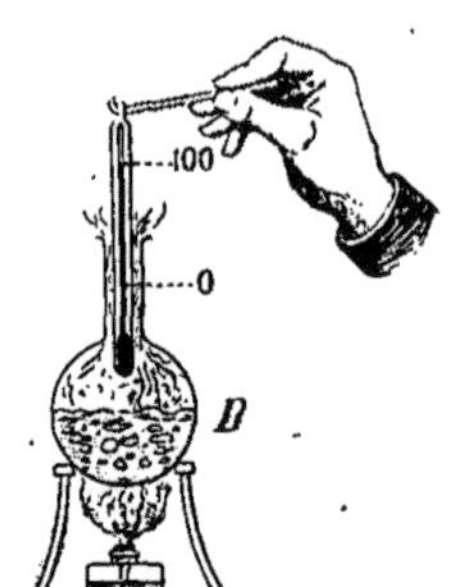

Fig. 35. — Je détermine le point 100.

dans l'appareil. L'eau se met à bouillir en dégageant de la vapeur qui entoure et échauffe le thermomètre ; voyez le niveau du mercure s'arrêter et se maintenir à la division *cent*.

Désormais nous dirons :

*L'eau bout à la température de* 100 *degrés* (qu'on indique 100°).

La tige du thermomètre comprend 100 divisions égales, entre les niveaux 0 et 100 ainsi déterminés.

Quand le thermomètre, en contact avec ma main, indique la division 28, c'est que ma main est à la température de 28°.

¹S'il fait très froid, le niveau du mercure s'abaisse au-dessous de 0°.

**39.** « Mais, me direz-vous, nous *sentons* bien sans le thermomètre s'il fait chaud ou froid? » Êtes-vous bien sûrs de ne jamais vous tromper?

Quand vous descendez dans une cave assez profonde au milieu du jour en plein été, vous la trouvez froide ; lorsqu'en hiver *il gèle à pierre fendre* dehors, vous la trouvez chaude au contraire. — Eh bien, mes Enfants, placez un thermomètre dans cette cave ; *hiver comme été, il indiquera la même température :* la cave n'est donc pas chaude en hiver, ni froide en été ; c'est la température de l'air extérieur qui a varié : beaucoup plus élevée que celle de la cave en été, plus basse en hiver. Et voilà comment vos impressions de froid ou de chaud vous ont mal renseignés.

<h3 style="text-align:center">IV. — L'eau des puits et des sources renferme<br>des matières en dissolution.</h3>

15° LECTURE [2ᵉ & 3ᵉ COURS]

**40. Dissolution.** — Voici un mot bien savant que je dois vous expliquer d'abord :

Dans l'eau d'un verre, je mets un morceau de sucre, il y disparaît peu à peu; et cependant le sucre existe encore, car si vous goûtez l'eau vous la trouvez sucrée. — Le sucre a *fondu* dans l'eau ; il s'y est *dissous*.

L'eau de pluie, en s'infiltrant dans le sol, dissout quelques-unes des substances solides qui le composent; au contact de l'air, elle dissout de même les gaz qui s'y trouvent.

En voici la preuve par l'expérience :

**41. *Matières solides en dissolution dans l'eau*.** — Je fais bouillir de l'eau bien claire, limpide, dans une casserole brillante en dedans; lorsque le liquide sera tout entier transformé en vapeur, vous apercevrez tout à l'heure un dépôt blanc qui ternira le fond du vase : ce dépôt sera formé des matières solides que l'eau contient en dissolution.

Les *eaux minérales* renferment plus de matières solides dissoutes que l'eau ordinaire; quelques-unes des substances qui y sont contenues leur donnent la propriété de guérir telle ou telle maladie. Les eaux de Vichy, de Néris, de Contrexéville, de Barèges, d'Uriage, de Saint-Galmier, etc., sont des eaux minérales.

**42. *Gaz en dissolution dans l'eau* [1].** — Je remplis *complètement* d'eau ordinaire le ballon de verre V et le tube T qui

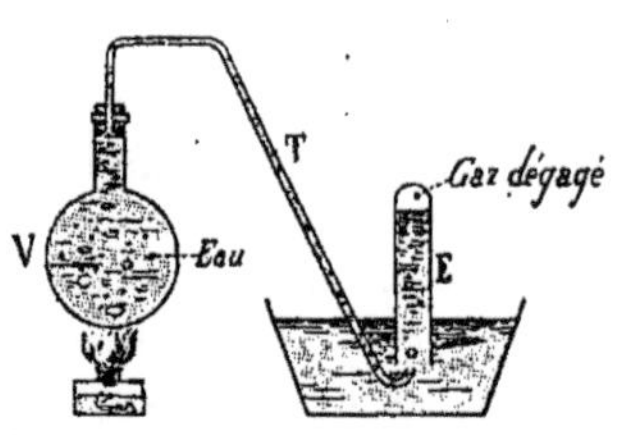


Fig. 36. — L'eau renferme des gaz en dissolution.

traverse, *sans le dépasser*, le bouchon du ballon (fig. 36); au-dessus de l'extrémité du tube qui plonge dans l'eau de la terrine, je dispose l'éprouvette E pleine d'eau, puis je chauffe le ballon. — Attendons quelques minutes. De petites bulles gazeuses apparaissent dans l'eau et montent vers le bouchon;... l'eau se met à bouillir; de grosses bulles de vapeur refoulent avec bruit le gaz dans le tube T et dans l'éprouvette E. Ce gaz est formé d'*oxygène*, d'*azote* et de *gaz carbonique* (obtenu déjà lorsque j'ai versé du vinaigre sur la craie dans une expérience précédente [15]).

L'eau du ballon s'est troublée, remarquez-le; elle va déposer un peu des matières solides qui y étaient dissoutes.

Certains pays en France possèdent des sources d'*eaux gazeuses*, dégageant une grande quantité de gaz quand on les chauffe.

L'eau des puits et des sources, qui contient ainsi des matières solides et des gaz en dissolution, est précieuse aux plantes, aux animaux et à l'homme qui s'en nourrissent.

---

1. La même expérience peut être faite sans recueillir les gaz; on observe néanmoins leur dégagement et le léger trouble éprouvé par l'eau.

## V. — L'eau bonne à boire. — Les eaux impures.



**43. L'eau potable.** — *La meilleure des boissons* pour l'homme *est une eau limpide, fraîche, aérée,* qui ne dépose pas plus de 4 à 5 décigrammes de substances solides par litre ; on l'appelle **eau potable**.

Si elle renfermait davantage de matières solides, nous la digererions péniblement : ce serait une *eau lourde, dure.* Vos Mamans seraient au désespoir de s'en servir, car elles ne pourraient y faire cuire les légumes ni y laver leur linge : le savon forme des grumeaux avec une eau dure, sans enlever les matières grasses qui tachent le linge ; voyez ce que donne, avec du savon, l'eau de cette bouteille au fond de laquelle j'ai mis une couche de plâtre depuis 8 jours.

L'eau potable a donc la propriété de dissoudre le savon et de bien cuire les légumes.

**44. Les eaux impures.** — Il faut veiller avec soin, mes Enfants, à ce que l'eau que vous buvez soit bien claire, tirée d'un *puits éloigné du fumier ou de la fosse d'aisances* ; si vous le pouvez, prenez l'eau de boisson *à la sortie d'une source,* lorsqu'elle n'a pas été troublée encore par des débris de toute nature.

Ainsi une personne qui boirait l'eau sale d'un lavoir, ou l'eau impure sortant d'une ville, s'exposerait à de graves maladies, telles que la fièvre typhoïde et le choléra.

L'eau de pluie n'est pas pure ; celle qu'on recueille dans des citernes et qui a ruisselé sur les toits, dans les gouttières, contient parfois des germes de maladies qui la rendent suspecte ; ces germes s'appellent des *microbes* [1] dont je vous parlerai plus tard.

Recommandez bien à vos Parents, mes chers Amis, de *déposer le fumier aussi loin que possible du puits,* et toujours au-dessus d'une fosse à purin bien cimentée ; de *recouvrir le puits d'un plancher* qui empêche divers animaux d'y tomber et d'y mourir, qui arrête les poussières et les débris végé-

---

1. Le mot *microbe* signifie : petit être vivant.

taux : il serait préférable d'installer une pompe au-dessus du puits bien protégé.

**45**. Dans les villages où il n'y a ni sources, ni puits, les habitants sont bien obligés de recueillir l'eau de pluie dans des citernes construites en pierres meulières et en chaux hydraulique.

Fig. 37. — L'eau impure devient limpide après avoir traversé une couche de charbon de bois.

Quelles précautions doivent-ils prendre pour éviter les *maladies contagieuses* dont je vous parlais tout à l'heure? Il y en a de différentes sortes : la plus pratique et la moins coûteuse consiste à **faire bouillir l'eau pendant une demi-heure**, puis à la laisser refroidir à la cave par exemple, dans des vases bien propres, fermés en haut par un couvercle de fort papier ; l'eau bouillie est débarrassée des germes qui la rendaient suspecte ou mauvaise.

Supposez qu'une *épidémie* de fièvre typhoïde ou de choléra éclate ; il faudrait de suite observer ma recommandation de faire bouillir l'eau de boisson, jusqu'après la disparition de la maladie.

N'oubliez pas de rapporter ces conseils à vos Parents ; tout petits déjà, vous devez être fiers de rendre service à votre pays en préservant vos familles de deuils toujours cruels.

**46. Les filtres.** — Les animaux eux-mêmes se portent mieux quand on leur donne à boire de l'eau courante et de bonne qualité : c'est mal comprendre son intérêt que d'abreuver les bestiaux de la ferme avec de l'eau plus au moins croupie.

*Filtres à charbon.* — Dans les villages qui ont pour toute ressource l'eau de pluie recueillie dans des citernes ou des mares, on peut en corriger en partie la mauvaise qualité en faisant *filtrer cette eau à travers du charbon de bois.*

Pour cela, on descend dans la mare un tonneau (fig. 37), qui contient une épaisse couche de charbon de bois entre deux couches de sable ; l'eau impure passe par les trous du fond, traverse le sable grossier, puis le charbon de bois, enfin le sable supérieur suivant le sens des flèches. Quand elle parvient au-dessus du sable fin, l'eau est limpide, sans odeur ; elle convient aux animaux. Mais *elle n'est pas assez pure pour l'homme,* car elle renferme toujours quelques germes de maladies dangereuses.

*Filtres du système Pasteur.* — Les filtres Chamberland, Garros, etc., employés beaucoup dans les villes, purifient l'eau mieux que les filtres à charbon, en la débarrassant presque de tous les microbes.

Ils consistent en un tube de porcelaine poreuse AB (fig. 38), à travers la paroi duquel l'eau doit filtrer. Ce tube, en forme de bougie, est mastiqué par sa partie inférieure dans un tube en verre D, plus large, relié à la canalisation d'eau de la ville ; l'extrémité B de la bougie est libre et ouverte. Quand on ouvre le robinet de

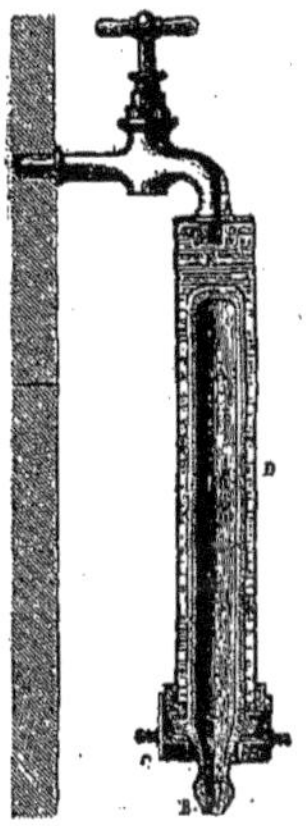

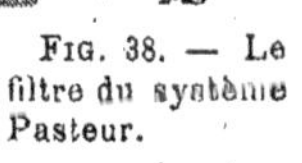

Fig. 38. — Le filtre du système Pasteur.

la canalisation, l'eau arrive en E à la surface extérieure de la bougie et filtre par la pression en A ; elle s'écoule goutte à goutte en B où on la recueille dans une carafe.

Mais les impuretés de l'eau s'accumulent à la surface de la

bougie qu'on doit nettoyer tous les mois ; pour cela, on chauffe l'appareil très fortement dans un four de boulangerie ou de poêle pendant environ un quart d'heure.


## VI. — L'évaporation de l'eau. — Les marais salants.



**47. L'évaporation**. — Mes Enfants, ce matin, après avoir mis de l'eau dans cette assiette devant vous, je l'ai exposée en plein soleil ; l'assiette est vide maintenant ; l'eau qui y était a-t-elle pū disparaître sans laisser de traces ? Non.

Un grand savant, Lavoisier, a dit : « *Rien ne se perd, rien ne se crée dans la nature.* »

La chaleur du soleil a transformé l'eau en vapeur qui s'est dégagée dans l'air : *l'eau s'est* **évaporée**.

Vous savez déjà que l'air renferme de la vapeur d'eau provenant surtout de l'océan (formation des nuages [33]). En voici encore une preuve : en été, je monte de la cave froide une bouteille ; le verre se couvre d'une véritable rosée ; celle-ci provient de la condensation de la vapeur contenue dans l'air refroidi.

Quand vos Mamans ont lavé leur linge, elles l'étendent sur des haies ou sur des cordes ; *le linge sèche d'autant plus vite qu'il est mieux étalé, qu'il fait plus chaud, que l'air est plus sec et agité par le vent.*

**48**. Ces observations ont reçu d'importantes applications.

1° *Un liquide s'évapore d'autant plus rapidement que sa surface est plus grande.* — La vapeur se dégage, en effet, de la surface du liquide seulement : c'est ce qu'on réalise dans les *marais salants* (fig. 39).

L'eau de mer renferme environ 30 grammes par litre de *sel de cuisine* ou *sel marin* en dissolution ; on en retire le sel en faisant communiquer la mer avec de *larges* bassins *peu profonds* établis à son voisinage. L'eau qui s'évapore dépose, au fond des bassins, de petits **cristaux** cubiques (fig. 40) : c'est le sel dont nous assaisonnons nos aliments.

2° *L'évaporation est plus rapide quand il fait chaud et quand l'air est sec.* — Le linge sèche très lentement en hiver quand il gèle, alors vos Mamans le placent devant le feu; vous

FIG. 39. — Dans les marais salants, l'eau de mer dépose le sel employé en cuisine

voyez s'en dégager un véritable brouillard qui se dissipe dans l'air chaud.

FIG. 40. — Cristaux de sel marin.

Après la pluie, les chemins sont plus vite secs en été qu'en hiver; de même, la récolte de sel est plus abondante dans les marais salants pendant les grandes chaleurs.

3° *Le vent favorise l'évaporation* parce qu'il remplace, au contact de l'eau, l'air humide par de l'air plus sec.

Les blanchisseurs des grandes villes font usage de séchoirs en hiver : grandes salles traversées par de *l'air chaud*, renouvelé à l'aide de *ventilateurs*.

**49. Un liquide qui s'évapore se refroidit.** — Il refroidit aussi le vase qui le contient et les objets voisins.

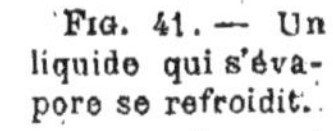


FIG. 41. — Un liquide qui s'évapore se refroidit.

J'ai entouré de coton le réservoir du thermomètre (fig. 41); la température est actuellement de 14°. Je plonge, de temps à autre, le réservoir dans un verre qui renferme de l'éther, puis je l'expose au courant d'air sur la fenêtre. Voyez le niveau du mercure s'abaisser rapidement ; le voilà à 0°, à 10° au-dessous de 0, à — 24°. Pourquoi ?

Une partie du liquide qui imprègne le coton s'est évaporée, a pris de la chaleur à l'éther encore liquide, puis au thermomètre ainsi refroidi.

Mes Enfants, on fabrique aujourd'hui beaucoup de glace en faisant évaporer rapidement de l'eau.

*Quand vous avez couru beaucoup et que vous êtes mouillés de sueur*, ou bien *quand vous sortez du bain, évitez les courants d'air* pour ne pas contracter une grave maladie.

Les vêtements de laine et de flanelle sont très utiles, parce qu'ils boivent une partie de la sueur et s'opposent au refroidissement trop brusque du corps.

## VII. — L'ébullition et la distillation de l'eau.
### L'eau pure.

18° LECTURE                                    [2° & 3° COURS]

**50. L'ébullition.** — Je chauffe depuis un instant ce ballon qui contient de l'eau ; le liquide commence à s'agiter ; de petites bulles de gaz apparaissent, puis de grosses bulles de vapeur se dégagent..... Voilà *l'eau en* **ébullition** : elle émet cette fois de la vapeur dans toute son étendue, et le thermomètre y marque 100° (fig. 35).

Par l'ébullition, l'eau se transforme donc plus vite en gaz que par l'évaporation.

**51. La distillation.** — Dans la vapeur qui s'échappe, je plonge un verre froid ; voyez comme il se couvre vite de buée ; des gouttes d'eau coulent maintenant le long du verre. Cette eau, obtenue par la condensation de la vapeur, est de l'eau pure, de *l'eau distillée* (fig. 13).

Les pharmaciens, les chimistes ont besoin d'eau pure qu'on prépare avec un *alambic*.

Un alambic comprend une chaudière, *a* (fig. 42), surmontée d'un chapiteau, *bc* ; au chapiteau fait suite un tube enroulé en serpentin, *d*, que refroidit un courant d'eau extérieur.— Dans la chaudière, on verse l'eau ordinaire à distiller ; elle est portée à l'ébullition par le foyer ; la vapeur dégagée se condense dans son trajet en *bcd*, et l'eau pure qui en résulte tombe goutte à goutte dans le flacon, *g*.

**52. L'eau pure**. — L'eau pure est inodore et sans saveur, incolore sous une petite épaisseur, bleue sous une grande épaisseur.

1 centimètre cube d'eau, à la température de 4°, pèse 1 gramme. L'eau se congèle à 0°; elle bout à 100°.

Fig. 42. — L'alambic.

*En se congelant, elle augmente de volume*; la glace formée est donc plus légère que l'eau.

Fig. 43. Une bouteille pleine d'eau éclate par un froid rigoureux.

Exposez un bouteille pleine d'eau (fig. 43) au froid très vif de l'hiver; elle éclate par la pression de la glace qui s'y est formée. — La *force expansive* de la glace est si grande qu'elle a brisé des bombes en fer (fig. 44), des tubes d'acier pleins d'eau fermés par des bouchons vissés et soumis au grand froid; c'est

Fig. 44. — La force expansive de la glace fait éclater des bombes en fer.

pour cette raison que les tuyaux de conduite d'eau, mal protégés contre la gelée, éclatent.

Les *pierres gélives* sont des pierres que l'eau pénètre facilement: pendant la belle saison, cela n'a pas trop d'inconvénient; mais en hiver, l'eau y gèle et les fait éclater. Quand les beaux jours chauds reviennent, la glace fond et ces pierres tombent en morceaux; aussi ne peut-on s'en servir pour construire les maisons. Les gelées des nuits de printemps sont dangereuses, parce que la sève devient glace dans les jeunes tiges et les bourgeons fraîchement épanouis ; elle les fait éclater et mourir.

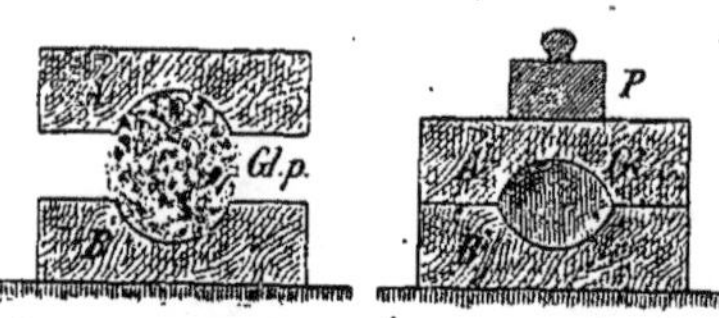

Fig. 45. — On forme une lentille de glace compacte, *Gl.c*, par la pression d'une masse de glace pilée, *Gl p.*

**53. La glace est plus légère que l'eau**. — La glace se forme donc à *la surface* des bassins et des étangs. — Dans les cours d'eau, elle apparaît sur les bords et les cailloux peu profonds d'où elle monte à la surface ; le courant amène au contact les petits glaçons qui se soudent en fragments plus gros. emportés au fil de l'eau.

Cette soudure de plusieurs morceaux de glace en un seul ne saurait vous étonner ; ne faites-vous pas des boules de neige parfois très dures en pressant fortement la neige entre vos mains ? Si vous la comprimiez plus fort avec un poids de 20 kilogrammes, par exemple, entre deux morceaux de buis creusés comme l'indique la figure 45, vous transformeriez la neige en une lentille de glace. Avec une telle lentille exposée au soleil, on peut allumer du feu. [Il n'est pas banal d'enflammer de l'amadou ou de la paille bien sèche avec un morceau de glace.]

La couche de glace qui se forme à la surface de l'eau préserve du froid les couches plus profondes ; elle garantit ainsi la vie des poissons et des plantes aquatiques pendant l'hiver.

**54. Composition de l'eau pure**. — *L'eau pure résulte de la combinaison de deux gaz : l'oxygène et l'hydrogène.*

Nous savons déjà que l'oxygène est un gaz incolore qui existe dans l'air et y entretient la combustion du bois, du charbon [23].

L'hydrogène est aussi un gaz incolore ; c'est le plus léger de tous ; il pèse 14 fois moins que l'air : aussi l'emploie-t-on pour gonfler les ballons. C'est un gaz combustible, un gaz qui brûle dans l'air en formant de l'eau.

55. Pour obtenir de l'hydrogène, on met des copeaux de zinc dans un flacon à moitié plein d'eau (fig. 46) ; puis le vase est fermé à l'aide d'un bouchon que traversent deux tubes, un tube à entonnoir *B* et un tube de dégagement *C* qui plonge dans l'eau d'une terrine.

On verse un peu d'*acide sulfurique* dans l'entonnoir *B* ; aussitôt parvenu au contact du zinc, l'acide attaque ce métal ; des bulles se dégagent. Au bout de cinq minutes seulement, on recueille ce gaz dans l'éprouvette *E*, quand l'éprouvette en est pleine, ou la soulève en la tenant toujours l'ouver-

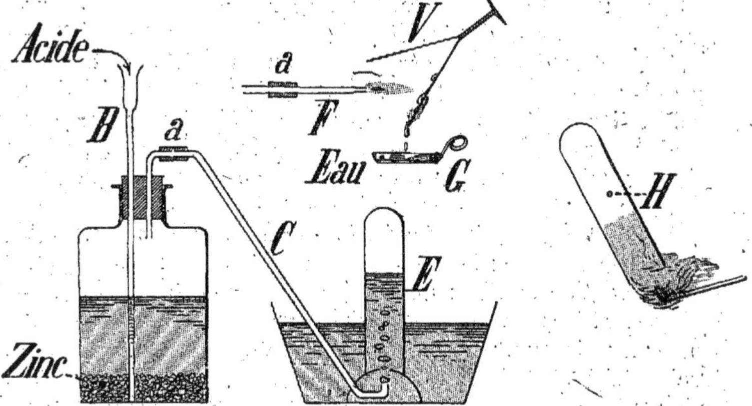


Fig. 46. — L'hydrogène s'obtient en versant de l'acide sulfurique sur du zinc.

Fig. 47. — Ce gaz *H* s'enflamme au contact d'une allumette.

Fig. 48. — En brûlant, l'hydrogène donne de la vapeur d'eau que l'on condense sur un verre froid, *V*.

ture en bas, puis on en approche une allumette enflammée (fig. 47); *l'hydrogène brûle* alors *avec une flamme pâle*.

Je remplace, maintenant, en *a*, le tube de dégagement *C* par un tube effilé F (fig. 48); au bout de dix minutes, j'enflamme l'hydrogène en F, *il brûle en dégageant de la vapeur d'eau* que condense le verre froid V placé au-dessus de la flamme.

Le phénomène par lequel est obtenue de l'eau, en unissant l'*hydrogène* du flacon et l'*oxygène* de l'air, s'appelle la **synthèse** *de l'eau*.

**L'oxygène** *et* **l'hydrogène** *qui entrent dans la composition de l'eau sont des* **corps simples**.

*L'***eau**, *formée de deux corps simples, est un* **corps composé**.

## LE CHARBON

### I. — Le feu. — La combustion.

19ᵉ LECTURE        [1ᵉʳ & 2ᵉ COURS]

**56.** L'une des premières préoccupations de votre Mère, le matin, c'est d'allumer du feu pour préparer le repas de la famille et, en hiver, pour vous éviter de grelotter en sortant du lit.

*La chaleur est nécessaire à notre existence*, comme à celle de tout être vivant :

Pendant la saison froide, les arbres sans feuilles ne nous paraissent-ils pas morts? Nombre d'animaux comme l'Écureuil, blottis dans des cachettes bien abritées, dormiront jusqu'au printemps (animaux *hibernants*); dès les premiers froids, les gentilles Hirondelles ont émigré par grandes bandes vers les pays chauds (Oiseaux *migrateurs* [203]); les Oiseaux qui nous sont restés demeurent silencieux; la nature semble plongée dans le sommeil et la désolation.

Viennent les premiers beaux jours où le soleil commence à réchauffer la terre; le spectacle est tout autre : les plantes se couvrent de feuilles; de riches parures transforment nos arbres fruitiers en magnifiques gerbes de fleurs blanches ou roses; les Oiseaux, revêtus d'un plumage plus brillant, s'entre-croisent dans les airs, crient, chantent, s'appellent à qui mieux mieux; les Insectes participent à l'assourdissant concert; le travailleur de la campagne entonne ses plus joyeux refrains. *La chaleur solaire a tout revivifié.*

Et d'ailleurs la gaîté ne se manifeste-t-elle pas aussi chez les membres de la famille rassemblés autour d'un bon feu pendant les longues soirées d'hiver?

Le feu favorise non seulement notre vie matérielle, mais encore l'épanouissement de notre intelligence, notre activité industrielle : sans feu, la plupart des machines actuelles ne sauraient fonctionner, beaucoup d'ouvriers n'auraient pas de travail et leurs familles seraient plongées dans la misère.

**57** Comment nous étonner que nos ancêtres, les premiers hommes, aient découvert le moyen de faire du feu? Pour en obtenir, ils tournaient rapidement entre leurs mains une tige de bois tendre et bien sec; ils la frottaient ainsi dans une cavité pratiquée au milieu d'une pièce de bois dur; au bout de quelque temps, le bois tendre s'échauffait et prenait feu.

*Le frottement de deux corps l'un contre l'autre est accompagné de leur échauffement (dégagement de chaleur)* : frottez, en effet, le bouton d'un porte-plume métallique contre la table et appuyez-le contre votre joue, il la brûle. Un faible frottement suffit à enflammer le phosphore de l'allumette employée pour obtenir du feu.

**58. Comment prépare-t-on le feu?** — Dans la cheminée,

on entasse d'abord un peu de petit bois bien sec, puis des branches plus grosses, enfin deux ou trois bûches, ayant soin de ménager suffisamment d'espace libre entre les branches.

On enflamme le tout *par la base* avec une allumette; la chaleur dégagée par la **combustion** du menu bois suffit à propager le feu aux plus gros morceaux.

*Le bois brûle; c'est un* **corps combustible.**

Les espaces vides ménagés entre les branches favorisent le *courant d'air* nécessaire à l'entretien du feu.

**59. Sans oxygène, la combustion ne se produirait pas.** — Quelques observations suffiront à vous en convaincre :

Je retire du feu trois charbons de bois *incandescents*, 1, 2, 3

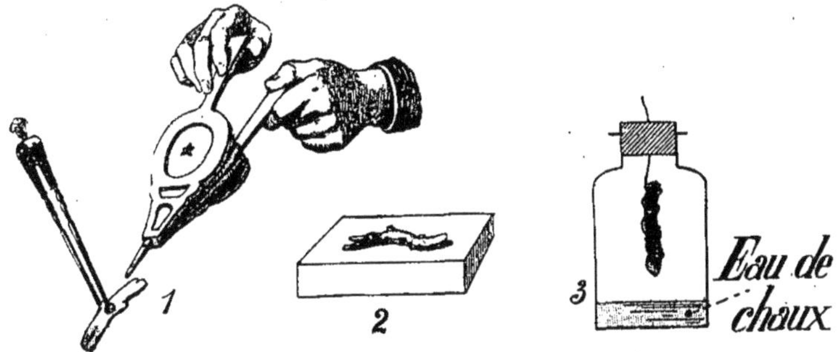


Fig. 49. — Le charbon 1, sur lequel je projette un courant d'air, brûle rapidement. — Le charbon 2, abandonné à l'air, brûle lentement. — Le charbon 3, enfermé dans un flacon, s'éteint presque de suite.

(fig. 49). Dirigez un *vif courant d'air* avec le soufflet sur le charbon 1, celui-ci brûle très vite.

J'abandonne le charbon 2 *à l'air* sur cette brique; voyez-le s'éteindre peu à peu sans brûler complètement.

Je suspends, par un fil de fer, le charbon 3 dans un flacon *plein d'air* que je ferme soigneusement; il s'éteint plus rapidement encore. Si le flacon avait été plein d'oxygène, la combustion aurait été au contraire bien plus active [23].

*L'*oxygène, indispensable à la combustion, *est un gaz* **comburant.**

Votre mère n'ayant plus besoin de feu, mais ne voulant pas l'éteindre, couvre d'une épaisse couche de cendres les tisons rouges qui reçoivent peu d'air et brûlent très lentement. Le boulanger, dont le four est suffisamment chaud, fait tomber les charbons rouges dans un étouffoir en tôle, bien fermé ensuite par un couvercle : les charbons, privés d'oxygène, s'éteignent et forment la braise.

*Le* **feu** *est dû*, en général, *à la combinaison de* **l'oxygène** *de l'air avec le* **charbon** *que renferment la plupart des* **corps combustibles**. — *Ce phénomène est une combustion.*

## II. — Les charbons.

20ᵉ LECTURE         [Iᵉʳ & 2ᵉ COURS]

**60.** Les **corps combustibles** employés par l'homme sont très variés : dans la cheminée, nous brûlons du *bois*, de la *houille* ou *charbon de terre*, du *coke ;* la lingère chauffe ses fers à repasser avec du *charbon de bois ;* nous nous éclairons avec des *bougies stéariques*, des lampes à *huile*, à *pétrole*, à *alcool ;* dans les villes, on emploie le *gaz d'éclairage* qu'on brûle à l'aide de becs spéciaux (fig. 50) ; autrefois on faisait usage de chandelles de *suif* faites avec de la graisse de mouton (c'est d'ailleurs le mode d'éclairage le moins coûteux, encore employé dans les pays pauvres).

*Bougie, huile, graisse, alcool, gaz d'éclairage renferment du* **charbon,** *tout comme le bois et la houille.* En voulez-vous des preuves ?

J'applique, sur la flamme d'une bougie, le fond de cette assiette blanche (fig. 51) ; immédiatement une tache noire y apparaît, formée par un dépôt de

Fig. 51. — La flamme de la bougie, refroidie par l'assiette, y dépose du charbon.

Fig. 50. — Un bec de gaz.

charbon. Cette lampe à pétrole est allumée ; voyez comme elle fume tant que le verre n'y est pas placé (fig. 52) ; cette fumée renferme du charbon. Aussitôt que la cheminée de

FIG. 52.
La lampe sans verre fume.

FIG. 53. — Aussitôt le verre convenablement placé, la lampe ne fume plus et donne une lumière éblouissante,

verre est posée, de telle sorte que son étranglement corresponde au milieu de la flamme, un plus vif courant d'air lui parvient, le charbon brûle mieux et la lampe ne fume plus (fig. 53).

**61. Des principaux charbons.** — Le charbon a des aspects bien différents dont vous pouvez juger :

Le **diamant** dont on orne les bijoux est du *charbon pur*, brillant d'un vif éclat à la lumière ; sa grande dureté le fait employer pour rayer le verre.

Le **graphite**, appelé encore *plombagine* ou *mine de plomb*, est un charbon gris, tendre ; il abandonne de petites parcelles de sa substance lorsqu'on le frotte sur le papier rugueux : aussi on le taille en petits prismes renfermés dans vos crayons. On recouvre de plombagine les tuyaux, cuisinières et poêles en fonte, pour les préserver de la rouille.

La **houille** ou *charbon de terre* est le plus précieux des combustibles, aujourd'hui que la France ne renferme plus assez de forêts et qu'il faut économiser le bois. C'est un charbon noir, brillant, qui présente parfois des traces, des *empreintes* de plantes (feuilles de Fougères, troncs d'arbres, etc.). Aussi attribue-t-on ce charbon, trouvé à une profondeur plus au moins grande dans la terre, à une décomposition lente de végétaux anciens, enfouis à l'abri de l'air au milieu de vastes étangs, marécages ou bras de mer.

Les applications de la houille sont nombreuses : outre son emploi pour le chauffage (cheminées et foyers de machines), la *houille*, **distillée** *dans des cornues fermées*, se décompose en *coke* solide, en *goudrons* liquides et en *gaz d'éclairage*.

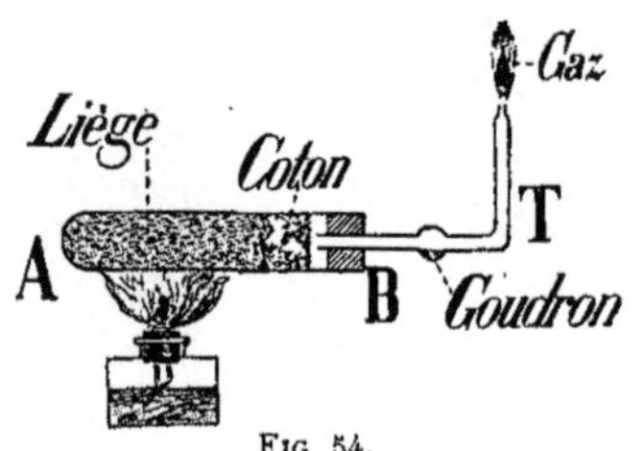


FIG. 54.
Une petite usine à gaz d'éclairage.

Nous allons simuler une petite usine à gaz, en employant du liége finement râpé au lieu de houille ; l'expérience est plus belle :

Le tube de verre, A (fig. 54), est rempli de liége en poudre maintenu par un léger tampon de coton ; un bouchon B est traversé par le tube coudé et effilé T. Je chauffe le tube A à la lampe ; au bout de peu de temps se dégage, à l'extrémité du tube T, un gaz qui prend feu au contact d'une allumette : c'est du gaz d'éclairage. — Le coton brunit à cause du goudron qui s'y condense. — Le liége est devenu tout noir ; c'est maintenant du *charbon capable de brûler sans flamme*.

Dans les cornues des usines à gaz, il reste du *coke*, charbon poreux et léger ; le *goudron* est condensé dans des appareils particuliers ; le *gaz d'éclairage*, recueilli dans d'immenses cloches appelées gazomètres, est distribué par des tuyaux dans toutes les parties de la ville à éclairer.

La **tourbe** est très pauvre en charbon ; elle est due à la décomposition lente de Mousses et autres plantes croissant

**dans** des lieux humides en Bretagne, dans la Somme, etc. Coupée en pains à la bêche et séchée au soleil, la tourbe est employée comme combustible par les familles pauvres.

### III. — **Les charbons** (*suite*).

21° LECTURE                                    [I<sup>er</sup>, 2° & 3° COURS]

**62.** Le **bois** est un combustible très coûteux ; il convient de ne pas le gaspiller et de le réserver, autant que possible, à la charpente, au charronnage, à la menuiserie, etc.

Par la distillation du bois (analogue à celle de la houille), on obtient du **charbon de bois**.

A cet effet, sur un sol plat et bien dégagé dans la forêt (fig. 55), le charbonnier plante quatre piquets verticaux et voisins, attachés de manière à former une petite cheminée ; autour, il dispose en cercle trois rangées superposées de branches longues de 50 centimètres environ ; le tout est recouvert de gazon. — Après avoir pratiqué quelques ouvertures, *o*, sur les côtés de la meule, le charbonnier jette, par

Fig. 55. — Une meule de charbonnier.

la cheminée, du bois bien allumé qui met le feu aux branches les plus voisines ; une fumée épaisse s'échappe de la meule, aussi longtemps que dure la *carbonisation* du bois. Quand celle-ci est achevée, toutes les ouvertures de la meule sont bouchées ; le charbon refroidi est livré au commerce dans de grands sacs.

Nous savons déjà, mes Enfants, que *le charbon de bois purifie en partie l'eau qui le traverse* [46]. Vos Mères l'emploient avec plaisir pour chauffer leurs fers à repasser, pour faire rapidement la cuisine : c'est que le charbon brûle sans flamme et ne dégage pas de fumée.

**63. Combustibles employés surtout pour l'éclairage.** — Ce sont principalement : les *bougies stéariques*, *l'huile de colza*, l'huile et *l'essence de pétrole*, l'alcool, le *gaz d'éclairage*.

Les **bougies stéariques** sont composées d'une mèche de coton tressée, noyée dans l'acide stéarique (fig. 51); cette substance blanche, retirée du suif, fond très facilement. Quand on allume la mèche, l'acide stéarique fondu monte entre les fils de coton, parvient au niveau de la flamme dont la chaleur le transforme en gaz qui brûlent. — La combustion n'est complète qu'à l'extérieur de la flamme ; au milieu, le charbon est porté au rouge et donne à la flamme son éclat.

**L'huile de colza** et **l'huile de pétrole** brûlent de la même manière dans des lampes à *mèche circulaire ;* grâce à cette forme de mèche, un courant d'air suffisant enveloppe la flamme et consume entièrement les vapeurs émises par l'huile (fig. 53).

**L'alcool** est employé aujourd'hui, de même que le pétrole, pour actionner les moteurs des tricycles, automobiles et machines industrielles diverses.

Le **gaz d'éclairage** sert à l'illumination des rues et des places publiques dans les villes (fig. 50) ; il est amené, dans les appartements, par des tuyaux de plomb pourvus de robinets ; à chaque robinet est adapté, par un tube de caoutchouc, un bec de gaz, une lampe ou un fourneau de cuisine (fig. 56).

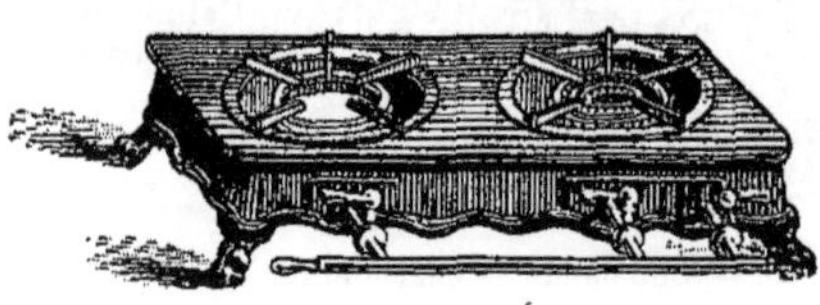

FIG. 56. — Un fourneau à gaz d'éclairage.

On tourne le robinet, une allumette enflammée est présentée à l'appareil à gaz et voilà une chambre bien éclairée, un fourneau à l'aide duquel le repas va être vivement préparé.

Les *fourneaux à pétrole* ou *à alcool* sont d'un emploi tout aussi agréable pour les ménagères qui n'ont pas le gaz à leur disposition dans les campagnes.

## IV. — L'extraction de la houille, le feu grisou.
## Dangers du pétrole, de l'alcool, du gaz d'éclairage.



**64. L'extraction de la houille**. — Mes Enfants, ce chapitre est l'un de ceux que vous devez lire avec le plus d'attention, parce qu'il vous permettra d'éviter bien des accidents.

Je vous ai dit déjà que la houille se trouve dans la terre à une profondeur variable; elle y est disposée en couches superposées (fig. 57) : les unes épaisses de quelques centimètres, les autres de plusieurs mètres parfois.

En France, on la retire du Nord et du Pas-de-Calais (Anzin, Aniche, Douai, Denain, etc.) et du Plateau central (Saint-Étienne, Le Creusot, Blanzy, Commentry, La Grand-Combe, Bessèges, Aubin, etc.).

**65**. Pour extraire la houille, des ouvriers appelés *mineurs* creusent un puits large et profond à l'endroit où les savants ont présumé que le charbon de terre doit exister.

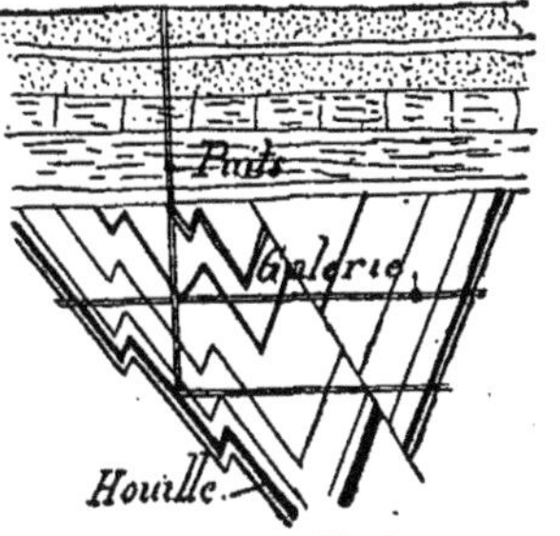


Fig. 57. — La houille forme, dans les profondeurs du sol, des couches minces superposées.

Certains puits de mine ont 500 mètres, 1000 mètres de profondeur ; ils rencontrent les couches de houille à exploiter.

Du puits partent des *galeries d'extraction* à travers les principales couches de houille. A mesure que le puits est *foré*, ses parois sont maçonnées avec soin ; chaque galerie est elle-même soutenue par de fortes charpentes en bois qui en maintiennent la paroi; sur le plancher sont disposés des rails où glisseront les wagonnets pour le transport du charbon (fig. 58).

Le puits vertical sert à la descente et la remonte des ouvriers dans une grande cage ; il sert aussi à la sortie du minerai.

Combien est pénible la vie du mineur, travaillant dans une demi-obscurité, exposé à tous les dangers ! Qu'une galerie

s'effondre et voilà 10, 20, 100 hommes isolés du monde pendant plusieurs jours parfois ; ils doivent s'estimer heureux,
s'ils ne meurent. pas de faim avànt la délivrance !

**66. Le grisou.** — Mais le fléau le plus terrible pour le
mineur, c'est le **grisou**. Vous avez vu, pendant les grandes

Fig. 58. — Une galerie creusée dans une mine de houille ; les
ouvriers y travaillent, éclairés par des lampes spéciales.
Fig. 59 (à droite). — Une lampe de mineur.

chaleurs, se dégager des bulles gazeuses de la vase des mares
ou des étangs? c'est du *gaz des marais*. Pareillement, il peut
s'en dégager des couches de houille en exploitation : alors ce
gaz redoutable se mélange à l'air et donne lieu à une for-
midable détonation, au contact de la moindre étincelle.

Une horrible flamme brûle tout vivants les mineurs les plus proches ; des
débris de roches, violemment arrachés aux parois, broient d'autres ouvriers ;

des gaz irrespirables remplissent les galeries ébranlées, asphyxient les travailleurs éloignés du centre de la catastrophe. On compte souvent par centaines les malheureux qui sont victimes d'une même explosion.

Sachez, mes Enfants, que ces désastres sont dus le plus souvent à l'imprudence d'un mineur ignorant qui voulait allumer sa pipe ou ne pas employer, comme il convient, la lampe spéciale qui lui était confiée pour travailler (fig. 59). Si jamais vous devenez mineurs, observez bien toutes les recommandations qui vous seront faites ; évitez les imprudences dont vous seriez d'ailleurs les premières victimes.

**67. Les dangers d'incendie par le gaz, le pétrole,** etc. — Vous savez déjà qu'*un fourneau ou une lampe à pétrole ou à alcool, qu'une lampe à essence, ne doivent être remplis qu'en plein jour et loin du feu.*

Si le liquide combustible s'enflamme par suite d'un accident, si une lampe se renverse et met le feu, il ne faut pas vous affoler ; étouffez la flamme sur le sol avec de la terre, des sacs ou des couvertures ; enveloppez étroitement de draps ou de couvertures la personne dont les vêtements peuvent avoir pris feu.

Le *gaz d'éclairage* exige une grande surveillance ; il faut fermer avec soin le robinet du tuyau de conduite et ne l'ouvrir qu'au moment de l'allumage. Supposez qu'une personne étourdie laisse le gaz s'échapper et se répandre dans un appartement ou dans la cuisine ; au contact d'une allumette ou de la moindre flamme, le mélange de gaz et d'air prendra feu avec détonation et des effets comparables à ceux du grisou se produiront.

Une fuite de gaz est facile à reconnaître à cause de l'odeur spéciale du gaz d'éclairage. — *Évitez de pénétrer avec une lumière dans une pièce où l'odeur du gaz est fortement ressentie.*

## V. — Le gaz carbonique et l'oxyde de carbone.

23ᵉ LECTURE                                     [2ᵉ & 3ᵉ COURS]

**68. Le gaz carbonique.** — Vous savez déjà, mes Amis, qu'un charbon rouge, tiré du feu et plongé dans un flacon plein d'air (fig. 49), s'y éteint peu à peu ; cette bougie allumée fait de même quand elle est descendue au fond d'une éprouvette (fig. 60) : voyez sa flamme pâlir puis s'éteindre, surtout quand j'applique une assiette sur l'éprouvette.

*Le charbon, la bougie, en brûlant dans l'air, en prennent l'oxygène et dégagent du* **gaz carbonique.**

FIG. 60. — Une bougie allumée s'éteint dans le gaz carbonique.

FIG. 61. — Le gaz carbonique se dégage de la craie sur laquelle on verse de l'acide chlorhydrique ou du vinaigre ; ce gaz éteint une allumette enflammée.

*Le gaz carbonique est sans couleur et plus lourd que l'air ; il éteint une allumette enflammée ; il trouble l'eau de chaux*[1] : vous allez reconnaître facilement toutes ces propriétés.

Le flacon A (fig. 61) contient un peu d'eau et quelques morceaux de craie sur lesquels je verse de l'acide chlorhydrique ; voyez les bulles gazeuses qui se dégagent de la craie,

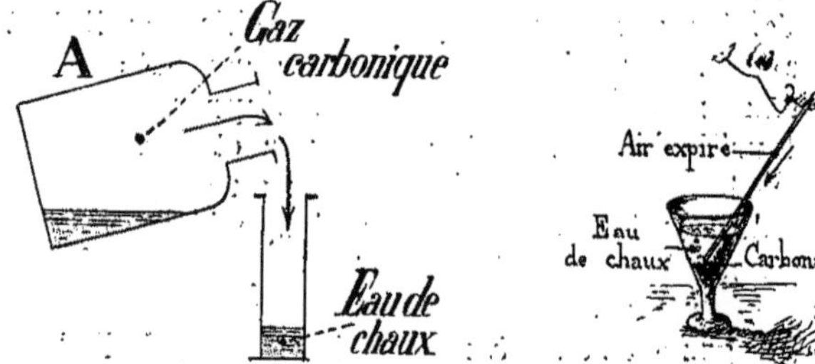



FIG. 62 — Le gaz carbonique est plus lourd que l'air ; il trouble l'eau de chaux.

FIG. 63. — L'air rejeté de nos poumons trouble l'eau de chaux.

elles sont formées de gaz carbonique *incolore*, dont le flacon est bientôt rempli. Une allumette enflammée, plongée dans le flacon, s'éteint de suite ; je puis verser, comme de l'eau, le gaz carbonique *plus lourd que l'air*, du flacon A dans une éprouvette qui contient un peu d'eau de chaux (fig. 62) ; une pellicule blanche de *carbonate de chaux* ou *craie* apparaît à la surface

---

1. Dans une bouteille où l'on a mis de la chaux, on verse beaucoup d'eau ; on agite de temps à autre la bouteille fermée. La chaux se dissout en partie dans l'eau ; on en laisse déposer l'excès ; le liquide clair qui surnage est de l'*eau de chaux*.

du liquide : elle est due à l'union du gaz carbonique, produit en A, avec la chaux dissoute dans l'eau de l'éprouvette.

Le gaz carbonique prend naissance dans la combustion du bois, du charbon, du gaz d'éclairage, dans les cuves de vin doux en fermentation. Nos poumons en dégagent aussi : soufflez à l'aide de ce tube dans un verre renfermant de l'eau de chaux, vous la troublez très vite (fig. 63).

**69.** *Le gaz carbonique peut nous faire mourir, nous* **asphyxier**, *si l'air que nous respirons en renferme une trop grande quantité.* — La blanchisseuse qui repasse son linge, avec un fourneau à charbon ou à gaz allumé auprès d'elle, doit laisser grande ouverte la fenêtre de sa chambre. Si vous me voyez ouvrir ici fenêtres ou vasistas, c'est afin de renouveler l'air de la classe et d'en chasser le gaz carbonique que nous rejetons tous. — Quand une cave renferme des cuves où fermente le jus sucré du raisin, *n'y descendez qu'avec une bougie allumée; si la bougie s'éteint, remontez de là cave au plus vite,* sinon vous tomberiez asphyxiés. Aérez alors la cave en ouvrant les soupiraux ; s'il est nécessaire, jetez-y de la chaux qui absorbera le gaz carbonique.

L'acide carbonique se dissout dans l'eau en lui donnant une saveur piquante agréable, qui favorise notre digestion : d'où l'emploi comme boisson des eaux de Seltz, de Vichy, Hauterive, Saint-Galmier, Vals, Royat, Pougues, etc.

**70. L'oxyde de carbone.** — Voici un gaz plus redoutable que le précédent, un **poison violent**.

L'oxyde de carbone se produit par l'oxydation incomplète du charbon, quand l'air arrive en trop faible quantité sur un foyer ; *comme il n'a pas d'odeur, nous pouvons séjourner dans une pièce renfermant de l'oxyde de carbone sans nous en douter, être surpris par l'***asphyxie** que précèdent des maux de tête, des vertiges, etc.

Les *poêles mobiles*, employés parfois pour chauffer les appartements, produisent beaucoup de ce gaz ; aussi *doit-on les utiliser le moins possible, et ne les mettre jamais dans une chambre à coucher.* Que de personnes ont été ainsi asphyxiées pendant leur sommeil !

Le *gaz carbonique* et l'*oxyde de carbone* sont **dangereux à respirer** ; ce dernier est un **poison violent**.

## VI. — Le chauffage et l'éclairage.



**71. La chaleur et la lumière sont indispensables à tous les êtres vivants.** — Tandis que la nature impose des conditions d'existence, variables avec chaque pays, aux animaux et aux plantes qui y sont établis, l'homme modifie ces conditions suivant ses besoins ou ses caprices :

Fait-il froid? il se chauffe.

Fait-il nuit? il s'éclaire.

**72. Chauffage.** — La **cheminée** en est le plus simple appareil; elle constitue le *mode de chauffage le plus hygié-nique, mais le plus coûteux :* en effet, le feu de la cheminée détermine dans la chambre un renouvellement d'air tel qu'on grille par devant et qu'on gèle par derrière en hiver. Placez une bougie allumée au bas de la porte de la chambre fermée, vous en verrez la flamme fortement inclinée vers l'intérieur de la pièce, sous l'influence du courant d'air.

La plus grande partie de la chaleur du foyer est emportée par l'air brûlant qui monte dans la cheminée; aussi, dans bien des cas, préfère-t-on le chauffage par *un* **poêle**, *appareil beaucoup plus économique, mais moins bon ventilateur.*

Le poêle est placé dans la chambre; l'air de la pièce s'échauffe au contact des tuyaux qui emportent au dehors les gaz de la combustion (oxyde de carbone et gaz carbonique). Le *poêle de faïence* donne une chaleur douce; s'il s'échauffe lentement quand on y allume le feu, il se refroidit de même après son extinction. Il a de sérieux avantages sur les *poêles de fonte*, notamment celui de ne pas se laisser traverser par les gaz de la combustion, comme le fait la fonte trop fortement chauffée.

**La cheminée est un appareil hygiénique,** *mais d'un emploi coûteux;* **le poêle est plus économique.**

*Les poêles mobiles ne doivent être employés qu'avec des cheminées pourvues d'un bon tirage; il ne faut jamais les placer dans une chambre à coucher.*

Les cheminées doivent être ramonées, sinon elles se couvrent de *suie,* dépôt de charbon formé par la fumée; la suie peut donc prendre feu.

Pour éteindre un *feu de cheminée*, jetez des morceaux de soufre dans le foyer, fermez le devant de la cheminée avec des draps ou des sacs trempés dans l'eau, qui empêcheront le tirage. Le soufre brûle et produit le *gaz sulfureux* capable d'éteindre les corps en feu, tout comme le gaz carbonique et l'azote.

**73. Éclairage**. — La torche de résine et l'antique chandelle de suif ont fait place à la bougie stéarique, à la lampe où l'on brûle de l'huile, du pétrole ou de l'alcool; dans les villes, le gaz d'éclairage est plus employé. Mais tous ces procédés ont l'inconvénient d'augmenter la quantité de gaz carbonique dans les appartements.

Aujourd'hui l'*éclairage électrique* par les *lampes à incandescence* tend à remplacer les autres modes d'éclairage dans bien des villes, dans les bourgades qui disposent d'une chute d'eau importante.

Une lampe à incandescence (fig. 64) consiste en une poire de verre fermée, remplie d'un gaz inerte; ce gaz entoure un fil de charbon porté au rouge par le passage d'un courant électrique.

FIG. 64. — Lampe à incandescence.

L'éclairage électrique a l'avantage de ne pas modifier l'air des appartements.

# LA TERRE

## I. — La terre végétale.

26ᵉ LECTURE · [1ᵉʳ & 2ᵉ COURS]

**74.** Mes Enfants, on appelle **terre végétale**, la couche superficielle du sol, celle que votre père travaille à l'aide d'*instruments aratoires* (charrue, bêche, pioche, houx, herse, etc.), pour y mettre la semence et en obtenir des récoltes.

La terre végétale contient des matières minérales mélangées à des débris de plantes, à du fumier, enfouis par le labourage.

Les *débris organiques* forment l'**humus**, matière noire qui allège le sol, retient l'humidité et donne une grande fertilité à la terre.

Les *matières minérales* comprennent de la **silice**, de l'**argile** et du **calcaire**, comme le prouve l'expérience suivante :

Une forte pincée de terre végétale est mise dans un flacon, A, renfermant de l'eau ; le tout est agité fortement, puis abandonné au repos. Un dépôt de *sable* se forme rapidement au fond du flacon A ; l'eau qui surnage est trouble : elle contient

Fig. 65. — Analyse sommaire de la terre végétale.

en suspension de l'*argile* en particules très fines qui se déposeront lentement.

Faisant écouler l'eau trouble, je recueille le sable auquel j'ajoute de l'eau, puis un peu d'acide chlorhydrique ou de vinaigre en B ; aussitôt se dégagent des bulles plus ou moins abondantes de *gaz carbonique* [on dit que le sable *fait effervescence*].

Une partie du sable est seule attaquée, car il reste au fond du flacon du *sable siliceux* ou *silice ;* la partie du sable attaquée par l'acide était du *sable calcaire*.

*La* **silice**, *le* **calcaire** *et l'*argile *se trouvent* donc *dans la terre végétale*.

**75.** La **silice** rend le sol léger et perméable, c'est-à-dire que l'air et l'eau le traversent facilement ; si elle est en trop grande quantité, la chaleur sèche trop vite la terre et le soleil brûle les récoltes.

L'**argile** forme, au contraire, une masse liante avec l'eau qu'elle retient en grande proportion dans les terres *froides*, très humides. Un sol argileux s'appelle encore *terre forte*, parce qu'il empâte les instruments aratoires ; par la sécheresse prolongée, il durcit beaucoup.

Le **calcaire** rend plus perméables les terres argilo-siliceuses, les empêche de se fendiller quand il fait sec ; il absorbe la chaleur du soleil et active la maturité des récoltes ; il facilite aussi la décomposition des matières organiques dont les plantes se nourrissent mieux.

*Une bonne terre arable, une terre franche renferme* environ : 55 parties de *silice*, 25 parties d'*argile*, 10 parties de *calcaire* et 10 parties d'*humus* pour 100.

## II. — Le sous-sol. — Terrains sédimentaires et roches cristallines.

**26ᵉ LECTURE** [2ᵉ & 3ᵉ COURS]

**76.** Mes Amis, la terre végétale n'est pas très épaisse ; au-dessous d'elle se trouve le *sous-sol*.

Il suffit d'examiner les talus des tranchées creusées pour le passage d'une route, d'un chemin de fer ou d'un canal, les parois d'une carrière ou d'un puits de mine, pour en reconnaître la nature.

Tantôt le sous-sol est formé de *couches superposées, ternes*, assez faciles à entamer à la pioche et

Fig. 66. — Un fossile en place dans une roche sédimentaire.

*renfermant* des débris d'animaux ou de plantes, appelés *fossiles* (fig. 66) : ces couches sont des **roches sédimentaires**.

Tantôt le sous-sol est *compact, très dur ;* sa cassure présente de petites surfaces brillantes limitant des *cristaux* : c'est une **roche cristalline**, *sans fossiles.*

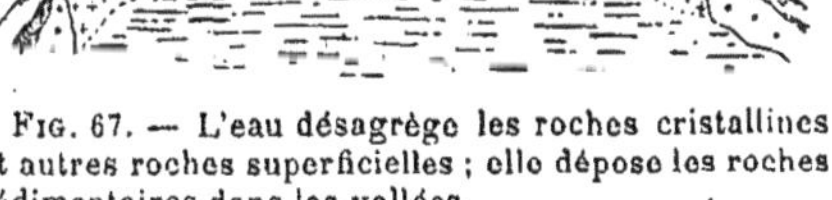


Fig. 67. — L'eau désagrège les roches cristallines et autres roches superficielles ; elle dépose les roches sédimentaires dans les vallées.

Les roches cristallines forment les hautes montagnes où elles sont lentement détruites par l'eau de pluie ; elles se brisent, se réduisent en petits fragments qu'entraînent les torrents et les cours d'eau (fig. 35) ; c'est pourquoi, après des pluies abondantes, vous voyez la rivière trouble.

L'eau, qui coule lentement dans les larges vallées à faible pente, y dépose peu à peu le *limon* et le *sable* qu'elle entraîne;

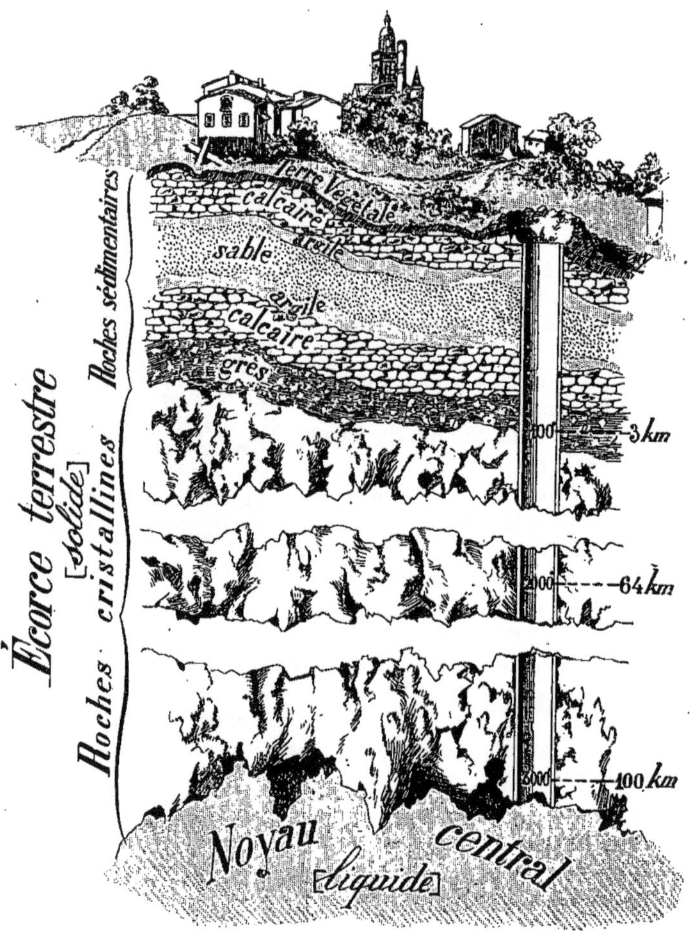


FIG. 68. — Composition de l'écorce terrestre.

ce sont de semblables dépôts, s'accumulant à la longue, qui ont formé les roches sédimentaires.

Ainsi le **sous-sol** *comprend des* **roches sédimentaires** *et des*

**roches cristallines.** — *Les terrains sédimentaires proviennent de la destruction lente des roches cristallines par l'eau.*

**77. D'où proviennent les roches cristallines?** — Pour résoudre cette question difficile, il nous faut pénétrer très avant dans l'intérieur de la terre.

Imaginons pouvoir creuser un puits (fig. 68) plus profond que les puits de mine dont je vous ai déjà parlé :

Au-dessous de la *terre végétale*, nous trouvons des *roches sédimentaires*

Fig. 69. — Le Vésuve en éruption.
Fig. 70. — Du cratère s'échappent de la vapeur d'eau, des cendres et des scories.

assez faciles à entamer, puis des *roches cristallines* beaucoup plus dures. Or, à mesure que nous descendons dans un tel puits, nous remarquons qu'il y fait de plus en plus chaud : la température s'élève d'environ 1 degré pour une descente de 32 mètres. — A une profondeur de 3200 mètres, la température serait donc supérieure à 100 degrés; nous n'y pourrions vivre et l'eau y serait en ébullition.

*Au fond d'un puits profond de 3.000 fois 32 mètres = 96 kilomètres, la température serait de 3000 degrés.*

Mais tous les corps solides qui composent la terre sont fondus à cette température de 3000 degrés. — La terre comprend donc :

1° une partie *liquide* centrale à une température très élevée, appelée **noyau central** ;

2° une croûte *solide*, l'**écorce terrestre** qui la recouvre, dont l'épaisseur est d'environ 100 kilomètres.

Cette écorce est bien faible pour la terre dont le rayon est environ 64 fois plus grand ; elle a, pour notre globe, la valeur de la coquille qui recouvre un œuf.

Les roches cristallines qui forment la partie profonde de l'écorce terrestre sont dues à la solidification d'une partie du noyau central.

**78.** Les *volcans*, comme le Vésuve (fig. 69 et 70), sont des *puits naturels* qui traversent toute l'écorce terrestre, permettant aux matières liquides du noyau central de venir se répandre à la surface de la terre.

La **lave**, *liquide incandescent que rejettent les volcans, donne une* **roche cristalline** *en se solidifiant*.

REMARQUE. — Quand un volcan rejette ainsi de la lave et de la fumée par son *cratère*, on dit qu'il fait *éruption*.

Les **éruptions volcaniques** sont généralement accompagnées d'ébranlements du sol appelés **tremblements de terre**.

Les roches sédimentaires et les roches cristallines sont précieuses à l'homme qui en tire les *matériaux de construction* de sa maison et des édifices publics, les *métaux* dont il fabrique ses outils, ses machines, ses armes, les navires, les monnaies, etc.

## III — Les matériaux de construction.

27ᵉ LECTURE                                        [2ᵉ & 3ᵉ COURS]

**79.** Par raison d'économie nous employons, pour construire nos habitations, les pierres tirées des carrières les plus voisines.

Le *calcaire* est la principale de nos pierres à bâtir : cette roche est abondante dans une grande partie de la France.

Dans les régions volcaniques comme le Puy-de-Dôme, on utilise la *lave* grise connue sous le nom de pierre de Volvic, exploitée là depuis longtemps : la ville de Clermont-Ferrand, construite avec cette lave, a un aspect gris qui contraste étrangement avec nos maisons blanches en pierre calcaire. — Dans les Vosges, on utilise le *grès bigarré* dont est faite la cathédrale de Strasbourg. — En Bretagne, dans le Plateau central et certaines régions des Alpes, le *granite*, le *porphyre* sont principalement employés.

**80.** Ce sont les roches sédimentaires surtout qui nous fournissent les produits minéraux nécessaires aux constructions :

aux **roches calcaires** appartiennent la *pierre à bâtir*, la *pierre à chaux*, etc.

avec les **argiles** sont fabriquées les *tuiles* et les *briques;* les *ardoises* proviennent aussi de roches argileuses anciennes,

parmi les **roches siliceuses** se rangent le *sable*, le *grès à pavé*, la *pierre meulière*. Le plâtre, employé également, est retiré du *gypse* ou *pierre à plâtre*

Fig. 71. — Une carrière d'argile plastique
à Vauves.

Vous voyez, mes Enfants, quelles richesses renferme le sol; les pays où ces différents matériaux sont naturellement assemblés sont devenus les plus riches.

Pourquoi Paris, par exemple, était-il déjà préféré par les Romains comme grande cité? c'est parce que tout autour de Paris se trouvent ces richesses : à Paris même, le sol est formé de calcaire grossier et de gypse [les catacombes de Paris sont d'anciennes carrières épuisées]; l'argile plastique se trouve à Vanves et Vaugirard (fig. 71), à la porte même de la ville; le sable se retire en quantité de la Seine et des collines voisines, à Gentilly par exemple; des grès, utilisés pour le pavage et le dallage des trottoirs, se trouvent non loin de là, à Beauchamp et à Fontainebleau.

Parlons de quelques-uns de ces matériaux.

**81.** La **pierre à bâtir** est une roche calcaire qu'on trouve par couches plus ou moins importantes dans le sol. Ses aspects variés et son origine la font appeler : *calcaire grossier* (aux environs de Paris), *pierre de Caen, pierre de Tonnerre, pierre de Lorraine*, etc.

On l'extrait par gros blocs, travaillés ensuite à la scie et au ciseau ; à l'air, cette pierre se dessèche en perdant son *eau de carrière*, durcit et forme des moellons ou d'excellentes pierres de taille; elle n'est point gélive [52]. On en fait les murs des monuments et des belles habitations.

Fig. 72. — Granite.

Certains calcaires durs, cristallins, susceptibles d'un beau poli, forment les *marbres* dont on décore les édifices (marches d'escalier, colonnes, garnitures de cheminées, etc.).

[Les porphyres et les granites (fig. 72), appartenant aux roches cristallines, servent parfois au même usage].

**82.** La **pierre à chaux** est un calcaire qu'on décompose par la chaleur dans un four: il s'en dégage du gaz carbonique et la *chaux* en est le résidu.

Je mets dans le feu ce bâton de craie; dans un quart d'heure, je l'en retirerai; il sera devenu de la *chaux vive*.

Le *four à chaux* le plus simple consiste en une cuve en briques (fig. 73), haute de 3 à 4 mètres; on y forme une voûte avec de gros morceaux de calcaire, puis on la remplit de fragments de plus en plus petits. Du feu est entretenu sous la voûte, de manière à porter la pierre calcaire au rouge; on laisse refroidir. La chaux vive, retirée du four par une ouverture inférieure, est placée dans des tonneaux qu'on ferme de suite.

Fig. 73.
Un four à chaux.

**83.** Le **sable** ou **gravier** se retire des rivières, du fond de nombreuses vallées (*grévières*) et aussi du bord de la mer : il y a été entraîné et déposé par l'eau qui a désagrégé les roches cristallines des hautes montagnes (fig. 28). Au moyen d'un crible, le sable fin est séparé des galets.

*Le sable fin, mélangé à la chaux vive et arrosé d'eau, forme le mortier* que le maçon étale entre les pierres du mur en construction.

**84.** *Pourquoi le mortier est-il employé en maçonnerie?* — Quand je verse de l'eau sur le bâton de chaux que j'ai retiré du feu [82], il se délite et tombe en poussière : *la chaux* **vive** *se transforme en chaux* **éteinte** en se combinant avec l'eau; elle s'échauffe en même temps, car vous voyez une partie de l'eau se dégager à l'état de vapeur.

A la longue, la chaux absorberait le gaz carbonique de l'air et redeviendrait du calcaire.

Or le maçon prépare ainsi la chaux éteinte : dans un tas de sable, il creuse un grand trou, y jette de la chaux vive et de l'eau par-dessus; quand le dégagement de vapeur d'eau a cessé, l'ouvrier fait du mortier en *gâchant* ensemble la chaux éteinte et le sable.

Le mortier étant placé entre les pierres d'un mur, la chaux qui s'y trouve devient du calcaire au contact de l'air; ce calcaire soude les pierres entre elles; le sable les empêche de se rapprocher.

**85.** Avec les **briques** et les **tuiles**, on fait les murs et on couvre les toits; ce sont des pains d'argile mêlée de sable.

On les pétrit à la main ou à l'aide de machines; puis les pains, séchés à l'air, sont cuits dans des fours à une température peu élevée.

Les **ardoises** sont des argiles noires divisées en minces feuillets; très dures, imperméables à l'eau, elles remplacent avantageusement les tuiles. On les exploite à Fumay (Ardennes), à Trélazé (près d'Angers), à Flumet (en Savoie).

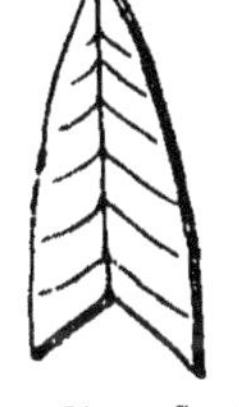

Fig. 74. — Gypse en fer de lance.

**86.** Le *plâtre* est obtenu par la cuisson modérée du **gypse** ou **pierre à plâtre**. Ce corps, cristallisé et transparent (fig. 74), perd de l'eau par la chaleur et devient opaque. On pulvérise le plâtre; la poussière blanche ainsi préparée, gâchée avec un égal volume d'eau, se prend vite en une masse très dure. Ceci justifie son emploi comme mortier, pour faire les plafonds, les motifs de décoration, etc.

## IV. — Les Métaux.



**87.** Vous savez, mes Amis, que la pelle à feu bien nettoyée, la bêche avec laquelle une terre dure a été travaillée, *brillent à la lumière*; il en est de même des boutons de porte, des vases en zinc, en cuivre ou en étain, soigneusement astiqués; n'avez-vous pas reçu comme étrennes de jolies pièces d'or ou d'argent? — Le *fer*, le *zinc*, l'*étain*, le *cuivre*, l'*or*, l'*argent* sont des MÉTAUX.

*Un* **métal** *est un corps simple, brillant d'un vif éclat par le polissage; il se ternit* parfois *à l'air en s'oxydant.*

Les métaux se rencontrent dans l'écorce terrestre, rarement à l'état libre (*état natif*), le plus souvent combinés à l'oxygène (*oxydes*), au soufre (*sulfures*), au chlore (*chlorures*), etc.

**88.** Les substances précieuses d'où les métaux sont extraits s'appellent **minerais**; on les trouve en bandes minces ou **filons** qui traversent diverses couches du sol.

Un filon peut parvenir jusqu'à la surface du sol; le plus souvent il est caché à une profondeur de 50, 100 mètres et au delà; pour l'exploiter, il faut creuser des *puits de mine* comparables à ceux dont nous avons parlé au sujet de la houille [65]. Le minerai est travaillé suivant des méthodes différant avec sa composition, pour livrer le métal qu'il renferme; vous apprendrez cela quand vous serez plus savants.

**89. Les métaux précieux.** — On appelle ainsi d'ordinaire l'*or* et l'*argent*, auxquels nous adjoindrons le *mercure*. Ils ne se ternissent pas à l'air.

L'or est un métal jaune assez mou, dont la rareté fait la valeur (3,000 francs le kilogramme); il est 19 fois plus lourd que l'eau.

L'or existe en beaucoup d'endroits, mais sous forme de très fines *paillettes;* parfois on en trouve des fragments appelés *pépites* qui pèsent quelques grammes, rarement davantage.

La plus grosse pépite trouvée en Australie, pesait 67 kilogrammes et valut 225,000 francs.

Un jour, un habitant du hameau des Avols dans l'Ardèche, tout en gardant ses chèvres, ramassa une petite pierre qui lui parut très lourde; l'une de ses chèvres n'ayant pas obéi à son appel, Trouillas (c'était le nom du chevrier) lui lança la pierre en question, quel regret il en eut! Peu de temps après, il sut en effet qu'un de ses voisins, en faisant des fagots dans la même région, avait trouvé un caillou comme le sien dont on lui offrait plus de 1200 francs : ce caillou peu banal, pesant 243 grammes, était une pépite d'or (fig. 75).

Ainsi, dans l'Ardèche, il y a de l'or; on en trouve aussi dans les Pyrénées et dans les Alpes; les torrents qui coulent de ces hautes montagnes roulent des paillettes d'or, mais trop petites et trop rares pour être recueillies : le travail d'extraction coûterait plus cher qu'il ne rapporterait.

Fig. 75. — Une pépite d'or.

L'or est abondant surtout en Australie, dans le Sud de l'Afrique, aux États-Unis, etc.

Ce métal est trop mou pour être employé seul; on le rend plus dur par l'addition d'un peu de cuivre ; *l'alliage* ainsi obtenu sert à la fabrication des bijoux, des ustensiles, des monnaies (pièces de 5, de 10, de 20, de 50 et de 100 francs).

L'**argent** est un métal blanc, un peu plus dur que l'or, mais plus léger; sa valeur commerciale ne dépasse pas aujourd'hui 100 francs le kilogramme. On le retire beaucoup du Mexique et du Pérou. Allié au cuivre, il est employé pour faire aussi des bijoux, couverts de table, timbales, vases (fig. 76) et ustensiles divers, des monnaies (pièces de 20 et de 50 cent., de 1, de 2 et de 5 fr.).

Fig. 76. — Aiguière en argent ciselé (Musée de Cluny).

Le **mercure** est ce liquide, brillant comme l'argent, que renferme le thermomètre; il nous vient d'Espagne et de Californie. On l'emploie pour l'extraction de l'or et de l'argent.

## V. — Les Métaux usuels.



**90**. On appelle MÉTAUX USUELS les métaux véritablement précieux, car on en fait *usage* partout et toujours, tandis que l'or et l'argent servent aux objets de luxe.

Ce sont : le **fer**, le **cuivre**, le **zinc**, l'**étain**, le **plomb**, l'aluminium.

**91**. Le **fer** se place au premier rang des métaux, par son abondance dans le sol et ses précieuses qualités : dans tous les pays du monde existent des minerais de fer ; partout des usines travaillent ces minerais et en retirent annuellement 70 *milliards*, de kilogrammes de fer et d'acier.

Cette énorme production est absorbée par les chemins de fer, les navires, les armements, les machines, les constructions, les outils de toute nature.

En France, le minerai de fer se trouve en Normandie (près de Cherbourg et de Caen), en Lorraine, dans la Nièvre et la Franche-Comté, près d'Alais dans le Plateau central. — Les usines principales où l'on extrait le fer sont au Creusot, à Saint-Chamond, Commentry, Fourchambault, Nantes, etc.

Le fer est employé sous trois formes : le *fer pur*, la *fonte* et l'*acier*. — La fonte et l'acier sont des composés de fer et de charbon : la fonte renferme 5 pour 100 de charbon ; l'acier n'en contient que 2 pour 100.

Chacune de ces variétés de fer a des propriétés et des applications particulières.

**92**. Le *fer doux*, fer presque pur parfaitement poli, a une couleur blanc grisâtre ; il est *très dur*, *très tenace* et *fond difficilement* : ce sont là ses propriétés principales.

Vous savez qu'un morceau de fer froid, frappé avec un marteau, se déforme beaucoup moins facilement qu'une masse de plomb : le fer est donc plus dur que le plomb.

Quand le forgeron veut fabriquer un fer à cheval, effiler un grand clou, tordre une barre de fer, il chauffe au rouge le morceau de fer à travailler ; *celui-ci ne fond pas*, mais se ramollit peu à peu : il s'aplatit alors sous le choc du marteau et se prête à toutes les déformations (fig. 77). Le forgeron veut-il souder deux barres de fer ? Il les chauffe toutes les

deux au rouge, les met en contact sur l'enclume et les y frappe
fortement jusqu'à ce qu'elles
soient confondues en une seule
barre. [Allez à la forge, mes
Amis; regar-
dez avec at-
tention com-
ment tra-
vaille le ma-
réchal fer-
rant, sans
le gêner; de-
mandez - lui
des explica-
tions qu'il
sera très
heureux de
vous don-
ner.]

*Le fer est
tenace,* c'est
pourquoi on
l'emploie
sous forme

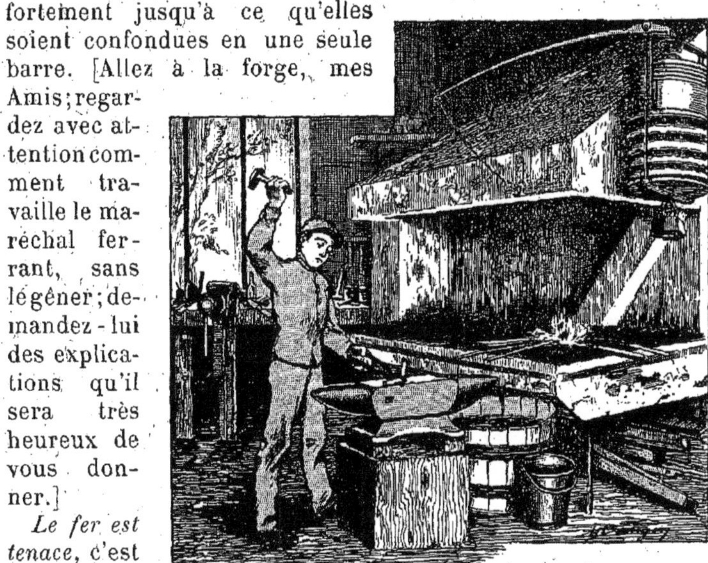

FIG. 77. — Le forgeron porte le fer au rouge avant
de le marteler.

de fil: tirez sur un fil de fer, il casse moins facilement qu'un
fil de zinc, de cuivre ou de plomb :
d'où son emploi pour les lignes télégraphiques (fig. 78). On utilise le fer
pour la même raison sous forme de
plaques de *tôle*, dans la construction
des chaudières à vapeur.

Vous devez comprendre maintenant
pourquoi le fer a tant d'usages; il a
toutefois l'inconvénient de s'oxyder à
l'air, de se *rouiller.*

FIG. 78. —
Les fils té-
légraphiques
sont en fer
galvanisé.

On préserve le fer de la rouille en le
couvrant d'une couche de peinture
(comme les grilles des balcons et des
jardins par exemple), d'une couche de zinc (comme les fils
télégraphiques), d'une couche d'étain (comme les casseroles, les

plats dont on se sert à la cuisine). Le fer recouvert de zinc est dit *galvanisé*; recouvert d'étain, il s'appelle *fer étamé* ou *fer-blanc*.

**93.** *L'acier est plus précieux que le fer, parce qu'il est plus dur et plus flexible.* — Porté à une température suffisamment élevée, il *fond* et peut être coulé dans des *moules en sable*, pour la fabrication des objets les plus divers (roues et rails de chemin de fer, canons, etc.). — Sa flexibilité (fig. 79) et sa dureté le font employer pour fabriquer des instruments tranchants (épées, couteaux, ciseaux, canifs, rasoirs), des aiguilles, des limes, des burins, des pics pour tailler les roches cristallines.

Fig. 79. — L'acier est très flexible.

Les grands ponts métalliques récemment construits sont en acier: le magnifique pont Alexandre III à Paris (fig. 80) renferme 4 millions de kilogrammes d'acier.

Fig. 80. — Le pont Alexandre III à Paris.

**94** *La fonte fond plus facilement que l'acier, mais elle n'en a pas la résistance*: une marmite, une grille à feu se cassent facilement à coups de marteau.

La fonte est dès lors employée pour fabriquer *par moulage* les objets qui n'ont pas de chocs à subir : les colonnes, piliers, parapets des ponts, grilles et portes des jardins et des cours, tuyaux, statues, ustensiles de ménage divers.

La fonte coûte bien meilleur marché que tous les autres objets métalliques.

Savez-vous, mes Enfants, quelle valeur peut prendre le fer suivant l'usage auquel il est destiné? Une barre de fer brute valant 25 francs, je suppose, en vaut 60 sous la forme de fers à cheval, 800 à l'état de couteaux de table, 1 800 quand elle est transformée en aiguilles à coudre, 15 900 comme lames de canifs, 125 000 à l'état de ressorts de montre. Vous pouvez juger par là du prix de revient de la main-d'œuvre.

## V. — Les Métaux usuels *(fin)*.

**30ᵉ LECTURE**                                    **[2ᵉ & 3ᵉ COURS]**

**95.** Le **cuivre** est un métal rouge plus rare que le fer, mais très important dans les arts et l'industrie.

En France, on le retirait autrefois de Chessy, près de Lyon; la plus grande partie en est fournie par les États-Unis.

Le cuivre a de grandes qualités : il est *malléable*, c'est-à-dire facile à réduire en lames minces; il est *ductile*, c'est pourquoi le tréfileur l'étire en fils plus ou moins fins; mais il est *moins tenace que le fer*.

Avec des plaques de cuivre, le chaudronnier fait des ustensiles de cuisine, des chaudières et des vases de toutes sortes. Ces ustensiles coûtent plus cher que les vases en fer; mais *ils conduisent mieux la chaleur* du foyer et nécessitent ainsi une moindre dépense de combustible : dans les distilleries, dans les établissements où sont nourries beaucoup de personnes, on emploie de préférence les alambics et les chaudières en cuivre.

*Il faut conserver très propres les vases en cuivre* et n'y jamais laisser des substances acides comme le vinaigre, sans quoi ils se couvrent de *vert-de-gris* qui est un poison : sur un bougeoir en cuivre bien luisant, laissez tomber une goutte d'acide stéarique fondu provenant de la bougie allumée; au bout de quelques heures, il s'y sera formé une tache verte. [*Les casseroles en cuivre sont*, pour cette raison, *étamées en dedans.*]

Les fils de cuivre sont employés en électricité.

Le cuivre donne de la dureté aux *alliages* d'or et d'argent; il entre aussi dans la composition du laiton ou cuivre jaune (alliage de cuivre et de zinc), du **bronze** (alliage de cuivre, d'étain et de zinc).

Avec le laiton, on fabrique divers objets usuels (lampes, candélabres, bougeoirs, épingles, boutons), des instruments de physique, etc. — Avec le bronze, on fait la monnaie de billon, des médailles, des cloches, des statues (fig. 81), etc.

**96.** *Le zinc a une couleur blanc bleuâtre*; il est facile à fondre dans une pelle à feu. Comme *il est très malléable et flexible*, on le réduit en plaques dont on fait des seaux, des arrosoirs, des brocs (fig. 82), des boîtes à conserves, des gouttières, etc. Les tuiles et les ardoises sont parfois remplacées par une toiture légère en zinc.

Fig. 81. — Statue de Bernard Palissy (Il découvrit l'art d'émailler et fabriqua de magnifiques faïences.)

Ce métal se ternit facilement à l'air; mais la surface, une fois ternie, préserve de toute altération la partie profonde. Grattez une plaque de zinc avec votre couteau, vous y verrez briller le métal.

*On ne doit jamais conserver des liquides plus ou moins acides, comme le vinaigre, le vin, le cidre, etc., dans des vases en zinc* qui seraient attaqués; ces liquides deviendraient des poisons.

Fig. 82. — Un broc en zinc.

**97.** *L'étain est un métal blanc, plus facilement fusible que le zinc*; on en fait aussi des vases (fig. 83), des couverts, des plats (fig. 84), le papier de chocolat; on ne peut toutefois fabriquer des plats d'étain allant au feu, car ils y fondraient.

Sur une feuille de papier blanc, étale bien du papier de chocolat et je chauffe légèrement le tout à la flamme d'une bougie; voyez l'étain qui fond en petites gouttelettes sur le papier blanc qui n'a pas brûlé.

Fig. 83. — Une mesure de capacité faite en étain.

Fig. 84. — Un plat d'étain du XIVᵉ siècle (Musée de Cluny).

Comme l'étain s'altère moins facilement que le zinc, on s'en sert pour l'*étamage* des casseroles de fer et de cuivre; néanmoins il ne faut pas y laisser longtemps des aliments.

**98.** *Le* **plomb** *est blanc bleuâtre, très dense et très mou* : frotté sur du papier blanc, il y laisse une trace grise. On le coupe facilement au couteau. dans une pelle à feu. rien n'est plus facile que de fondre du plomb. mais il se ternit vite à sa surface.

Ce métal, *flexible et non cassant*, est employé pour fabriquer des *tuyaux de conduite pour l'eau de source* et le gaz d'éclairage

Fig. 85. — Avec le plomb, on fait des tuyaux de conduite pour l'eau et pour le gaz d'éclairage.

(fig. 85); autrefois on en couvrait les grands édifices. mais *l'eau de pluie attaque le plomb* et ne peut être employée dès lors comme boisson. — On en fait encore le plomb de chasse et des balles de fusil.

**99.** *L'aluminium*, *métal blanc très sonore* et *fort léger*, est utilisé aujourd'hui pour fabriquer des cloches, des timbres, des ponts métalliques, des bateaux démontables et des objets divers; il s'altère lentement à l'air.

## VI. — Autres substances chimiques usuelles.

**31ᵉ LECTURE** [2ᵉ & 3ᵉ COURS]

**100. Soufre et phosphore.** — Au bout d'une allumette se trouvent deux matières : l'une tout à l'extrémité, colorée en rouge, s'appelle du **phosphore**; l'autre, jaune, est du **soufre**.

Je frotte cette allumette contre la table, elle s'enflamme : le phosphore brûle le premier; sa flamme est brillante et dégage une fumée blanche; le soufre brûle ensuite avec une flamme bleue, en dégageant un gaz qui fait éternuer quand on le respire; la chaleur produite par la combustion du phosphore et du soufre sert à enflammer le bois de l'allumette.

Mes Enfants, je vous dirai quelques mots seulement des propriétés du soufre et du phosphore.

**101.** Le **soufre** se trouve mêlé à la terre au voisinage des volcans, par exemple au pied du Vésuve en Ita-

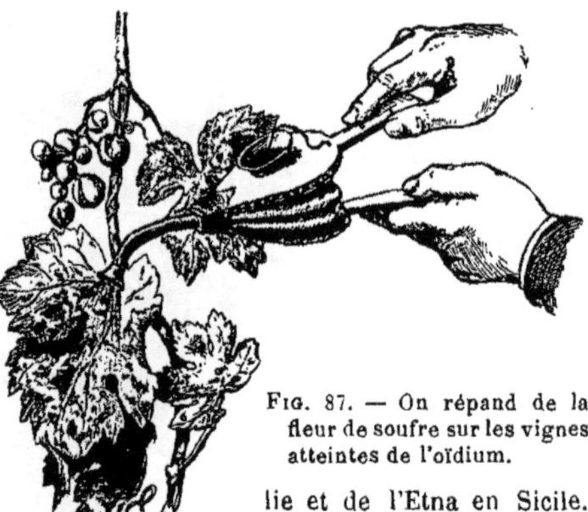

Fig. 87. — On répand de la fleur de soufre sur les vignes atteintes de l'oïdium.

Fig. 86. — A l'aide du soufre, on scelle le fer dans la pierre.

lie et de l'Etna en Sicile. — Quand on chauffe cette terre à l'abri de l'air, le soufre fond; mais, comme il est impur, on le raffine avant de le livrer au commerce sous forme de cylindres appelés *canons de soufre*, ou à l'état de poudre nommée *fleur de soufre*.

Le soufre fond à 114 degrés en un liquide jaune qui brunit rapidement à une plus haute température. — On l'utilise dans la fabrication des allumettes, pour sceller des anneaux ou des barres de fer dans la pierre (fig. 86), pour faire les mèches soufrées (bandes de toile grossière trempées dans du soufre et employées par les tonneliers comme nous le verrons).

La fleur de soufre est répandue avec un soufflet spécial sur les feuilles de la vigne malade de l'*oïdium* (fig. 87); cette opération doit être faite le matin d'un beau jour, quand les feuilles sont encore couvertes de rosée.

Le soufre brûle dans l'air et dégage du *gaz sulfureux;* c'est ce gaz sans couleur qui fait éternuer quand on le respire; *sa dissolution dans l'eau a la propriété de décolorer le vin, de faire disparaître les taches de fruits, de blanchir les plumes et les chapeaux de paille :*

Avez-vous renversé du vin sur votre serviette, à table? mouillez la tache avec de l'eau et placez-la au sommet d'une cheminée en papier sous laquelle vous faites brûler un peu de soufre : le gaz sulfureux dégagé fait disparaître la tache et on lave aussitôt.

[Une tache d'encre ne serait pas enlevée ainsi; il faut employer le chlore plus énergique].

*Le gaz sulfureux éteint les corps en feu.* La suie qui se dépose dans la cheminée prend feu quelquefois. — Pour éteindre un feu de cheminée, il suffit de jeter des canons de soufre dans le foyer devant lequel on étend un grand drap mouillé; l'ouverture de la cheminée dans la chambre étant ainsi fermée, le gaz sulfureux remplit le tuyau de la cheminée et la suie cesse de brûler.

Pourquoi les vignerons brûlent-ils des mèches soufrées dans les vieux tonneaux, cependant lavés avec soin, avant d'y mettre du vin? C'est parce que *le gaz sulfureux tue les moisissures, les microbes* de toutes sortes, qui ont envahi le bois et pourraient gâter le vin par la suite. — Cette destruction des microbes, retenez-la bien, mes Enfants; quand une personne est malade de la fièvre scarlatine, du croup, ou de toute autre maladie contagieuse, *il faut désinfecter la chambre* qu'elle habite aussitôt après sa guérison ou après sa mort, en y brûlant du soufre (64ᵉ lecture) [1].

**102. Le phosphore** existe dans les os d'où il est retiré.

*C'est un corps dangereux à manier,* car il s'enflamme très facilement et fait d'horribles brûlures à la peau. Les *incendies* et les *empoisonnements* par le phosphore sont toujours à craindre : aussi *ne jouez jamais avec les allumettes et surtout ne les mettez pas dans votre bouche;* combien d'enfants sont morts au milieu d'atroces souffrances pour avoir commis de telles imprudences !

Les brûlures par le phosphore doivent être lavées de suite avec de l'eau dans laquelle on a délayé de la magnésie.

**103. Potasse et soude du commerce.** — Les cendres de bois renferment une substance appelée *potasse* (ou mieux *carbonate de potasse*); si elles proviennent de la combustion des plantes marines, elles contiennent de la

---

1. Consulter à ce sujet le *Cours élémentaire d'hygiène*, par E Aubert et A. Lapresté, p. 150.

*soude* (ou mieux *carbonate de soude*) : c'est ce que l'épicier vend sous le
nom de *cristaux* employés pour faire la lessive.

Nous allons en préparer ensemble : dans une casserole, faisons bouillir
de l'eau avec une grosse poignée de cendres; l'eau dissout la potasse. Au
bout d'un quart d'heure, laissons déposer les cendres et recueillons le
liquide clair qui surnage; en l'évaporant sur le feu, il formera un dépôt de
potasse au fond du vase.

Vos Mamans ne font pas autre chose quand elles coulent la lessive : elles

FIG. 88. — Los Mamans versent de l'eau bouillante sur les cendres.

remplissent un tonneau du linge à laver, couvrent ce linge d'un drap avec
une couche épaisse de cendres; elles répandent à plusieurs reprises de l'eau
bouillante sur les cendres (fig. 88); l'eau chaude dissout la potasse qui
détruit les matières grasses du linge sale en passant au travers.

[Dans les villes généralement, on remplace les cendres par des cristaux de
soude].

*La potasse et la soude servent à fabriquer les savons et le verre :* avec la potasse on fait les savons mous et la verrerie fine, le cristal; avec la soude, on fait les savons durs et la verrerie ordinaire, comme le verre à bouteilles.

**104. Alcalis — Chlorures décolorants et désinfectants.** — Les carbonates de potasse et de soude, traités par la chaux, donnent des alcalis à côté desquels se range, par ses propriétés, l'ammoniaque ou alcali volatil.

Les alcalis sont employés pour laver les plaies envahies par la gangrène.

Avec les alcalis et la chaux, on prépare les **chlorures décolorants** dont l'*eau de Javel* liquide et le *chlorure de chaux* solide sont les plus importants.

Vous avez fait, par exemple, une tache d'encre sur votre linge: vous mouillez la tache avec du vinaigre et vous y versez un peu d'eau de Javel que le vinaigre décompose (15); du chlore se dégage qui détruit l'encre; le linge doit être ensuite bien lavé dans l'eau ordinaire. — Sur une étoffe de couleur, on ne peut pas agir ainsi, parce que la couleur de l'étoffe serait détruite en même temps par le chlore.

Le chlorure de chaux peut être employé, en dissolution dans l'eau, pour laver et désinfecter en même temps les chambres des malades (244 à 247), les infirmeries, les salles d'école de temps à autre, les wagons, etc.

Une vue des cultures sur couches et des serres au Luxembourg.

# LES ANIMAUX

## LES PRINCIPAUX GROUPES D'ANIMAUX

### I. — Une promenade à travers la ferme.

                              1ᵉ, 2ᵉ & 3ᵉ COURS.

**105.** Mes Enfants, il nous faut réunir aujourd'hui quelques animaux, les comparer entre eux et apprendre à les reconnaître, aussi allons-nous parcourir la ferme et le verger de M. Louis toujours obligeant pour nous, et rassembler les bêtes les plus variées.

Dans la cour et l'étable, nous n'avons que l'embarras du choix ; nous prendrons le

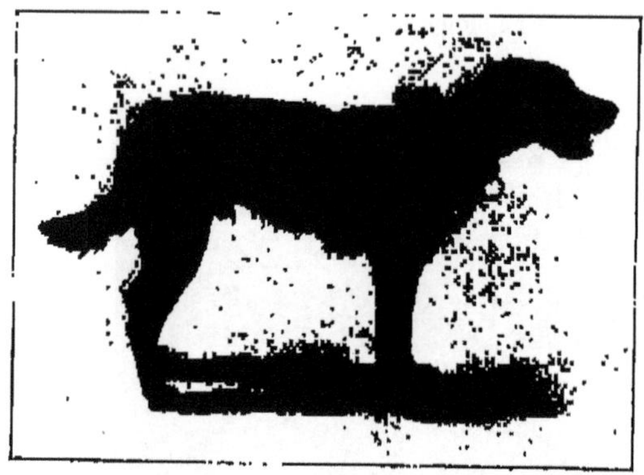

Fig. 89. — Le Chien (haut. 0ᵐ,60).

bon *Chien* Médor (fig. 89) et la *Vache* (fig. 102), dont vous buvez le lait si exquis ; dans la basse-cour, emparez-vous d'un *Coq* et d'un *Canard* (fig. 90) ; saisissez, sans trop l'effrayer, le gentil *Lézard* gris qui se chauffe là-bas au soleil (fig. 91) ; dans le ruisseau qui longe le jardin, pêchez une *Grenouille* (fig. 92) avec un petit morceau d'étoffe rouge suspendu au bout d'une ficelle. M. Louis a pris ce matin, à notre intention une jolie *Perche* (fig. 100) et la grosse *Écrevisse* (fig. 93), qui sont dans ce baquet.

Voici des tubes de verre dans lesquels vous emprisonnerez

Fig. 90. — Le Canard (long. 0ᵐ,40).        Fig. 91. — Le Lézard gris (long. 0ᵐ,15).

*Abeille, Papillon, Mouche* (fig. 94); dans cette boîte, placez le plus beau *Ver de terre* ou *Lombric* que vous trouverez en bêchant la terre du jardin

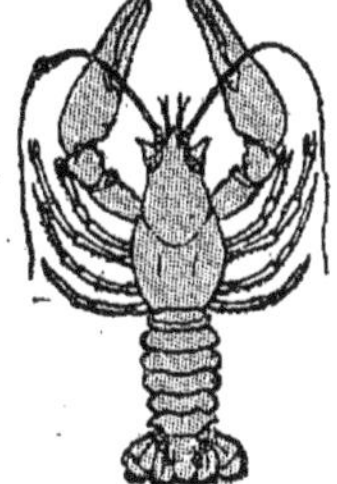

Fig. 92. — La Grenouille        Fig. 93. — L'Écrevisse        Fig. 94.
(long. 0ᵐ,08).        (long. 0ᵐ,10).        La Mouche.

(fig. 95); si vous avez la bonne fortune d'apercevoir une *Sangsue* au fil de l'eau qui coule le long du chemin, recueillez-la dans une petite bouteille; récoltez aussi un gros *Escargot* dans la haie du verger (fig. 96).

Fig. 95. — Ver de terre.        Fig. 96. — L'Escargot (long. 0ᵐ,08).

Cette riche collection va nous permettre de faire de nom-

breuses observations. — Commençons la revue par les animaux les plus simples :

**106.** Voyez l'*Escargot* qui glisse tranquillement sur le sol,
les 4 cornes dressées, repliant son corps à droite et à gauche
sans difficulté; appuyez le doigt sur l'un de ses *tentacules*,
vite il le rentre ; agacez davantage l'animal, il contracte tout
son corps et le met à l'abri dans sa *coquille*.

L'Escargot a donc le *corps* **mou**, protégé par une coquille;
il appartient au groupe des ***MOLLUSQUES.***

**107.** « Mais, me direz-vous, le *Ver de terre*, la *Sangsue* ont
aussi le corps mou ? » D'accord ; mais ils n'ont pas de
coquille. Ils présentent, en outre, une série d'*anneaux* qu'on
ne voit pas chez l'Escargot ; ils sont *dépourvus de pattes* et
se déplacent en rampant, en tortillant leur corps en tous sens.

Le Lombric et la Sangsue sont des ***VERS.***

**108.** Cependant l'*Abeille*, le *Papillon*, la *Mouche*, ont
également le corps formé d'anneaux ; pourquoi ne pas les
ranger parmi les Vers? C'est parce qu'ils marchent à l'aide de *pattes* dont les *articles* sont
mobiles les uns sur les autres ; ils sont même
pourvus d'*ailes* qui leur permettent de voler
dans les airs. — N'avez-vous pas remarqué
aussi combien il est difficile de percer avec une
épingle le corps d'un Hanneton (fig 97) ou d'un
Papillon? Ces animaux, comme l'Abeille et la
Mouche, sont enveloppés d'une matière dure,
d'un **squelette externe**, qui maintient leur corps à peu
près rigide.

Fig. 97. — Le
Hanneton.

L'*Abeille*, le *Hanneton*, le *Papillon*, la *Mouche* pourvus
d'ailes appartiennent, avec
l'*Araignée* et l'*Écrevisse* qui
n'ont pas d'ailes, au groupe
des **ARTICULÉS** ou **AR-
THROPODES** (ce mot signifie : *pattes articulées*).

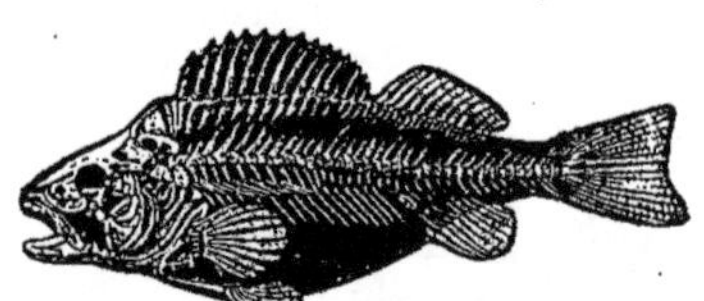

Fig. 98. — Squelette de la Perche.

**109.** Les animaux qu'il nous
reste à étudier doivent être mieux connus de vous, parce
que leur constitution les rapproche davantage de l'Homme.

La *Perche*, la *Grenouille*, le *Lézard*, le *Canard*, le *Chien*, diffè-rent des Mollus-ques, des Vers et des Arthro-podes, en ce que leur corps est soutenu par une charpente interne, un *squelette osseux* analogue à ce-lui que vous avez tous re-

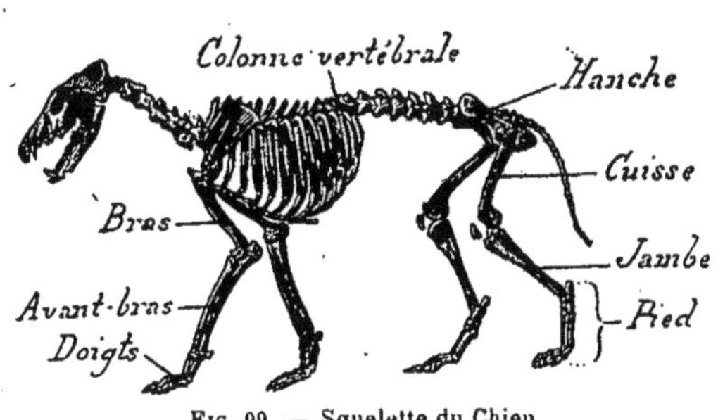


Fig. 99. — Squelette du Chien.

marqué en mangeant du poisson, du poulet ou du lapin. — Une pile de petits os, appelés *vertèbres*, forme la **colonne vertébrale**, véritable base du squelette.

Tous les animaux pourvus d'une **colonne vertébrale** sont des *VERTÉBRÉS*.

GRANDES DIVISIONS DU RÈGNE ANIMAL

| | | Embranchements |
|---|---|---|
| **ANIMAUX** pourvus d'un squelette interne sou-tenu par une *colonne vertébrale*. | | **Vertébrés** [Chien]. |
| dont le corps est formé d'*anneaux* — avec des *membres ar-ticulés*............. | | **Articulés** [Abeille]. |
| dont le corps est formé d'*anneaux* — sans membres......... | | **Vers** [Lombric]. |
| pourvus d'une coquille protégeant leur *corps mou* ............... | | **Mollusques** [Escargot]. |

# LES DIVERSES CLASSES DE VERTÉBRÉS

**33ᵉ LECTURE**                    [1ᵉʳ, 2ᵉ & 3ᵉ COURS]

**110** Mes Enfants, jetons un rapide coup d'œil sur les *VERTÉBRÉS* que nous avons recueillis chez M. Louis.

Et d'abord, voyez comme la *Perche* a le *corps allongé* et *couvert d'écailles* (fig. 100); elle peut ainsi glisser dans l'eau où elle vit et pond ses œufs ; elle s'y déplace à l'aide de *nageoires ;* de chaque côté de sa tête sont des couvercles ou *opercules* (fig. 143) qui cachent les lamelles rouges, appelées *branchies*, à l'aide desquelles l'animal respire.

La Perche est un POISSON [*Vertébré aquatique, couvert d'écailles et pourvu de nageoires*].

FIG. 100. — La Perche (long. 0<sup>m</sup>,30).

**111.** La *Grenouille* (fig. 92) se tient sur le bord de l'eau; dès qu'elle entend du bruit, elle y fait un plongeon. Son *corps* est *nu* et repose sur *quatre pattes*. — N'avez-vous pas remarqué des paquets de petites boules gélatineuses sur les herbes des pièces d'eau? Ce sont des œufs de Grenouille d'où sortent des *Têtards* avec une queue et sans pattes (fig. 149). En grandissant, le têtard change de forme, il se *métamorphose* et devient Grenouille.

La Grenouille qui *vit autour des rivages* est un AMPHIBIEN [*Vertébré aquatique et aérien, au corps nu, subissant des métamorphoses*].

**112.** Passons au *Lézard* gris (fig. 91). Celui-ci vit toujours dans l'air et ne change jamais de forme; son *corps couvert d'écailles* est pourvu de *quatre pattes* courtes et d'une *queue* qui traîne sur le sol; on dit que l'*animal rampe*. Le Serpent (fig. 101) a les mêmes caractères, mais il n'a pas de membres.

FIG. 101. — Couleuvre à collier (long. 1 m.).

Le Lézard, le Serpent sont des REPTILES [*Vertébrés aériens couverts d'écailles, possédant ou non des membres courts; ils rampent sur la terre*].

**113.** Le *Coq* et le *Canard* sont protégés par une couche de *plumes;* ils ont *quatre membres*, deux pattes et *deux ailes* qui leur permettent de voler; les doigts des pattes sont même réunis par une membrane chez le Canard (fig. 90); aussi cet animal nage-t-il facilement sur l'eau qu'il habite le plus souvent.

Le Coq et le Canard sont des OISEAUX [*Vertébrés aériens, couverts de plumes et pourvus d'une paire d'ailes*].

114. Nous arrivons enfin au bon *Chien* Médor et à la *Vache* (fig. 102) qu'il garde si gentiment. Tous deux ont le *corps couvert de poils*, reposant sur le sol par quatre *pattes*; la Vache nourrit son veau, comme la Chienne

FIG. 102. — La Vache
(haut. 1^m,20).

ses petits d'ailleurs, avec le lait que produisent ses *mamelles*.

Le Chien, la Vache sont appelés pour cette raison des MAMMIFÈRES [*Vertébrés aériens au corps couvert de poils et portant des mamelles*].

Tous les Vertébrés aériens respirent par des *poumons*.

|  |  |  | Classes |
|---|---|---|---|
| aériens. | Corps couvert de *poils*. Mamelles. | MAMMIFÈRES [Chien]. |
| respirant par | — de *plumes*. Ailes... | OISEAUX [Coq]. |
| des *poumons*. | — d'*écailles*. ....... | REPTILES [Lézard]. |
| aquatiques d'abord, puis aériens. | *Métamorphoses*. | AMPHIBIENS [Grenouille]. |
| — | respirant par des *branchies*.......... | POISSONS [Perche]. |

VERTÉBRÉS

## L'HOMME



115. Vous vous êtes déjà demandé, mes Enfants, si nous occupons nous-mêmes une place parmi les Animaux.

Par nos caractères extérieurs, *nous appartenons au groupe des* MAMMIFÈRES; cependant nous leur sommes supérieurs par l'*intelligence*, l'usage de la *parole* et le travail des *mains*.

De quels organes sommes-nous formés?

116. **Aspect extérieur.** — Notre corps comprend trois *parties* : la tête, le tronc et quatre **membres**.

*La* tête *est le siège de l'intelligence et de la pensée*. Vous y remarquez : deux *yeux* à l'aide desquels vous *voyez* ce qui se passe autour de vous; — deux *oreilles* qui vous permettent d'entendre des bruits divers, le chant des Oiseaux; — un *nez* avec lequel vous appréciez l'*odeur* des fleurs, par exemple ; — une *bouche* qui vous sert à *goûter* les aliments et les friandises.

*Le* **tronc** *renferme les organes qui entretiennent la vie :* ainsi vous sentez battre votre cœur dans la poitrine.

*Les* **membres** *servent aux déplacements du corps ;* ils vous permettent de marcher, de courir, de sauter. Vos membres antérieurs sont terminés par des *mains* dont le pouce est opposable aux autres doigts ; grâce à cette disposition vous prenez facilement les petits objets tels qu'un porte-plume, un crayon, un ciseau, un outil, etc.

La peau, pourvue de poils, recouvre et protège le corps.

**117. Organisation du corps de l'Homme [*Squelette et muscles*].** — Pour construire une maison, on en établit d'abord les fondations sur lesquelles on installe la charpente ; on songe ensuite aux détails : cloisons séparant les chambres, ameublement des pièces, etc.

Si vous désirez bien connaître vos organes, mes Enfants, il faut examiner déjà la charpente qui les soutient, c'est-à-dire votre *squelette.*

**118. *Le squelette.*** — Il se compose de pièces dures appelées *os* (fig. 103).

La base du squelette est la **colonne vertébrale** située en arrière du **tronc** ; vous la sentez bien au milieu de votre dos. — La colonne vertébrale supporte les *côtes* qui entourent votre poitrine et se réunissent au *sternum* en avant.

La **cage thoracique** est l'espace limité par la colonne vertébrale, les côtes et le sternum.

En haut, la colonne vertébrale soutient la *tête*, dans laquelle on distingue le *crâne* et la *face.*

Le crâne est une grande boîte osseuse qui s'étend du front à l'arrière de la tête. — Les os de la face limitent les cavités où sont abrités les yeux, les oreilles, le nez et la bouche ; les os des mâchoires en font partie.

Les **membres supérieurs** reposent sur les côtes au niveau de l'*épaule ;* ils comprennent, en outre, les os du *bras*, de l'*avant-bras* et de la *main*, très mobiles les uns sur les autres.

Les **membres inférieurs** s'insèrent sur la colonne vertébrale en bas et forment le *bassin* très solide au niveau des hanches ; ils comprennent, en outre, les os de la *cuisse*, de la *jambe* et du *pied.*

**119**. On appelle **articulation** l'endroit où deux os se tou-
chent et jouent l'un sur l'autre : c'est à l'articulation du *coudé*

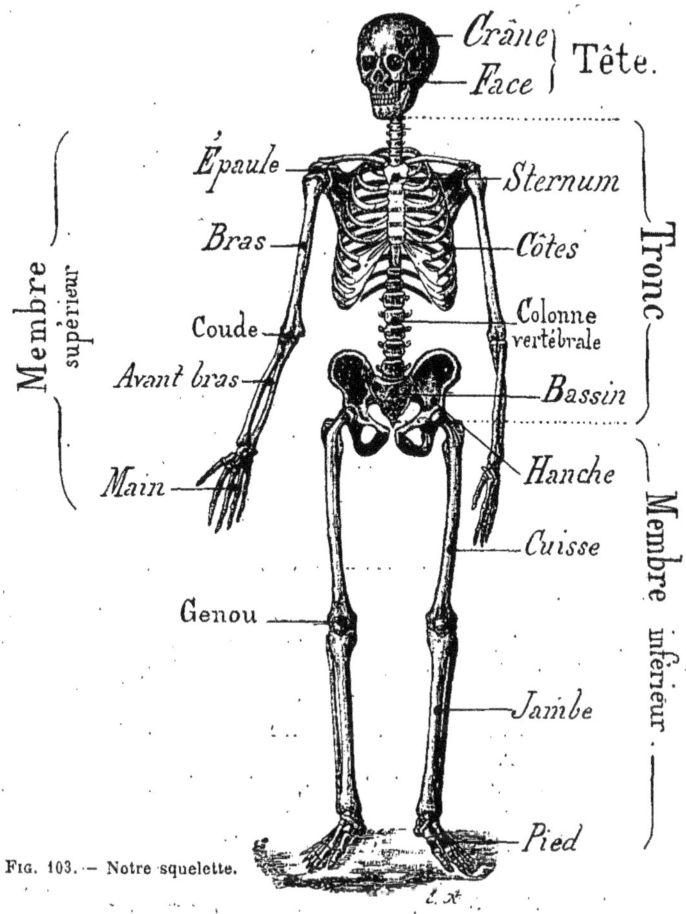



Fig. 103. — Notre squelette.

que l'avant-bras se plie sur le bras, en avant ; la jambe fléchit
sur la cuisse en arrière, à l'articulation du *genou*.

**120**. ***Les muscles***. — Les muscles sont les organes qui
font mouvoir les os.

La viande rouge de boucherie est formée de muscles.

Un muscle est attaché aux os par ses extrémités blanches et résistantes appelées *tendons;* son milieu, nommé *ventre* du muscle, est rouge et *capable de se contracter :* il diminue alors de longueur en se gonflant. — C'est grâce à leur contractilité que les muscles font mouvoir les os sur lesquels ils sont insérés.

Votre bras gauche étant bien tendu (fig. 104), embrassez-le avec votre main droite au-dessous de l'épaule; fléchissez lentement l'avant-bras sur

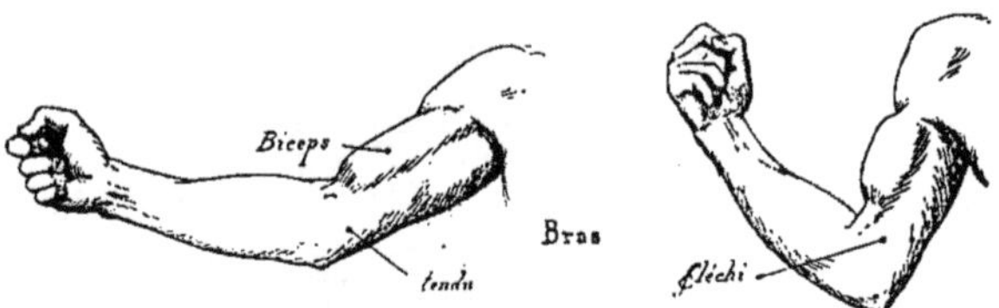


FIG. 104. — Le muscle biceps se gonfle en se contractant, lors de la flexion du bras.

le bras; vous sentez quelque chose de mou d'abord, qui devient dur en se gonflant : c'est le ventre de votre muscle biceps qui a subi cette déformation en se contractant.

## L'HOMME *(fin)*

**35° LECTURE**                                                [1ᵉʳ COURS]

**121.** Mes Amis, pouvez-vous vivre sans manger ou sans respirer? évidemment non. — Dans le premier cas, la *sensation* de la *faim* vous avertit de prendre de la nourriture, des *aliments;* dans le second cas, un autre malaise vous oblige à absorber de l'*air*.

Que votre *cœur* cesse de battre, qu'une blessure vous ait fait perdre beaucoup de *sang*, vous êtes en danger de mort.

Ainsi **la nourriture**, l'air *que vous prenez autour de vous, le* **sang** *qui circule en vous, sont indispensables à la vie.*

Notre corps (fig. 105) contient, outre le squelette et les muscles déjà étudiés :

un **appareil digestif** qui reçoit les *aliments* et les transforme en liquides absorbés par le sang;

un **appareil respiratoire** dans lequel pénètre l'*air* utilisé aussi par le sang;

un **appareil circulatoire** qui permet au *sang* de pénétrer dans tous les organes.

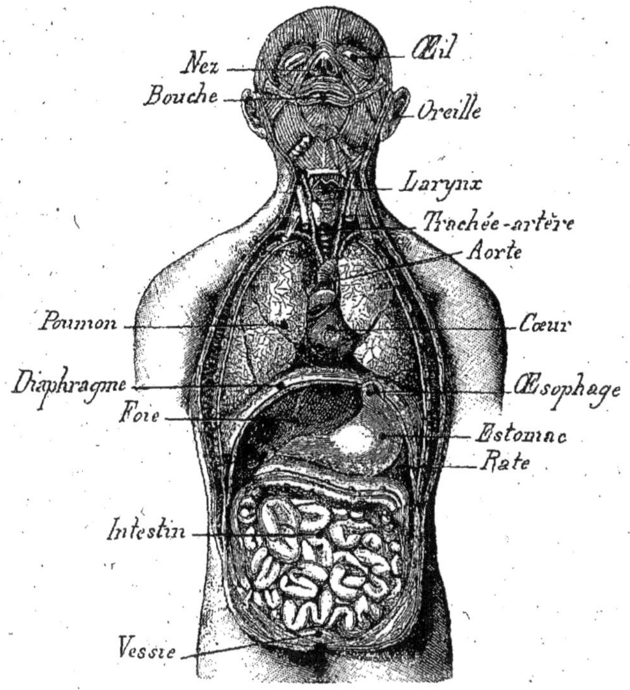



Fig. 105. — Nos principaux organes.

**122. Les aliments et l'appareil digestif.** — Le pain, les légumes, la viande, le sel, l'eau, le vin, etc., sont nos aliments. — Ils sont introduits dans le **tube digestif** où ils se modifient :

Dans la bouche, les aliments sont coupés, écrasés par les *dents* et mouillés avec la *salive;* réduits en pâte, ils traversent un tube étroit, l'œsophage, qui longe la colonne vertébrale et les conduit à l'estomac (fig. 106).

L'estomac est une vaste poche située dans le ventre; les aliments y séjournent plusieurs heures et s'y mouillent d'un liquide appelé *suc gastrique.* Puis ils passent dans l'intestin qui a une longueur de 10 mètres; là, d'autres *sucs digestifs*

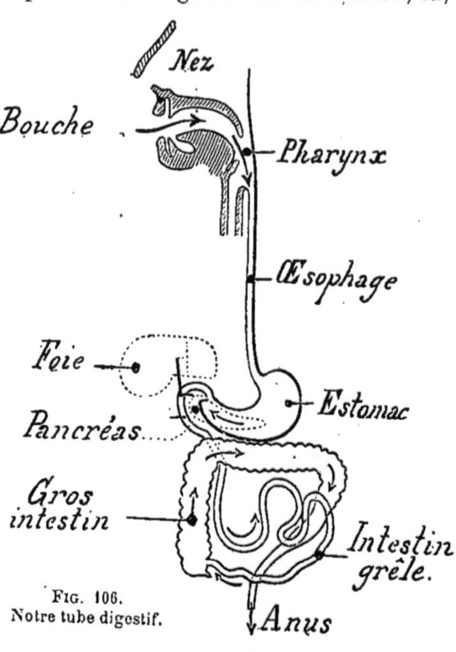


FIG. 106.
Notre tube digestif.

achèvent de trans-
former les aliments
en substances liqui-
des recueillies par le
sang ; les matières
inutiles sont rejetées
du corps par l'anus.

**123. L'air et l'ap-
pareil respiratoi-
re.** — Mes Enfants,
l'air renferme deux
gaz principaux [23] :
l'oxygène indispen-
sable à notre exis-
tence, l'azote qui
n'entretient pas la
vie.

L'oxygène entre
dans notre sang par
l'appareil respira-
toire (fig. 107).

L'air pénètre par

le nez ou la bouche dans la *trachée-artère*, tube rigide qui
descend le long du cou en
avant (vous sentez facilement
ce tube avec le doigt); par-
venue dans le tronc, la trachée-artère s'y divise en deux
branches se rendant chacune
à un *poumon* où elles se ramifient énormément; toutes ces
petites branches sont creuses
et aboutissent à de petites poches (*alvéoles*) dans lesquelles
pénètre l'air. Le sang vient
chercher l'oxygène à la surface
des alvéoles.

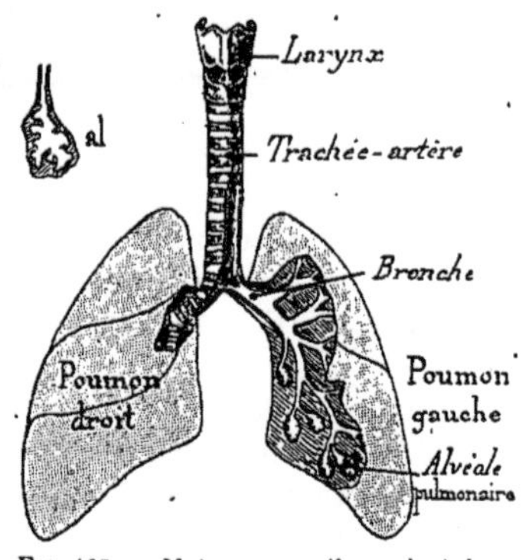


FIG. 107. — Notre appareil respiratoire.

L'air est renouvelé sans cesse dans les poumons : par l'*ins-*

*piration*, il y est appelé ; par l'*expiration*, il en est rejeté.

L'air doit être remplacé constamment autour de nous ; sinon l'oxygène nous manquerait, nous serions bientôt *asphyxiés :* aussi me voyez-vous ouvrir ici les vasistas pendant la classe, et les fenêtres pendant la récréation.

**124. Le sang et l'appareil circulatoire**. — Le sang est un liquide rouge qui porte les matières utiles à *tous les organes* du corps : piquez-vous avec une aiguille à la main, au front, à la jambe, etc., immédiatement du sang sort de la blessure, quelle que soit la partie piquée.

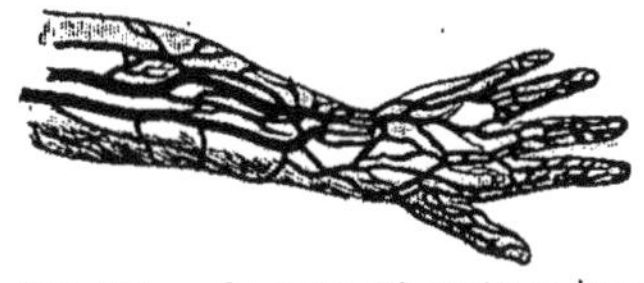

FIG. 108. — Le sang est contenu dans des *vaisseaux*.

Le sang est contenu dans un ensemble de canaux appelés **vaisseaux sanguins** (fig. 108), sur le trajet desquels est le **cœur**.

Le *cœur* est un muscle creux (fig. 109) comprenant quatre chambres d'où partent de gros vaisseaux :

les *artères* qui portent le sang aux organes ;

les *veines* qui rapportent le sang des organes vers le cœur.

Artères et veines sont réunies par des canaux fins comme

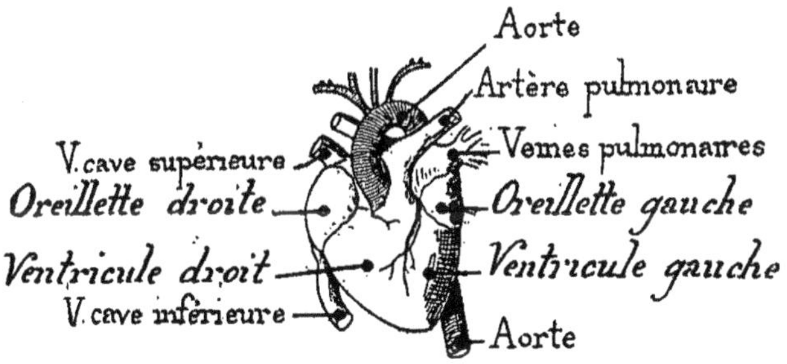

FIG. 109. — Notre cœur est un muscle creux d'où partent de gros vaisseaux.

des cheveux, appelés pour cette raison *vaisseaux capillaires*. — Vous apercevez les veines, à travers la peau, sur le dos de votre main.

Quand *le cœur bat, il* se contracte et *force le sang à circuler sans cesse* dans les vaisseaux pour nourrir les organes ; si notre cœur cessait de battre, le sang s'arrêterait et nous mourrions de suite.

**125. Le système nerveux.** — Mes Amis, imaginez une grande ferme où travaillent beaucoup d'ouvriers ; l'exploitation sera prospère évidemment s'il y a un *directeur*, un maître, indiquant à chaque ouvrier son travail, jour par jour. Tous les ouvriers ne peuvent faire la même besogne en même temps : soigner les bœufs, mener paître les moutons, labourer, faire les charrois, répandre les engrais, ensemencer et récolter, etc.

Notre corps est une exploitation, bien plus compliquée qu'une grande ferme, dont le directeur est le **système nerveux** (fig. 110).

Ce système comprend le *cerveau* et la *moelle épinière*, d'où partent un grand nombre de filaments blancs appelés **nerfs**.

Le *cerveau* est protégé par le crâne (fig. 103) ; la *moelle épinière* est logée dans la colonne vertébrale. — Ces deux centres nerveux sont comme des bureaux télégraphiques, communiquant avec tous les organes du corps par les nerfs qui jouent le rôle de fils télégraphiques.

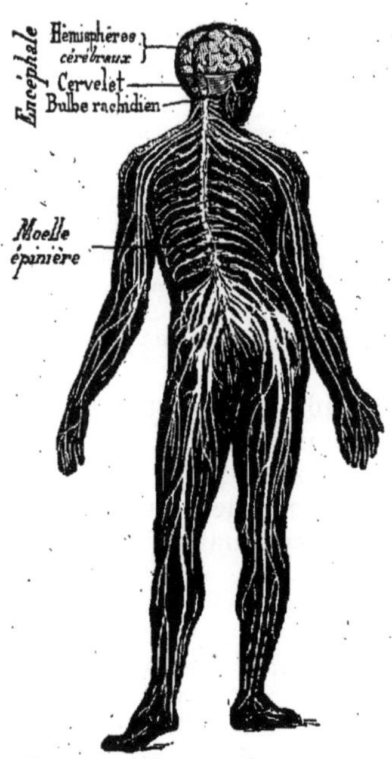


Fig. 110. — Notre système nerveux.

Certains nerfs apportent aux centres nerveux les *impressions* reçues par les organes ; d'autres emportent aux muscles, aux glandes, les *ordres* donnés par ces centres nerveux.

Ainsi vous vous piquez le doigt par mégarde ; l'*impression* reçue par le doigt est *portée* par un nerf *à un centre nerveux qui la travaille ;* le centre nerveux donne un *ordre, transmis* par un autre nerf aux muscles du bras qui vous font retirer la main en se contractant.

**126.** En résumé, *le* **corps** *de l'Homme comprend :*
*un* **squelette** *qui le soutient ; des* **muscles** *qui lui permettent*

*de se mouvoir ; un* **tube digestif** *et un* **appareil respiratoire** *à l'aide desquels il reçoit les* **aliments** *et l'air nécessaires à la vie; un* **appareil circulatoire** *avec le* **sang** *qui distribue la nourriture aux organes; un* **système nerveux,** *renseigné par les* **organes des sens,** *qui dirige les fonctions de tout cet ensemble.*

## LES MOLLUSQUES

**36ᵉ LECTURE** [2ᵉ & 3ᵉ COURS]

**127.** *Les* **MOLLUSQUES** *ont le* **corps mou,** *protégé le plus souvent par une* **coquille calcaire.**

Parmi ces animaux, les uns rampent sur la terre, comme l'*Escargot,* la *Limace;* d'autres vivent dans les eaux douces, comme l'*Anodonte* enfoncée dans le sable et la vase (on la trouve souvent dans le sable retiré de la rivière); le plus grand nombre d'entre eux habitent la mer, comme la *Moule,* l'*Huître,* la *Littorine,* la *Seiche,* le *Poulpe.*

Ils sont faciles à reconnaître par certains caractères extérieurs.

**128.** L'Escargot ou Colimaçon a une *coquille d'une seule pièce* enroulée en spirale, assez vaste pour l'abriter tout entier pendant l'hiver (fig. 96). Dans la belle saison, lorsqu'il cherche sa nourriture, l'animal étale son corps (fig. 111) composé de trois parties :

1° une *tête* avec la bouche en avant et quatre tentacules, dont les deux plus grands renferment les yeux;

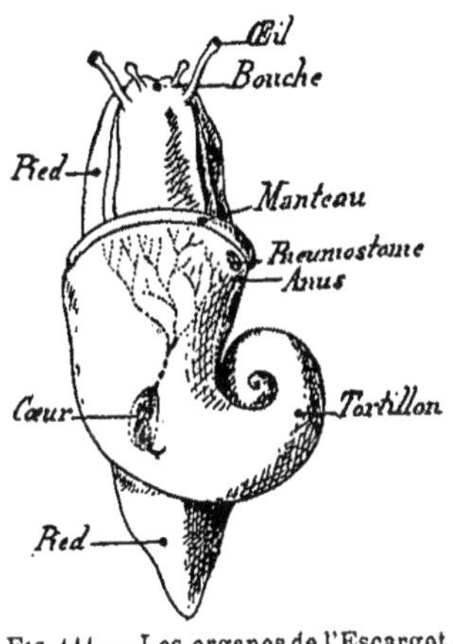


Fig. 111. — Les organes de l'Escargot.

2° un *pied* musculaire, couvrant d'un enduit visqueux les objets sur lesquels il rampe;

3° un *tortillon* brun toujours enfermé dans la coquille, facile à voir quand on la brise.

Dans l'angle formé par la coquille à l'ouverture, voyez cet orifice que l'animal ouvre et ferme à volonté : c'est le *pneu-*

*mostome* par lequel l'Escargot respire, en faisant entrer de l'air dans une grande chambre appelée *poumon*. Tout à côté du poumon, chez les animaux dont la coquille est très mince, on voit battre le *cœur* qui fait circuler du *sang incolore* dans tout le corps; en cassant avec précaution la coquille, je puis vous montrer facilement ces organes.

L'Escargot pond, dans la terre ou entre les pierres des murs dégradés, des œufs qui éclosent au bout de vingt jours.

On doit détruire cet animal qui commet de grands dégâts dans les jardins et les cultures. — En France, on mange diverses espèces d'Escargots, dont l'Escargot gris de Bourgogne, l'Hélice vermiculée du Midi; ils ont une chair assez coriace, difficile à digérer; aussi les relève-t-on avec des assaisonnements épicés. ..

La **Limace**, également détestée des jardiniers et des cultivateurs, a une coquille toute petite, cachée en arrière de la tête.

**129.** L'**Anodonte** ou Moule d'étang est enveloppée d'un *manteau*, protégé par une *coquille à deux valves* que l'animal peut rapprocher ou écarter à volonté; ces deux valves (l'une à droite, l'autre à gauche du corps) sont retenues par *un ligament* et *deux muscles*. — Quand l'animal est attaqué, il ferme sa coquille en contractant ses muscles qui appliquent les valves bord à bord; d'ordinaire, il la maintient entr'ouverte pour recevoir

FIG. 112.
L'élevage des Moules.

la nourriture qu'un courant d'eau lui apporte.

Si l'Anodonte est peu consommée dans les campagnes, en revanche la **Moule**, qui vit partout sur nos côtes, est très appréciée comme espèce comestible; elle s'établit en colonies nombreuses sur les rochers auxquels elle se fixe par des filaments du pied appelés *byssus* (fig. 112).

On élève avec soin les Moules sur les plages vaseuses, aux environs de la Rochelle.

Dans la vase sont enfoncés de longs pieux disposés en allées régulières ou *bouchots;* les plus avancés dans la mer sont séparés les uns des autres ; les jeunes Moules s'y fixent ; les pieux les plus voisins de la côte sont reliés par des branchages, de manière à former des claies. On y amène définitivement les Moules qui ont atteint, au bout de 2 ans, la taille voulue pour la consommation. Les pêcheurs vont les recueillir à marée basse, à l'aide d'un bateau à fond plat appelé *acon*.

L'**Huître** est un mets plus délicat encore que la Moule; elle s'établit sur les côtes à une faible profondeur, mais toujours recouverte par la mer; elle vit en *bancs*, en groupes considérables, sur les rochers auxquels elle se fixe par l'une de ses valves.

L'élevage des Huîtres ou *ostréiculture* s'opère, en France, à Cancale, Concarneau, Lorient, les Sables-d'Olonne, Marennes, la Tremblade, Arcachon, Saint-Jean-de-Luz, Toulon, etc.

Une Huître pond jusqu'à deux millions d'œufs par an ; ceux-ci éclosent dans le manteau de l'animal, puis se dispersent dans l'eau de mer en formant le *naissain*. On dispose, dans le voisinage des bancs d'Huîtres, des fagots, des tuiles creuses où le naissain se fixe. — Lorsqu'elles ont acquis une taille convenable, les jeunes Huîtres sont mises à engraisser dans des *parcs*, bassins recouverts à marée haute par l'eau de mer qui y apporte une grande quantité de nourriture.

On consomme annuellement, en France, pour plus de 30 millions de francs d'Huîtres et de Moules.

L'Huître vivante est facile à digérer, et plus encore quand elle est additionnée d'*un peu* de jus de citron ou de vin blanc *légèrement acide*.

L'**Huître perlière**, qui vit dans les mers chaudes, produit une belle nacre et des perles de grande valeur dont on fait les bijoux.

**130.** La **Seiche** (fig. 113) et le **Poulpe** sont des Mollusques marins nageurs : le premier pourvu d'une coquille interne, le second sans coquille. Ils ont deux gros yeux et, en avant de la tête, une couronne

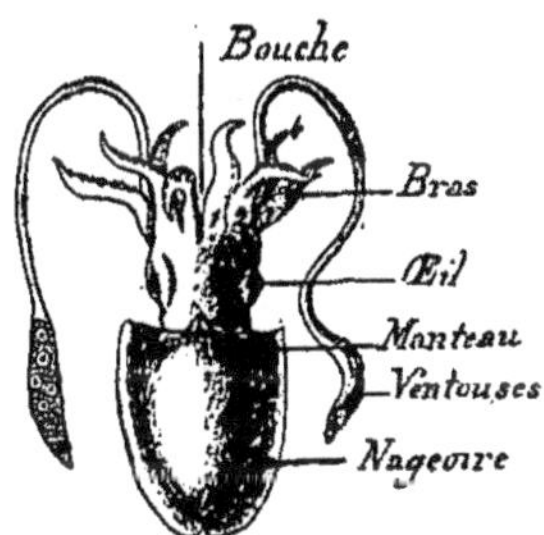


Fig. 113. — La Seiche.

de bras qui entoure la bouche; avec ces bras, ils saisissent leur proie qu'ils déchirent à l'aide d'une sorte de bec de perroquet dont la bouche est armée.

Ces Animaux sont très voraces et détruisent beaucoup de

Poissons, de Crustacés, etc. — Les marins et les pêcheurs s'en
nourrissent sur toutes nos côtes.

## LES VERS

**37ᵉ LECTURE**                                        [2ᵉ & 3ᵉ COURS]

**131.** *Les* **VERS** *ont le corps* généralement *divisé en* anneaux
*semblables; jamais ils ne possèdent de pattes articulées.*

Certains Vers vivent **en liberté**, soit dans la terre humide
comme le *Lombric*, soit dans l'eau comme la *Sangsue*, l'*Aré-
nicole des pêcheurs;* d'autres sont **parasites** dans le corps de
l'Homme et des animaux, comme le *Ténia*, l'*Ascaride*, la *Trichine*, etc.

**132. Vers libres.** — Vous connaissez bien, mes Enfants,
le **Lombric** ou Ver de terre (fig. 95) qui habite la bonne
terre des jardins, au voisi-
nage du fumier, dans les endroits humides.

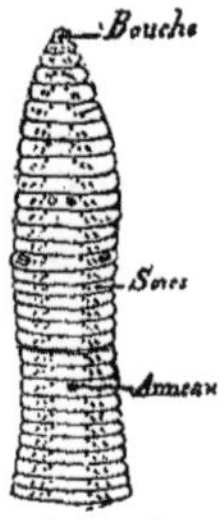

Son corps com-
prend plus de
cent anneaux; il
est effilé aux
deux extrémités,
occupées par la
bouche en avant
(fig. 114) et par
l'anus en arrière.

Avec une loupe
(fig. 115), vous
verriez, sur la
face ventrale du

Fig. 115. — La loupe.

Fig. 114. — Par-
tie antérieure
du corps du
Lombric.

corps, quatre rangées de *soies* locomotrices, disposées deux
à deux, à l'aide desquelles l'animal se maintient dans les
galeries souterraines creusées par lui.

Le Lombric vit pendant le jour dans ses galeries; il en sort la nuit.

Il mange des feuilles, de la viande, de la graisse, de la terre riche en débris
végétaux. La nuit venue, il rejette à la surface du sol ses excréments, sous
forme de petits monticules, contournés en tous sens; vous les avez sans
doute observés dans les jardins, surtout après la pluie en été.

*Le Ver de terre est utile à l'agriculture,* en favorisant la formation de la
terre végétale et l'ameublissement du sol : en effet, il enfouit les feuilles

dans le sol, pour s'en nourrir et pour tapisser ses galeries. — Malheureusement il est parfois une source d'infection par les microbes dangereux :
supposez un Mouton mort de la maladie appelée le *charbon;* on l'enterre
profondément dans un endroit; les Lombrics qui y vivent, pourront rejeter à
la surface du sol leurs excréments contenant des germes du charbon; les
Moutons broutant l'herbe en cet endroit sont exposés à contracter la
maladie [*Champs maudits*].

La **Sangsue** *médicinale* (fig. 116) habite les eaux douces
des ruisseaux et des
étangs. Son corps,
composé de 102 an-
neaux, n'a pas de
soies locomotrices ,
mais il présente deux
*ventouses* : l'une anté-
rieure où s'ouvre la
bouche; l'autre pos-
térieure au dos de

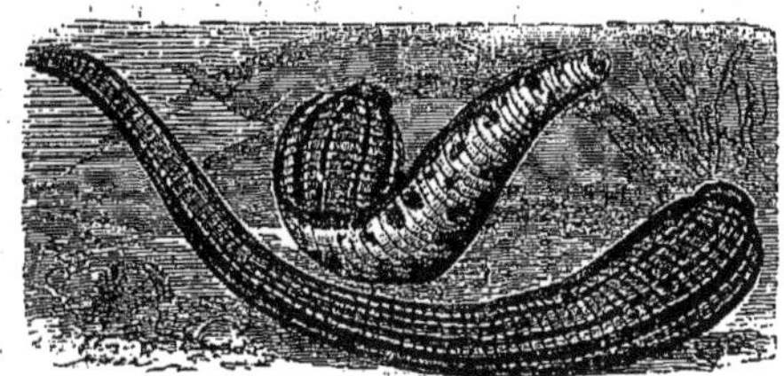

FIG. 116. — La Sangsue.

laquelle débouche l'anus. Grâce à l'extension que peut prendre
son corps et à ses ondulations dans l'eau, la Sangsue nage;
elle se sert de ses ventouses pour se fixer et aussi pour se
déplacer sur le sol.

La bouche de la Sangsue est armée de trois mâchoires héris-
sées de petites dents à l'aide desquelles elle perce la peau de
l'animal sur lequel elle se fixe; elle aspire le sang de sa
victime et le digère fort lentement.

On n'emploie plus guère aujourd'hui la Sangsue en médecine.

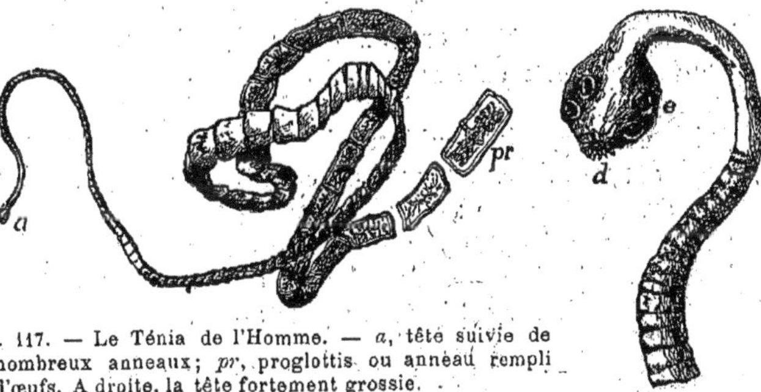

FIG. 117. — Le Ténia de l'Homme. — *a,* tête suivie de
nombreux anneaux; *pr*, proglottis ou anneau rempli
d'œufs. A droite, la tête fortement grossie.

**133. Vers parasites.** — Le **Ténia** ou **Ver** solitaire qui vit en parasite dans l'intestin de l'Homme est curieux à considérer. — Figurez-vous, mes Enfants, un ruban long de 2 à 3 mètres (fig. 117), très large à une extrémité, très étroit du côté qu'on appelle la tête. Celle-ci, *a,* porte 2 rangées de crochets engagés comme des hameçons dans la paroi de l'intestin ; en arrière de la tête se forment constamment de petits anneaux qui grossissent, puis se détachent pleins d'œufs en partie éclos, à l'autre extrémité du corps.

Que les excréments humains renfermant des œufs de Ténia soient jetés sur le fumier (comme cela a lieu souvent dans les campagnes) et qu'un Porc les avale (ce qui est aussi fréquent), la chair du Porc va être envahie par les petits animaux provenant des œufs ; on dit alors que *le Porc est ladre. — Cette chair est capable de communiquer le Ténia à l'Homme qui en mangera, s'il n'a pas pris la précaution de la faire bien cuire.*

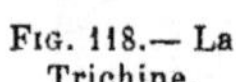

FIG. 118.— La Trichine.

La **Trichine** (fig. 118) est un ver long de 3 à 4 millimètres, qui habite parfois, à l'état de *larve,* les muscles du Porc : la larve y est *enkystée.* Elle peut demeurer ainsi jusqu'à ce que la chair du Porc soit mangée par l'Homme. Celui-ci éprouve alors des malaises passagers, si quelques Trichines seulement se fixent dans ses muscles ; mais si les Vers parasites sont très nombreux, ils occasionnent une maladie parfois mortelle.

Ainsi, mes Enfants, *la viande de Porc que nous mangeons doit être toujours parfaitement cuite.*

# LES ARTHROPODES

## I. — Crustacés. — Arachnides. — Insectes.

**38ᵉ LECTURE**                                      [2ᵉ & 3ᵉ COURS]

**134.** *Les* **ARTHROPODES** *ont un corps formé d'*anneaux, *protégé par un* **squelette externe** ; *ils se meuvent à l'aide de* **pattes articulées.**

Certains Arthropodes habitent l'eau et respirent par des *branchies*, comme l'*Écrevisse ;* leur corps est enveloppé d'une carapace ou croûte dure : d'où leur nom de *Crustacés.*

Les autres respirent dans l'air par des *trachées*, comme l'*Araignée* et l'*Abeille.* — L'Araignée a 8 pattes : c'est un *Arachnide.* — L'Abeille a 6 pattes et des ailes : c'est un *Insecte.*

**135. Crustacés.** — Dans beaucoup de ruisseaux aux eaux claires, l'Écrevisse vit au milieu des herbes ; vous l'avez remarquée déjà avec son enveloppe calcaire, brune ou verte, qui devient rouge par la cuisson.

Vu de dos (fig. 93), le corps de l'Écrevisse comprend : une partie antérieure protégée par une carapace d'une seule pièce, puis l'*abdomen* formé de 7 anneaux, en arrière. — Du côté ventral (fig. 119), l'Écrevisse présente successivement : les *yeux*, les *antennes;* autour de la bouche, des *mâchoires* dures servant à broyer la nourriture, 5 paires de grandes *pattes locomotrices;* enfin, sous l'abdomen, de petites pattes qui portent les œufs chez la femelle.

Sous la carapace, de chaque côté du corps, les pattes locomotrices portent les branchies, lamelles baignées par l'eau et traversées par le sang qui y vient chercher de l'oxygène.

C'est au mois de mai que les jeunes Écrevisses sortent des œufs; pour grandir elles doivent *muer*, c'est-à-dire changer de carapace. — *La croissance de l'Écrevisse dure 9 à 10 ans.*

Dans la pêche aux écrevisses, *il faut rejeter celles de petite taille* qui n'ont pas encore pondu, afin d'éviter le dépeuplement de nos cours d'eau.

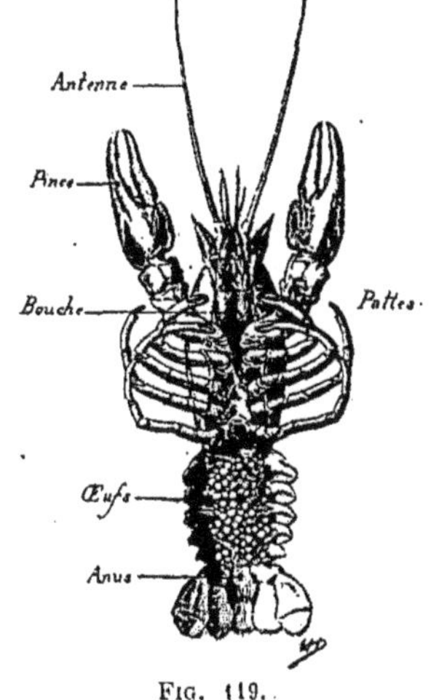


FIG. 119.
L'Écrevisse vue du côté ventral.

L'Écrevisse à pattes rouges est plus estimée, pour la consommation, que celle à pattes blanches.

Sur les côtes de l'Océan et de la Méditerranée, on pêche le **Homard** aux grosses pinces, la **Langouste** à chair délicate dont la carapace est hérissée

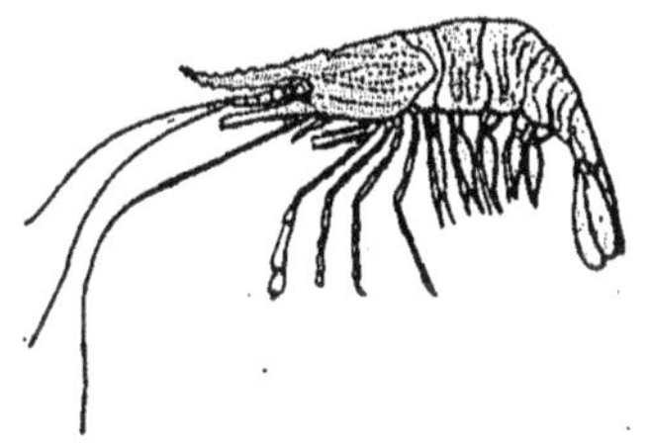

FIG. 120.
La Crevette rose (long. 0<sup>m</sup>,08).

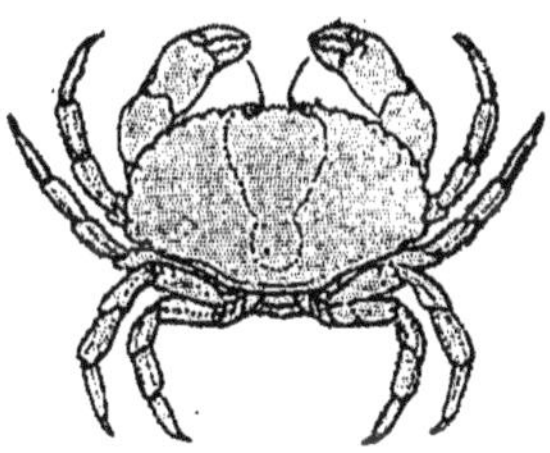

FIG. 121.
Le Crabe Tourteau (0<sup>m</sup>,10 à 0<sup>m</sup>,20 )

d'épines, la **Crevette** rose ou bouquet (fig. 120), la Crevette grise, le **Crabe** aux formes massives dont l'abdomen est replié sous le ventre (fig. 121).

**136. Arachnides.** — Je veux vous entretenir un instant de l'**Araignée**, condamnée par un vieux préjugé, mais qui *nous est utile* par les nombreux insectes qu'elle détruit.

Observez une Araignée qui travaille (fig. 122); vous la verrez prendre avec l'une de ses pattes, à l'arrière de son corps, une matière visqueuse qu'elle étire en un fil fin; elle tisse ainsi sa *toile*, abri pour elle, piége pour sa proie.— Qu'une Mouche étourdie s'embarrasse dans la toile, aussitôt l'Araignée aux aguets se précipite sur elle, la saisit avec ses pattes, l'immobilise et la tue en lui injectant dans le corps du *venin*, à l'aide de 2 crochets situés en avant de sa tête.

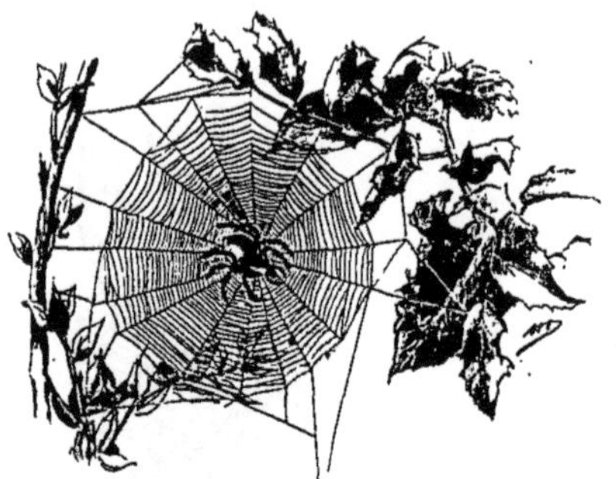

122. — L'Araignée Épeire.

**137. Insectes**. — *Les Insectes sont pourvus de* 3 **paires de pattes** articulées *et de* 2 **paires d'ailes** en général. *Ils respirent par des trachées*.

L'Abeille, la Fourmi, le Hanneton, la Sauterelle, les Papillons, la Cigale, la Mouche, la Puce, etc., sont des Insectes; vous en trouvez à chaque pas en vous promenant dans la campagne. — Pour en étudier les caractères, nous n'avons que l'embarras du choix.

**138.** *Comment reconnaîtrons-nous un* **Insecte?**—A ce que son corps est divisé en trois régions : la **tête**, le **thorax** et l'**abdomen** (fig. 123).

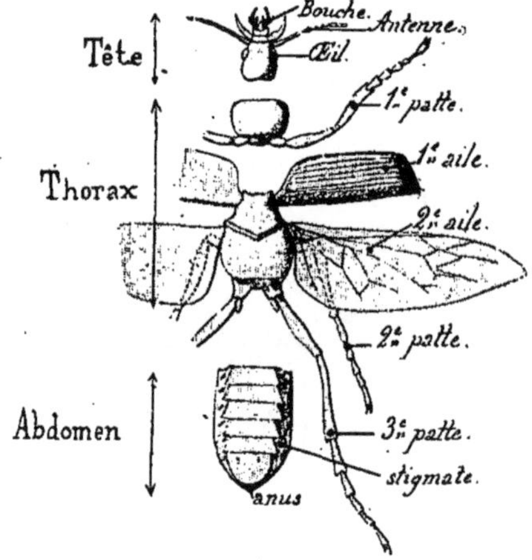


Fig. 123. — Le corps de l'Insecte se divise en 3 régions : la *tête*, le *thorax*, l'*abdomen*.

La **tête** porte : les *yeux* avec lesquels l'Insecte voit ; les *antennes* qui lui servent à toucher les objets et à sentir les odeurs ; la *bouche*, armée de pièces variables avec la matière dont l'animal se nourrit.

Le Hanneton *broie* des aliments durs; l'Abeille *lèche* des substances molles produites par les plantes; le Papillon *suce* le nectar sucré des fleurs; le Cousin *pique* la peau jusqu'à la faire saigner.

Sur le **thorax** sont fixées les 3 paires de *pattes* et les 2 paires d'*ailes*, organes du mouvement.

Remarquez cependant que la Mouche, le Taon (fig. 124), ont seulement 1 paire d'ailes ; la Puce, le Pou n'en ont pas du tout.

FIG. 124.
Le Taon au vol.

L'**abdomen** comprend une série d'anneaux bien visibles ; à l'extrémité débouche l'*anus*. — Sur les côtés de chaque anneau, on distingue à la loupe les *stigmates*, ouvertures des *trachées* ou tubes fins et ramifiés, par lesquels l'air circule dans tout le corps de l'animal.

**139.** Les Insectes pondent des *œufs* tout petits; il en sort des **larves** sans ailes, plus ou moins différentes de la forme adulte ; aussi s'en rapprochent-elles par des *mues* successives, en subissant des *métamorphoses* (fig. 125, 132 et 134).

L'Insecte passe ordinairement par les formes suivantes :

1° *OEuf ;*

2° *Larve* mobile, ayant l'aspect d'un Ver et subissant des mues ;

3° *Nymphe* immobile, protégée par une enveloppe ;

4° *Insecte parfait*, pourvu de pattes et d'ailes.

**140.** Parmi les **Insectes utiles**, n'oubliez ni l'**Abeille** qui nous donne du miel et de la cire, ni le **Bombyx du Mûrier** qui fabrique la soie dont on fait de riches étoffes.

Les **Insectes nuisibles** sont malheureusement très nombreux. — Je vous parlerai surtout : du **Hanneton** qui dévore les jeunes feuilles et les tendres bourgeons au printemps ; du **Criquet voyageur** qui répand la désolation dans les cultures en Algérie ; du **Phylloxéra** tristement célèbre par la destruction des vignes qu'il a causée en France depuis l'année 1870 environ.

## II. — Les Insectes utiles.

39ᵉ LECTURE                              [2ᵉ & 3ᵉ COURS]

**141. Les Abeilles et la ruche.** — Vous avez tous remarqué, mes Enfants, le va-et-vient des Abeilles autour de leur

ruche dès les premiers beaux jours ; quel exemple donnent à
l'Homme ces admirables insectes !

Groupés en *sociétés merveilleusement organisées*, ils travail-

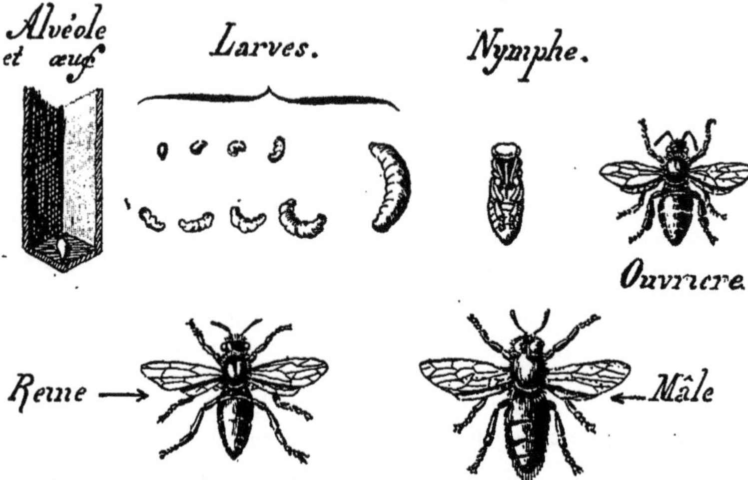


Fig 125. — Les divers membres d'une colonie d'Abeilles. — Métamorphoses
de l'Abeille.

lent *avec courage et de plein gré* à la prospérité de la colonie
dont ils font partie ; les êtres devenus inutiles y sont impi-
toyablement sacrifiés.

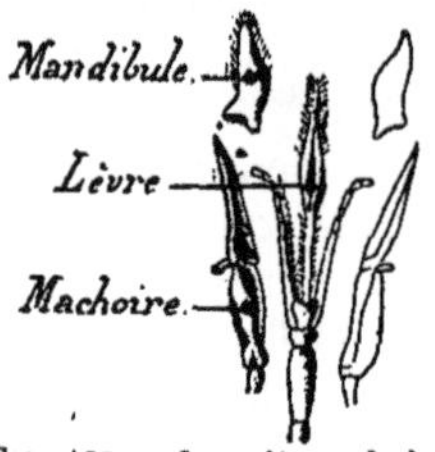

Une colonie d'Abeilles comprend trois
sortes de membres : des *ouvrières*, des
*mâles* ou faux-bourdons et une reine
(fig. 125).

1° Les **ouvrières** sont les plus petits
membres de la colonie. Leur tête porte
deux yeux éloignés l'un de l'autre ; leurs
ailes sont bien développées ; leur abdomen est armé d'un aiguillon droit, en
rapport avec une glande venimeuse.



Fig. 126. — Les pièces de la
bouche chez l'Abeille.

La face ventrale de leur abdomen porte deux rangées de
*glandes cirières* qui sécrètent la cire, saillante au dehors sous
forme de petites plaques[1]. Les pièces de leur bouche (fig. 126)

---

1. La cire est formée par l'Abeille aux dépens des matières sucrées et d'une partie
du pollen dont elle se nourrit.

sont conformées : les unes pour malaxer la cire, les autres
pour humer le nectar des fleurs.

Leur 3ᵉ paire de pattes comprend deux articles successifs
très larges, propres à recueillir la cire et à rassembler le
pollen des fleurs en une boulette que l'ouvrière rapporte à
la ruche (fig. 127); la boulette
sera utilisée comme nous le
verrons plus loin.

2° Les mâles sont de grande

Fɪɢ. 127. — La 3ᵉ patte de l'Abeille vue en dedans et en dehors;
elle retient une boulette de pollen.

taille ; leur tête porte deux gros yeux très rapprochés ; leur
abdomen velu ne porte pas d'aiguillon.

3° La reine, chargée de pondre les œufs d'où sortiront de
nouvelles Abeilles, a presque la taille d'un mâle ; son abdomen volumineux est allongé et armé d'un fort aiguillon
recourbé ; ses ailes sont courtes ; elle pond en moyenne 3 000
à 3 500 œufs par jour pendant la belle saison. On en a vu
certaines qui pondaient 6 œufs par minute ou 8 640 œufs en
un jour. — La ponte cesse vers la fin de septembre pour
reprendre en mars.

En moyenne, un *essaim* comprend : une reine vivant 4 ou
5 ans, 30 000 ouvrières vivant moins d'un an, 300 mâles
qui sont sacrifiés au bout de 2 ou 3 mois par les ouvrières
avant la mauvaise saison [les mâles seraient, en effet, des
bouches inutiles en hiver].

**142. Installation de la colonie. La ruche.** — L'Abeille domestique
adopte facilement comme demeure la *ruche* qui lui est offerte (fig. 128 et 129).

Lorsqu'une société se fonde, elle comprend une *reine* et des ouvrières qui,
aussitôt à l'ouvrage, bouchent les interstices de leur nouvelle demeure avec
une matière résineuse appelée *propolis*, recueillie sur les bourgeons (Marron-

nier, Aulne, Bouleau, Peuplier). Puis elles construisent leurs rayons creusés d'alvéoles (fig. 130). Pour cela, la travailleuse prend avec sa patte postérieure

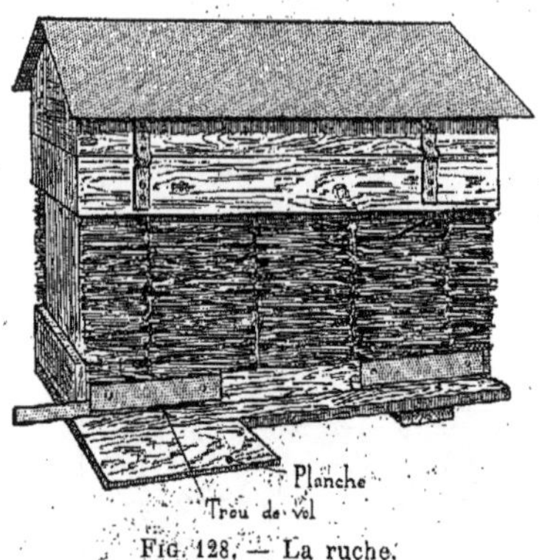


Fig. 128. — La ruche.

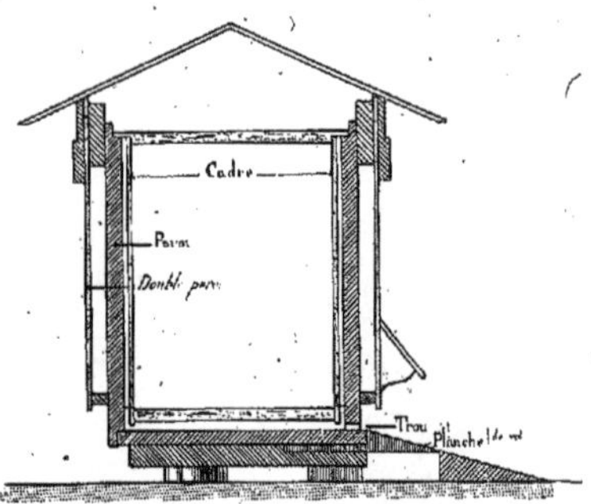


Fig. 129. — Coupe transversale d'une ruche.

l'une des lames de cire que produisent ses *glandes cirières;* elle la malaxe avec de la salive au moyen de ses mandibules, en forme un rouleau qu'elle

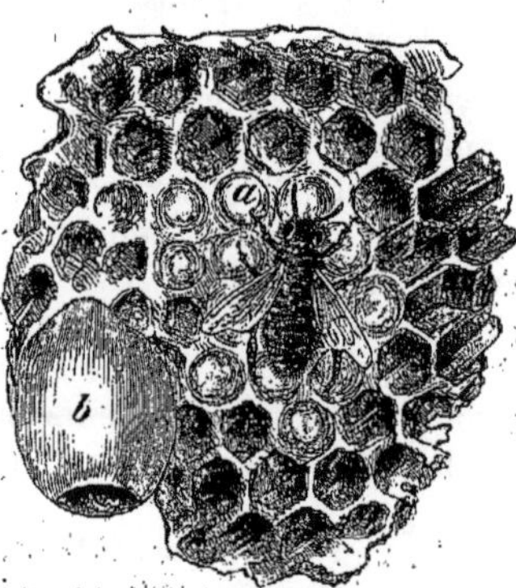

Fig. 130. — Nid d'Abeilles.
*b*, loge de reine.

applique à la voûte de la ruche; toutes les ouvrières procèdent ainsi pendant quelque temps. La masse de cire étant suffisamment épaisse, des alvéoles ( cavités hexagonales régulières ) y sont creusés suivant 2 rangs adossés; quelques loges plus grandes sont disposées sur les bords, *b* (fig. 130).

Les ouvrières emmagasinent dans les alvéoles le *miel* qu'elles fabriquent avec le nectar des fleurs : elles lèchent ce liquide sucré et l'accumulent dans leur jabot; il y subit une préparation particulière sous l'influence de la salive et d'autres sucs digestifs. Elles le dégorgent alors *sous forme de miel* dans un alvéole; une fois l'alvéole rempli, elles le bouchent avec de la cire (*a*).

**143. Multiplication de la colonie.** — La reine parcourt les gâteaux et dépose un œuf dans chaque alvéole libre; puis certaines ouvrières y déposent une pâtée de miel et de pollen (fig. 125). — Quatre jours après la ponte, une jeune *larve* sort de l'œuf et croît rapidement. Les ouvrières la nourrissent pendant cinq jours, puis l'enferment dans sa loge à l'aide d'un couvercle de cire; la larve file alors une coque soyeuse et se transforme en *nymphe;* celle-ci devient un *Insecte parfait* (mâle ou ouvrière).

21 jours ont suffi pour l'évolution complète de l'œuf.

Les *ouvrières* naissent dans les cellules étroites, approvisionnées d'une grossière pâtée de miel et de pollen; les *reines* proviennent de cellules vastes (*loges royales*, fig. 130) dont les larves sont alimentées avec une *pâtée royale* plus substantielle que la pâtée pollinique.

Si une jeune reine apparaît à l'éclosion dans une ruche, la vieille reine s'en va, et constitue une nouvelle colonie avec une partie de l'essaim; sinon un combat a lieu entre les deux reines jusqu'à ce que l'une d'elles meure. Si toutes deux succombent, vite la pâtée royale est réservée à une larve dont la cellule est agrandie et qui deviendra la reine de l'essaim.

Quand la jeune reine apparaîtra hors de sa loge, elle s'élèvera dans les airs par un beau soleil, suivie des faux-bourdons; puis elle rentrera à la ruche et pondra au bout de 2 jours dans les cellules vides.

Pendant l'hiver, les Abeilles demeurent dans la ruche, pressées les unes contre les autres pour résister au froid; elles consomment alors les provisions de miel et de pollen amassées pendant la belle saison précédente.

Dès les premiers beaux jours, elles reprennent leur vie active, explorent les bourgeons frais éclos et les fleurs nouvelles.

**144. Essaimage.** — Un *essaim naturel* est une réunion d'Abeilles qui, sans l'intervention de l'Homme, sort d'une ruche avec une reine, pour s'établir dans un nouveau domicile. La cause en est due à l'exiguïté de la ruche. — Quand la reine a rempli d'œufs tous les alvéoles, elle cesse de pondre, parcourant sans but les rayons; son agitation se communique à un certain nombre d'ouvrières qui se gorgent alors de miel. Celles-ci se précipitent vers la sortie de la ruche, prennent leur vol avec la reine et se fixent à l'endroit qu'elle a choisi.

L'apiculteur doit veiller à recueillir cet essaim dans une ruche nouvelle, toujours préparée à l'avance. [Les essaims sauvages sont en général fort bons, conduits par des reines vigoureuses; si l'on parvient à les mettre en ruche, ils fondent des colonies très productives.]

**145. Ennemis des Abeilles.** — Les Abeilles sont pourchassées par la Musaraigne; par la Mésange, le Guêpier et autres Oiseaux; par le Lézard, la Couleuvre, le Crapaud; par les Guêpes et les Frelons. Le Blaireau et l'Ours, gourmands de miel, renversent parfois les ruches pour s'en emparer.

## III. — Les Insectes utiles (*fin*).

40° LECTURE                                    [2ᵉ & 3ᵉ COURS]

**146. Le Bombyx du Mûrier et la soie.** — Vous avez tous pourchassé des Papillons. N'avez-vous pas observé leurs ailes d'un riche coloris parfois, qui laissent entre vos doigts une foule de petites écailles? N'avez-vous pas distingué leur tête pourvue d'une longue-trompe (fig. 131), avec laquelle ces Insectes sucent le nectar des fleurs?

Fig. 131. — La tête d'un Papillon est pourvue d'une longue trompe.

Les Papillons subissent eux aussi des métamorphoses :

de l'œuf du Papillon sort une larve appelée *chenille ;* la chenille s'enferme à un moment donné dans une enveloppe appelée cocon, où elle se transforme profondément : c'est la *chrysalide ;*

de la chrysalide proviendra le *papillon.*

De tous les Papillons, le **Bombyx du Mûrier** nous est le plus utile.

Lourd, massif (fig. 132), cet animal a le corps couvert de poils blancs ; sa tête est pourvue d'antennes analogues à des peignes ; mais sa trompe est courte, car il ne vit que 2 jours sous la forme de Papillon et meurt sans prendre de nourriture, uniquement occupé à pondre ses œufs. — Des *œufs* du Bombyx sortent les *chenilles* appelées *Vers à soie*, parce qu'elles produisent la soie employée pour faire de riches étoffes.

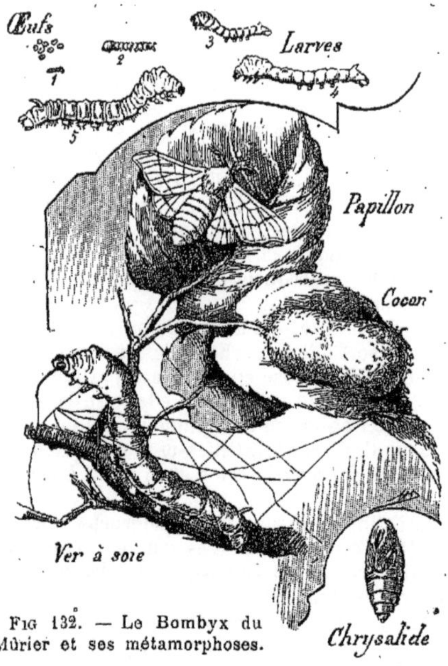


Fɪɢ 132. — Le Bombyx du Mûrier et ses métamorphoses.

C'est dans le midi de la France qu'on en fait l'élevage (*sériciculture*), dans les établissements appelés *magnaneries*.

**147. L'histoire du Ver à soie** est très curieuse, mes Enfants ; je vais vous la conter :

Les *œufs* (qu'on appelle encore la *graine de Ver à soie*, dans le commerce) ont été pondus sur des feuilles de carton ou de petits carrés de laine auxquels ils adhèrent ; on les conserve à une température assez basse jusqu'au moment où les feuilles du Mûrier blanc vont s'épanouir ; à ce moment, on les soumet à une douce température (25°) dans une chambre bien aérée ; au bout de 12 jours, il sort de l'œuf une petite chenille noirâtre longue de 2 millimètres (*magnan*).

Cette chenille herbivore, armée de fortes mandibules et pourvue de 3 paires de pattes, est portée dans une chambre d'élevage où elle mange des feuilles de Mûrier. Son développement, à la température de 19°, dure 32 jours pendant lesquels elle subit 5 mues (fig. 132, en haut).

La 1re mue a lieu au bout de 5 jours; la 2e, 4 jours après; la 3e, 6 jours après la 2e; la 4e après 7 jours; 10 jours séparent la 4e de la 5e.

Chaque mue dure un jour pendant lequel le Ver à soie reste immobile sans manger; pendant les 3 jours qui précèdent la 5e mue, il est au contraire d'une extrême voracité; il atteint alors 6 à 8 centimètres de longueur; sa couleur est d'un blanc jaunâtre.

Le Ver à soie, devenu translucide et mou, cesse alors de manger: il cherche à grimper sur les bruyères qui sont à sa portée (*montée*); il y fixe d'abord des fils grossiers qui forment la charpente de son *cocon* (fig. 132); puis il s'entoure complètement de cette enveloppe blanche due à l'enroulement *d'un fil de soie continu et très fin*.

Après 3 ou 4 jours de ce travail, la *chenille* emprisonnée devient une *chrysalide* d'un jaune d'or; elle demeure ainsi immobile de 15 à 20 jours et acquiert peu à peu la forme *papillon*.

Alors l'Insecte ramollit la soie à l'une des extrémités du cocon, en écarte les brins plus ou moins rompus et sort. — Aussitôt la femelle pond; elle meurt 2 jours après, ayant donné 500 œufs environ.

Le fil qui forme le cocon est long de plus de 1 000 mètres; pour l'utiliser dans l'industrie, on tue la chrysalide par la chaleur d'une étuve ou par l'eau bouillante; puis on dévide ce fil, en le réunissant généralement à plusieurs autres; ces fils intimement unis constituent la *soie grège*.

Fig. 133. — Un Bousier.

**148.** D'autres Insectes nous sont **utiles** à divers titres : ainsi les gros *Bousiers* d'un noir luisant (fig 133), qui vivent dans les fumiers et les bouses de vache, en font des boulettes où ils déposent leurs œufs; ils les dispersent dans la terre qu'ils enrichissent ainsi en engrais. — Le *Ver luisant* dévore les Limaces. — La *Bête-à-bon-Dieu* ou *Coccinelle* détruit les Pucerons.

**149. Remarque sur les piqûres des Insectes.** — Les Abeilles, de même que les Guêpes, ont une poche à venin reliée à leur aiguillon; quand elles piquent, c'est le venin qu'il faut redouter, son action qu'on doit combattre : pour cela, une fois l'aiguillon enlevé, il suffit d'appliquer sur la piqûre des compresses d'eau froide et des cataplasmes s'il est nécessaire.

## IX. — Les Insectes nuisibles.

41e LECTURE                     [2e & 3e COURS]

**150. Le Hanneton.** — Voilà, mes Enfants, un animal pour lequel vous ne sauriez avoir quelque pitié, car il cause dans les forêts, sur les arbres fruitiers et dans les cultures, des dégâts énormes atteignant des millions de francs.

Sa tête noire porte 2 antennes lamelleuses : sa bouche est armée de fortes pièces qui broient les feuilles et les bourgeons ; son thorax noir porte deux ailes dures d'un rouge brun (*élytres*) sous lesquelles sont abritées deux autres ailes membraneuses.

En arrière, son corps est terminé en pointe. Le Hanneton vole avec bruit.

151. Vous devez bien connaître les métamorphoses de cet Insecte pour le mieux combattre (fig. 134) :

FIG. 134. — Le Hanneton et ses métamorphoses.

Il apparaît au printemps, sortant de la terre dans laquelle il a accompli son évolution ; retourne-t-on le sol à la bêche, à la charrue ? on en voit souvent sortir de jeunes Hannetons qui prennent leur vol vers les arbres couverts de tendres feuilles et de jeunes bourgeons. — Après avoir satisfait son appétit vorace pendant plus d'un mois, l'Insecte pond 30 à 40 œufs, d'avril à mai, dans les terres légères ; des **œufs** sortent, au bout de 30 jours, les **larves** connues des agriculteurs sous le nom de *vers blancs* (fig. 134, à droite) ; celles-ci se nourrissent de débris végétaux et de racines qu'elles coupent avec leurs fortes mandibules.

Les larves ne viennent jamais à la lumière ; elles sont blanches, pourvues d'une mince cuticule couverte de poils et sans yeux ; leur tube digestif est très volumineux à cause de l'énorme quantité de nourriture qu'elles consomment ; elles marchent difficilement, la courbure de leur corps les contraignant à se tenir sur le flanc. — Dans le cours de leur existence qui dure environ 32 mois, les larves croissent constamment, mais avec lenteur, en changeant d'enveloppe de temps à autre (*mues*).

Au mois de mars de la *troisième année*, elles se renferment dans une coque formée de débris végétaux agglutinés par leur salive. — Les larves deviennent des **nymphes** immobiles jusqu'à la fin d'avril (fig. 134, à gauche). Les nymphes se transforment alors en **Insectes parfaits** pourvus d'ailes. Ainsi le Hanneton met 3 ans à subir son évolution complète (fig. 135).

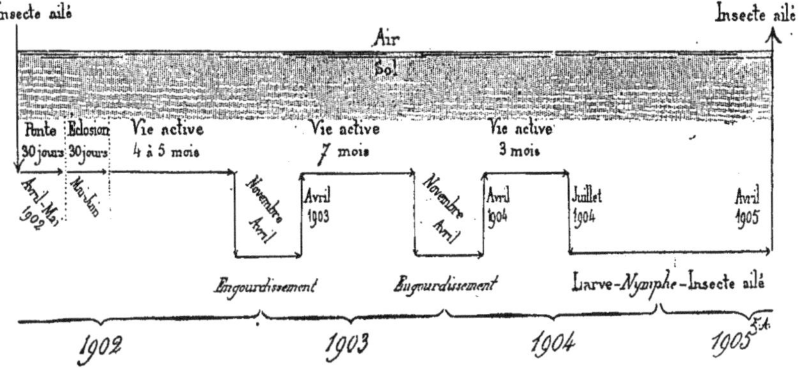


FIG. 135. — Graphique de la vie du Hanneton.

Rappelez-vous bien, mes Amis, que l'agriculteur doit tuer tous les Vers blancs que sa charrue ou sa pioche amène au jour ; au printemps, aidez vos parents à recueillir les Hannetons : le matin de préférence, au lever du soleil, agitez les arbres d'où tombent les insectes engourdis que vous jetterez aussitôt, pour les tuer, dans un seau renfermant un lait de chaux.

**152. Les Sauterelles. — Le Criquet voyageur. —** Quand vous vous promenez au milieu d'une prairie ou d'un champ de Luzerne par un beau soleil, en été, tout autour de vous les Sauterelles s'envolent, ou bien elles font de grands bonds dus à ce qu'elles possèdent d'énormes pattes postérieures.

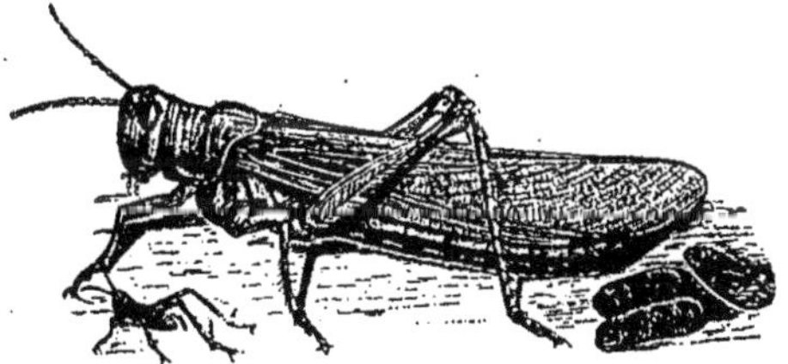
FIG. 136. — Le Criquet voyageur et sa larve.

Les Sauterelles se nourrissent de plantes, aussi sont-elles nuisibles ; celle qui commet les dégâts les plus considérables,

qui sème parfois la ruine sur son passage en Algérie, s'appelle
le **Criquet voyageur** (fig. 136).

**153.** Cet insecte creuse le sol de petits trous où il dépose des paquets de
30 à 60 *œufs*, renfermés dans une sorte de petit sac.

Au bout de 30 à 40 jours, si les circonstances sont favorables, des *larves*
de Criquets sortent des œufs; ces jeunes animaux vagabonds, pourvus de
3 paires de pattes, se rassemblent en petits groupes pendant la nuit et se
dispersent pendant le jour pour chercher leur nourriture.

À mesure que les œufs éclosent, les groupes plus nombreux se confondent
en une bande compacte, capable d'envahir alors une région étendue.

Les larves subissent de temps à autre des *mues;* elles acquièrent enfin
la forme d'*Insecte ailé* et deviennent plus redoutables encore, car leurs
ailes leur permettent de porter leurs ravages sur de plus vastes espaces.

Les Criquets qui envahissent l'Algérie, à *l'état larvaire*, anéantissent à peu
près totalement les cultures; plantes herbacées (maïs, sorgho, pommes de
terre et autres espèces potagères), arbres, vignes, tout est ravagé à tel point
que chaque grande invasion cause à ce pays un préjudice évalué à 50 millions de francs.

Divers procédés ont été employés pour détruire les Sauterelles en Algérie;
le meilleur consiste à récolter et à détruire les amas d'œufs, en fouillant
jusqu'à 10 centimètres de profondeur le sol qui est comme émietté là où les
Insectes ont effectué leur ponte.

## V. — Les Insectes nuisibles (*fin*).

**42° LECTURE**                                      [**2° & 3° COURS**]

**154. Le Phylloxera de la vigne.** — Mieux on connaît ses
ennemis, mieux on peut les combattre; c'est ici, mes Enfants,
le cas d'apprendre ce qu'est cet affreux Puceron qui a détruit en France, en quelques années, plus de 800 000 hectares
de vignobles.

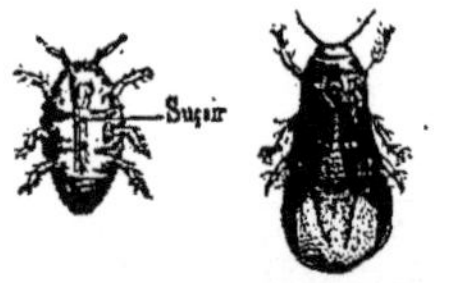

Imaginez-vous un Insecte si petit
qu'on le voit seulement à la loupe; sur
sa face ventrale, il possède une longue
trompe à l'aide de laquelle il suce la
sève de la vigne et tue peu à peu la
plante.

Suçoir

Fig. 137 et 138. — Le Phylloxéra de la vigne; à gauche,
l'insecte sans ailes; à droite,
l'insecte ailé (long. 0ᵐ,001).

Voici son évolution :
Un *œuf d'hiver* est pondu à l'automne, sous
l'écorce de la tige, par une femelle ailée; au mois d'avril suivant, il en sort
une forme sans ailes (fig. 137) qui monte vers les jeunes feuilles; elle y grossit en suçant la vigne (fig. 139), et pond plus de 500 œufs en trois semaines.

Ces œufs éclosent à leur tour et donnent des jeunes qui pondent eux-mêmes, et ainsi de suite ; certains des individus nouveaux descendent dans la terre, sucent les racines qui présentent des renflements (fig. 140) et s'y multiplient à leur tour ; ces pontes répétées sont telles qu'au mois d'octobre, *le nombre des descendants du Phylloxéra, issus de l'œuf d'hiver, atteint plus de 30 millions.*

Toutefois, au mois de juin, quelques Phylloxéras des racines deviennent des *individus ailés* (fig. 138), montent sur la tige, sont entraînés par le vent et portent au loin la maladie ; fixés sur la face inférieure des feuilles, ils pondent, au bout d'un

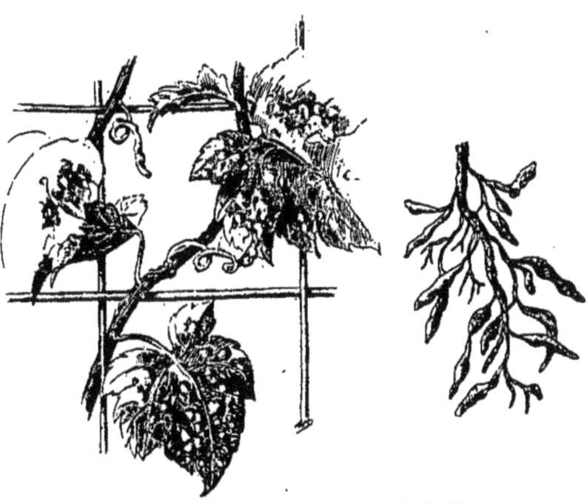

Fig. 139 et 140. — Feuilles et racines de la Vigne attaquées par le Phylloxéra.

jour, quelques œufs desquels sortiront des *Phylloxéras* : les uns mâles, les autres femelles. Les femelles pondent alors chacune 1 œuf d'hiver et meurent aussitôt après.

On combat avec efficacité le Phylloxéra, en injectant au pied de chaque cep de vigne une quantité déterminée de sulfure de carbone ; on se sert pour cela d'un instrument appelé *pal injecteur*. Le sulfure de carbone se transforme en vapeurs qui asphyxient l'Insecte.

On a reconstitué depuis quelques années les vignobles du midi de la France, en plantant des vignes américaines sur la souche desquelles sont greffés les plants français ; les racines des plants américains ne souffrent pas du Phylloxéra.

**155.** Un grand nombre d'autres **Insectes** sont **nuisibles** ; je vous signalerai les principaux d'entre eux.

Ce sont : le *Lime-bois* qui perce des trous dans les meubles ; la *Bruche* qui dévore pois, fèves et lentilles ; le *Charançon* (fig. 141) qui vit de blé, de riz, etc. ; — la *Courtilière* à fortes pattes antérieures, très nuisible dans les jardins ; — la *Guêpe* et le *Frelon* dont la piqûre est souvent dangereuse ; — la plupart des *Papillons* dont les chenilles portent la désolation dans nos cultures et sur nos arbres, notamment la *Pyrale de la vigne* qui en dévore les bourgeons ; la *Teigne des tapisseries* qui ronge les étoffes de laine (fig. 142) ; — la *Punaise*, objet de dégoût ; le *Puceron* qui, suçant les bourgeons et les jeunes pousses, leur enlève la sève nécessaire à leur développement ; — ce sont les Insectes à 2 ailes comme le *Cousin* dont la piqûre cause de vives démangeaisons : le *Taon* (fig. 124) avide de sang qu'il soutire au Bœuf et au Cheval en leur perçant la peau ; *les* **Mouches** (fig. 94)

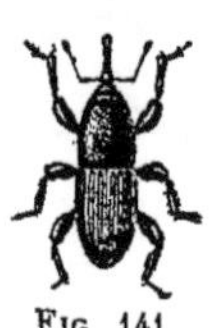

Fig. 141.
Le Charançon.

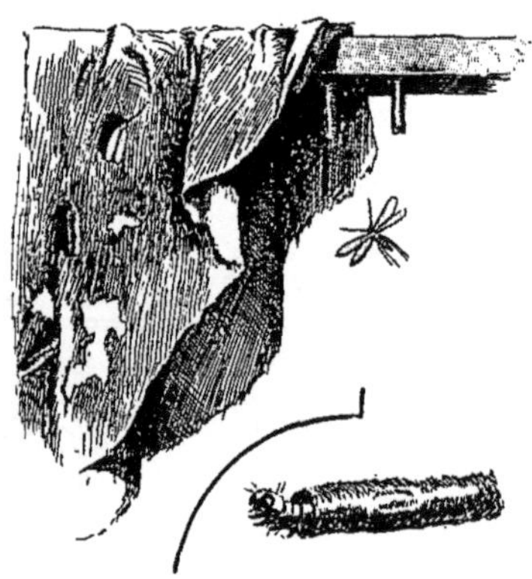

Fig. 142. — La Teigne des tapisseries et ses métamorphoses.

*qui, rôdant sur les matières en décomposition, en emportent les microbes avec leurs pattes et leur trompe, et propagent ainsi les maladies infectieuses* [leurs larves sont appelées *vers* ou *asticots ;* elles envahissent la viande corrompue, le fromage, etc., où les Mouches ont déposé leurs œufs] ; — ce sont enfin la **Puce** et le **Pou**, parasites de l'Homme qui s'en débarrasse par des soins de propreté.

# VERTÉBRÉS

## I. — Les Poissons.

43ᵉ LECTURE         [2ᵉ & 3ᵉ COURS]

**156.** *Les* **Poissons** *vivent dans l'eau ; leur corps est couvert d'écailles ; ils se meuvent à l'aide de* **nageoires** *et respirent par des* **branchies**.

Sa forme en fuseau (fig. 143) favorise le déplacement du Poisson dans l'eau ; à l'aide de ses *nageoires impaires* il fend le liquide ; par ses *nageoires paires*, il y progresse ; sa queue lui sert de gouvernail.

Un Poisson meurt rapidement hors de l'eau ; pourquoi ? Remarquez en arrière de sa tête, sous les *opercules*, deux chambres appelées les *ouïes* qui renferment des sortes de peignes rouges : ce sont les **branchies** constamment traversées par le sang qui y vient chercher l'oxygène de l'eau ; car les ouïes sont constamment aussi traversées par un courant d'eau dans lequel baignent les branchies. — Retirez le Poisson de l'eau, ses branchies se collent les unes aux autres, l'oxygène ne parvient plus au sang et l'animal meurt *asphyxié*.

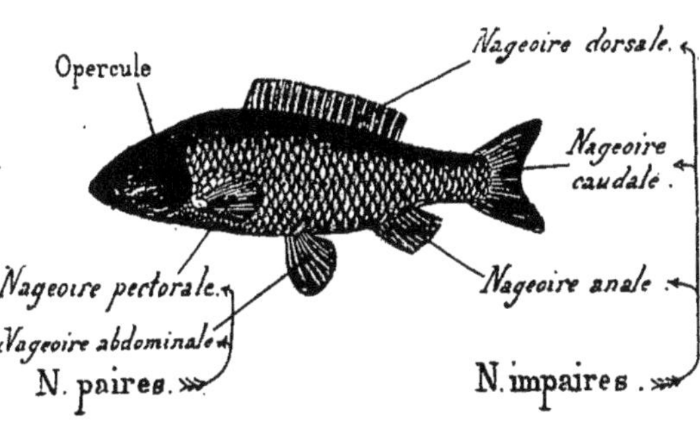


Fig. 143. — La Carpe a le corps en forme de fuseau ; elle se meut à l'aide de nageoires (long. 0ᵐ,20 à 0ᵐ,40).

**157.** Les Poissons pondent énormément de petits œufs ; vous en avez vu déjà en mangeant du Hareng ; ce Poisson en contient 45000 ; la Morue peut en renfermer plusieurs millions. — Il est fort heureux que ces animaux produisent beaucoup d'œufs, car une foule de bêtes aquatiques s'en nourrissent et dévorent aussi les jeunes Poissons.

Fig. 144. — La Morue (long. 1ᵐ,50).

Dans les eaux douces, la femelle dépose ses œufs (*frai*) sur un fond plat sous les herbes. — Dans la mer, le Hareng fraie près des côtes et ses œufs se développent au fond de l'eau.

La Morue (fig. 144) dépose ses œufs en pleine mer où ils flottent ; aussi beaucoup sont-ils mangés par les autres animaux.

Certaines espèces font de grands voyages (des *migrations*) pour effectuer leur ponte : le Hareng, qui vit en pleine mer ordinairement, s'approche à cet effet des côtes, dans la mer du Nord et la Manche, de juillet à novembre ; il voyage par *bancs* serrés, troupes comprenant plusieurs milliards de poissons aux écailles argentées brillant au soleil.

La Sardine, au contraire, pond en pleine mer à la même époque.

Le Saumon, qui vit dans la mer, remonte les fleuves, les rivières, au mois de mai pour pondre ses œufs près des sources dans les eaux douces ; toujours il fraie au même endroit ; si des chutes d'eau existent sur son chemin, il les franchit par bonds énormes; il séjourne dans nos rivières jusqu'au mois de novembre, époque de son retour à la mer.

**158.** La plupart des Poissons sont bons à manger, surtout les Poissons de mer; aussi 150 000 personnes, sur les côtes de France, sont-elles occupées à pêcher.

Combien est pénible, mes Enfants, la tâche du brave homme, ballotté le plus souvent par les flots dans son petit bateau, exposé à de grands dangers pour faire une maigre récolte parfois à plusieurs kilomètres du rivage ! Qu'une tempête survienne et les vagues en furie se jouent de la frêle embarcation surprise ; que de braves gens trouvent ainsi la mort tous les ans !

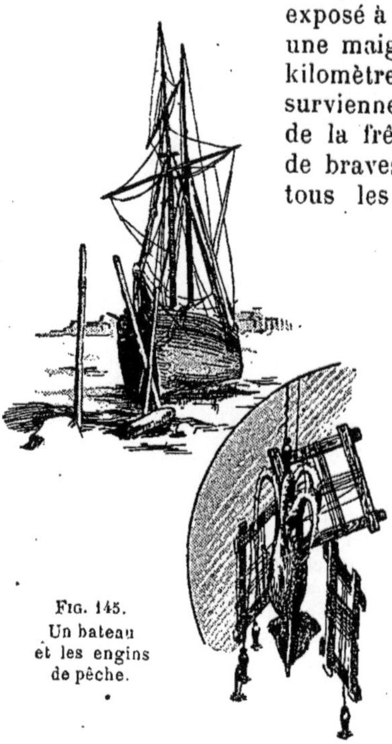

30 000 marins s'embarquent chaque année sur de grands navires (fig. 145) pour aller pêcher la Morue loin de la France, à Terre-Neuve, en Islande, etc. ; ils laissent femmes, enfants pendant de longs mois et, quand les navires reviennent, aux larmes de joie causées par le retour, se mêlent des larmes de désespoir versées par des veuves et des orphelins : la mer, la *grande mangeuse d'hommes* comme on l'appelle, a englouti des centaines de ces vaillants pêcheurs.

Fig. 145.
Un bateau
et les engins
de pêche.

Ah ! mes Enfants, aimez la vie des champs si pénible qu'elle soit, car elle est agréable et douce en comparaison de la rude vie du pêcheur.

**159. Poissons comestibles principaux.** — Parmi les Poissons comestibles qui vivent dans les *eaux douces*, je vous signalerai :

la **Perche** au corps zébré de noir (fig. 100), dont la chair ferme est agréable (elle dévore les petits Poissons) ; la **Carpe** aux larges écailles (fig. 143), à la chair un peu fade ; la **Tanche** lourde à digérer ; le **Goujon** exquis ; l'**Ablette** au corps plat et mou ; le **Gardon** avec ses nageoires rouges, rempli d'arêtes ; la **Truite** excellente (fig. 146), qui habite les eaux vives des

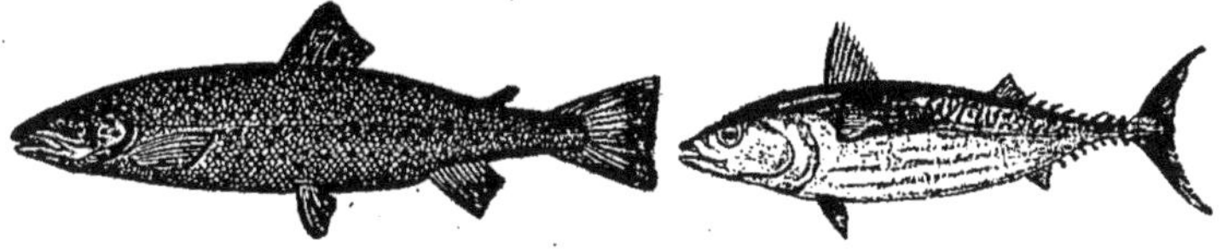

FIG. 146.
La Truite (long. 0ᵐ,60 à 1ᵐ,50).

FIG. 147.
Le Maquereau (long. 0ᵐ,30 à 0ᵐ,60).

pays montagneux, très voisine du **Saumon** qui émigre vers la mer en novembre ; le **Brochet**, véritable tigre des eaux à cause de sa voracité ; l'**Anguille** au corps cylindrique, etc.

Les principaux Poissons de *mer* sont : le **Maquereau** (fig. 147) et le **Thon** qui abondent en été sur nos côtes ; le **Hareng**, la **Sardine**, voyageant en troupes immenses et dont la pêche rapporte plus de 20 millions de francs par an.

Le Hareng est conservé dans le sel (hareng salé), ou bien enfumé avec du bois de Hêtre (hareng saur) ; la sardine est conservée salée ou marinée dans l'huile.

La **Morue** (fig. 144) est l'espèce alimentaire la plus importante, puisque les pêcheurs d'Islande et de Terre-Neuve en rapportent en moyenne 30 millions de kilogrammes par an.

Il convient de signaler aussi les *Poissons plats* comme la **Sole**, le **Carrelet**, la **Plie**, le **Turbot**, etc., dont la chair est délicate ; la **Raie** au squelette mou, dont on fait également une grande consommation.

FIG. 148. — Requin (long. 5 m. à 9 m.).

**160. Poissons nuisibles.** — Dans nos cours d'eau, le Brochet doit être détruit autant que possible. — Dans la mer vit le terrible **Requin**, espèce qui peut atteindre 12 mètres de long, dont la bouche porte plusieurs rangées de dents redoutables. Cet animal suit les navires et engloutit les débris rejetés par les matelots; qu'un homme tombe accidentellement à la mer, le Requin se précipite, lui coupe avec une extrême facilité bras ou jambe, et le malheureux est perdu.

## II. — Les Amphibiens et les Reptiles.

44ᵉ LECTURE　　　　　　　　　　　　　　　　　[2ᵉ & 3ᵉ COURS]

**161**. *Les* **Amphibiens** *vivent tantôt dans l'air, tantôt dans l'eau; ils ont 4 pattes; ils subissent des* **métamorphoses**.

Ces caractères vous ont permis de reconnaître la **Grenouille** (fig. 92) si fréquente tout le long des cours d'eau, sur le bord des mares et des étangs. Approchez-vous de cette bête; vite, elle saute dans l'eau, car elle possède de grandes pattes postérieures qui lui permettent de faire des bonds énormes.

Au printemps, la Grenouille pond, au milieu des herbes, dans les mares, des paquets de petits *œufs* réunis par une sorte de gelée (fig. 149, I) : au centre de chaque œuf est un point noir appelé *germe* ; 8 jours après la ponte, il en sort un petit animal avec une longue queue et une grosse tête, appelé *têtard* pour cette raison (II).

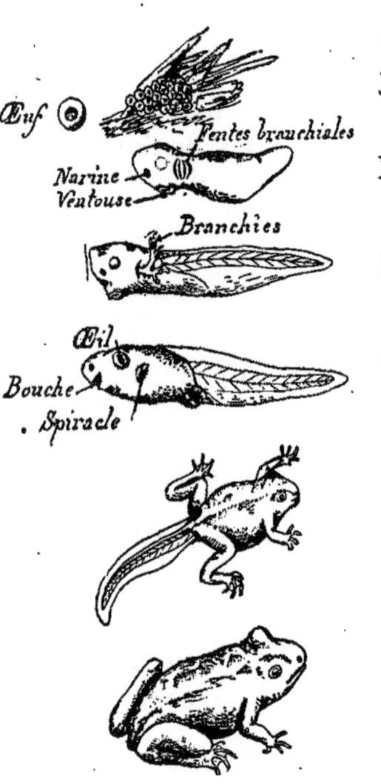


Fɪɢ. 149. — Les métamorphoses de la Grenouille.

*Le têtard n'a pas de membres*; il respire par des branchies (III puis IV) et ne peut vivre que dans l'eau comme les Poissons. Peu à peu, il acquiert ses pattes et des poumons (V) ; sa queue se rapetisse, puis disparaît avec ses branchies : *le Têtard s'est transformé en Grenouille* (VI).

La chair de la Grenouille est délicate; dans les campagnes, on mange volontiers les pattes postérieures dont les muscles sont très développés (brochettes de cuisses de Grenouilles).

**162.** A côté de la Grenouille, on range le **Crapaud** au corps massif, qui vit dans les jardins. Sa peau sécrète un *venin très actif*, mortel pour tout animal auquel on l'injecte; mais le Crapaud est inoffensif si on ne le touche pas, car il n'a pas d'organe par lequel il puisse injecter son venin; si, après l'avoir touché, on se frotte les yeux avec les doigts, on ressentira de vives douleurs dues à une inflammation de la membrane conjonctive des paupières.

Il se cache, le jour, sous les pierres, dans les creux d'arbres et de murs; il chasse pendant la nuit les Insectes, les Vers, les Limaces. — *Le Crapaud est très utile à l'agriculture; il ne faut pas le détruire.*

**163.** *Les* **Reptiles** *vivent dans l'air et respirent par des poumons; leur corps, couvert d'***écailles***, est porté par 4 membres courts en général.*

Le mot *reptile* signifie *animal qui rampe*, c'est-à-dire dont le ventre traîne par terre : c'est le cas du **Lézard** (fig. 91) dont les pattes courtes sont rejetées sur les côtés du corps; il en est de même pour la **Tortue** (fig. 150), enveloppée d'une carapace où elle peut rentrer ses pattes et sa tête en cas de danger; c'est mieux encore le

Fig. 150. — La Tortue grecque (long. 0m,15).

cas des **Serpents** qui n'ont pas de membres (fig. 107).

Je vous dirai quelques mots seulement de ces derniers animaux.

**164.** Chez nous, on trouve :

des *Serpents non venimeux* comme la **Couleuvre** ;

des *Serpents venimeux* comme la **Vipère**.

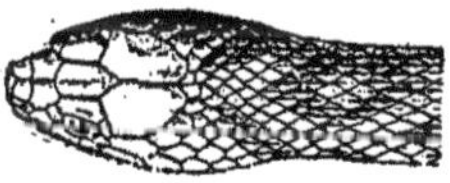

Fig. 151.
Tête de Couleuvre.

La **Couleuvre**, très commune dans nos pays, a la tête étroite, couverte de larges écailles (fig. 151), et les mâchoires armées de dents crochues dont la blessure n'est pas dangereuse. Elle se nourrit de Souris, de Grenouilles, d'Oiseaux; souvent, en hiver, elle habite dans la paille ou le fumier.

La **Vipère** possède, au contraire, une tête large et trian-
gulaire couverte de petites écailles
(fig. 152); ses mâchoires portent des
*crochets en rapport avec des glandes à
venin.* Quand la Vipère mord, elle
verse dans la blessure le venin redoutable dont il faut combattre immédiatement l'effet.

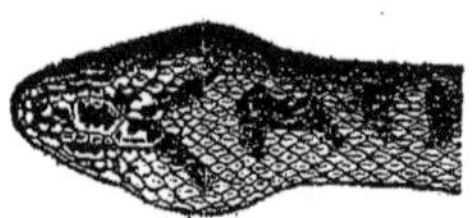

Fig. 152.
Tête de Vipère.

Soyez prudents, mes Enfants, quand vous cueillez des fleurs dans les bruyères et
les bois, afin d'éviter les *morsures des Vipères.* Si pareil malheur arrive à l'un de vous,
suivez les recommandations que voici :

Élargir la blessure avec la pointe d'un canif ; sucer la plaie (si l'on n'a pas d'écor-
chure aux lèvres), pour la faire saigner abondamment ; cracher le sang ainsi aspiré,
puis imbiber la surface de la plaie avec une solution de 1 gramme de permanganate
de potassium pour 100 grammes d'eau. — On fera prendre au blessé 1 ou 2 petits
verres de cognac contenant 3 gouttes d'ammoniaque.

## III. — Les Oiseaux.

**45ᵉ LECTURE**                                        [2ᵉ & 3ᵉ COURS]

**165.** *Les* **Oiseaux** *ont le corps couvert de* **plumes** ; *leurs
membres antérieurs sont transformés en* **ailes** ; *ils sont pourvus
d'un bec corné.*

Il vous est bien fa-
cile, mes Amis, de re-
connaître les Oiseaux
parmi les autres bê-
tes, car ils ont seuls
des **plumes** (fig. 153).

Voyez la gentille
**Hirondelle** qui ga-
zouille là-bas sur la
gouttière ; faites un
peu de bruit, vite
elle s'envole *en agi-
tant ses* ailes.

Fig. 153. — Le Martinet (long. 0ᵐ,15).

**166. Ailes.** — Les ailes de l'Oiseau sont ses membres antérieurs (fig. 154), pourvus de fortes plumes dont l'ensemble
constitue deux larges rames ; celles-ci s'appuient sur l'air
comme les nageoires du Poisson battent l'eau. D'autres

grandes plumes forment la queue de l'Hirondelle qui fait

office de gouvernail pour diriger le vol.

L'Hirondelle *vole beaucoup et avec légèreté, ses ailes sont très développées* ; au contraire, *ses pattes sont petites et frêles*, elles lui servent seulement à sauter ou à se reposer.

Il n'en est pas de même du **Coq** de la basse-cour (fig. 167);

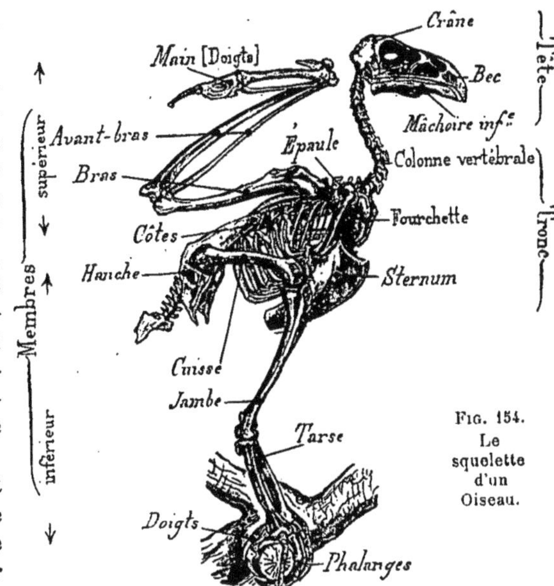


Fig. 154. Le squelette d'un Oiseau.

*celui-ci marche plus qu'il ne vole* ; aussi, *toutes proportions gardées, les ailes du Coq sont bien plus petites* que celles de l'Hirondelle et *son vol est plus lourd* ; en revanche, *ses pattes sont robustes.*

, Rappelez-vous, mes Enfants, *qu'un organe se développe d'autant mieux qu'il travaille davantage :* c'est pourquoi les ailes du Coq sont moins puissantes que celles de l'Hirondelle, et ses pattes plus fortes.

**167. Pattes.** — Le Coq n'utilise pas ses pattes uniquement pour marcher, mais aussi pour gratter la terre où il cherche sa nourriture [il faut même éviter, à ce point de vue, de le laisser entrer dans les jardins où il commettrait de grands dégâts]. Sa patte comprend 3 doigts antérieurs armés de fortes griffes et 1 doigt postérieur plus petit.

Fig. 155. — La patte d'un Oiseau qui vit sur l'eau.

La patte du **Canard** en diffère en ce que les doigts y sont réunis par une membrane (fig. 155) : le Canard a les *pattes palmées*; vous avez deviné de suite pourquoi ? cet Oiseau vit sur l'eau, ses pattes palmées lui permettent de nager.

Ainsi, un Oiseau qui vit sur la terre a les doigts libres; un Oiseau qui habite sur l'eau a les pattes palmées.

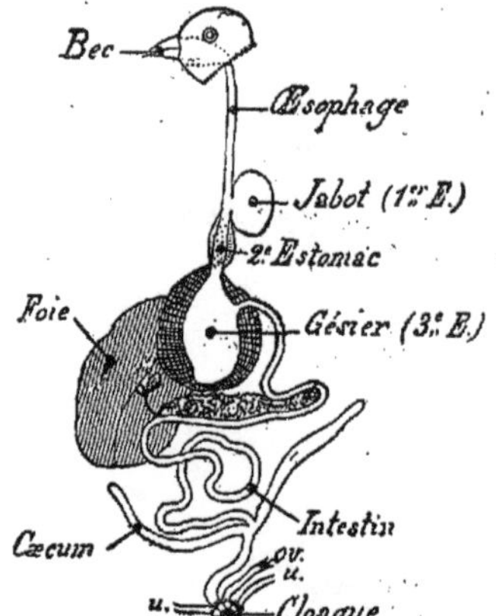


FIG. 156. — Le tube digestif d'un Oiseau.

### 168. Organes internes.

— Les diverses parties du squelette des Oiseaux (fig. 154) rappellent celles que nous avons étudiées déjà chez l'Homme; mais *les os sont creux*, remplis d'air et par suite plus légers.

Le **tube digestif** présente aussi quelques particularités (fig. 156) :

La bouche n'a pas de dents, elle est armée d'un *bec corné* variable de forme avec la nature de l'alimentation : conique et court chez le Moineau, le Bouvreuil, le Coq, la Perdrix (fig. 157) qui se nourrissent de graines, le bec est crochu chez le Faucon qui vit de chair (fig. 164), aplati et fendu jusqu'au-dessous des yeux chez l'Hirondelle qui saisit les Insectes au vol (fig. 153); il est large et plat chez le

FIG. 157. — La tête de la Perdrix rouge.

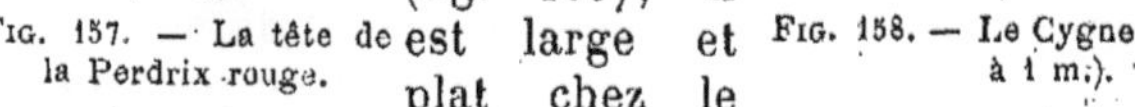
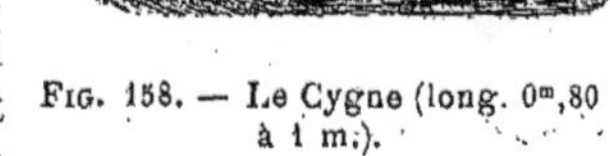

FIG. 158. — Le Cygne (long. 0ᵐ,80 à 1 m.).

Canard, l'Oie, le Cygne (fig. 158) qui prennent les Larves, les Vers, les Mollusques dans la vase; il est long et fort chez le Héron qui vit de Poissons.

Le long de l'œsophage se trouvent 3 *estomacs* ; le *jabot* où les graines sont mises en réserve et s'amollissent ; le *deuxième estomac* qui produit le suc gastrique imbibant les aliments ; le *gésier* à paroi fortement musculaire qui, en se contractant, broie les graines à l'aide des cailloux que l'Oiseau avale avec sa nourriture [le gésier remplace ainsi les dents dont le bec est dépourvu].

L'intestin débouche dans un *cloaque*, cavité commune à l'anus et à l'*oviducte* que parcourent les œufs avant la ponte.

Les Oiseaux respirent par des **poumons** ; sur le trajet de la trachée-artère se trouve l'organe à l'aide duquel ils peuvent chanter. — Ils ont un **cœur** et des **vaisseaux** dans lesquels circule du *sang rouge*.

Leur **vue** est puissante ; ils entendent fort bien : aussi est-il difficile de les surprendre quand ils sont éveillés.

## IV. — Les Oiseaux (*fin*).

**46ᵉ LECTURE**                                    **[2ᵉ & 3ᵉ COURS]**

**169. OEufs.** — Les Oiseaux construisent, parfois avec beaucoup de talent, le *nid* qu'ils tapissent de duvet (fig. 159) ; ce duvet consiste en plumes légères que la femelle arrache de son ventre pour en faire un coussin moelleux où elle dépose ses **œufs**.

*Les Oiseaux sont ovipares.*

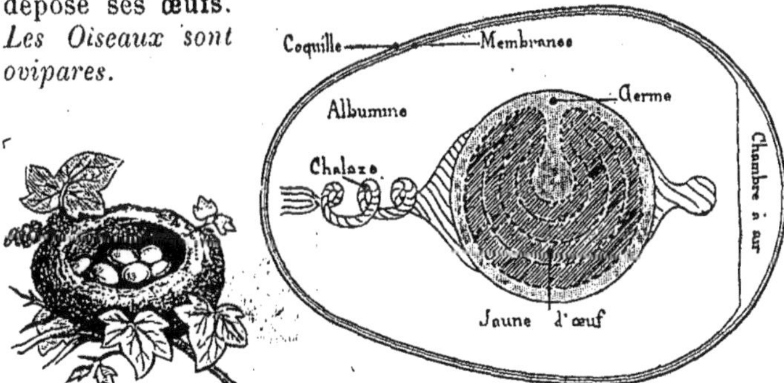


Fig. 159. — Nid de Pinson.          Fig. 160. — L'œuf d'un Oiseau.

Un œuf (fig. 160) comprend : à l'extérieur, une *coquille* calcaire que peut traverser l'air nécessaire au petit oiseau en formation, puis *deux membranes* qui laissent entre elles une *chambre à air* au gros bout de l'œuf (cette chambre est d'autant plus petite que l'œuf est plus frais); une substance transparente appelée *albumine* qui devient dure et blanche par la cuisson; enfin, au milieu, une boule jaune qui présente, près de sa surface, le **germe** du petit oiseau.

Les parents (la mère le plus souvent) couvent l'œuf qui éclot au bout d'un temps plus ou moins long : 12 à 18 jours pour les petits Oiseaux, 21 jours pour la Poule.

*Le Poulet sort de sa coquille* tout *couvert de plumes* et *les yeux ouverts*, capable de marcher de suite; *le jeune Pigeon sort de l'œuf le corps nu, les yeux fermés*, trop faible pour se passer encore de ses parents.

### 170. Les Oiseaux utiles et les Oiseaux nuisibles.

— La plupart des Oiseaux que vous connaissez nous sont utiles; les uns, vivant autour de nous en liberté, détruisent une foule d'Insectes, de larves et de chenilles nuisibles à l'agriculture; les autres, que nous élevons dans la basse-cour, nous donnent leur chair, leurs œufs et leurs plumes.

Je ne puis vraiment vous citer tous ces Oiseaux qui nous charment par leur ramage, jettent leurs appels à tous les échos, rompent le silence de la forêt, ajoutent à la beauté de la campagne ensoleillée les tons gais de leur plumage.

Fig. 161. — La Mésange (long. 0ᵐ,16).

Fig. 162. — Le Hibou et la Chouette (long. 0ᵐ,40 et 0ᵐ,30).

Les principaux d'entre ceux qui vivent en liberté sont : l'**Hirondelle**, le **Martinet** au large bec (fig. 153), la **Fauvette**, le **Roitelet** au bec fin et droit, le **Rossignol** aux merveilleuses roucoulades, l'**Étourneau** et la Mésange au bec pointu (fig. 161), le **Moineau** malgré sa gourmandise en fruits de toute nature, le **Pinson**, le **Chardonneret**, la **Linotte**, etc.; — le **Pic-vert** qui grimpe le long des arbres pour chercher les Insectes et les Larves; — le **Hibou** et la **Chouette** (fig. 162), *qu'un sot préjugé condamne*, alors qu'ils détruisent une foule de Rats, de Mulots et de Souris, etc.

On a remarqué qu'un couple de Fauvettes avait rapporté à ses petits plus de 500 Chenilles en une journée; autour d'un nid de Moineaux, on a compté de même les débris de 700 Hannetons.

## 171. Gardez-vous de dénicher les petits Oiseaux.

— Je ne veux pas croire que vous ayez déniché de petits Oiseaux; s'il en était ainsi, ce serait monstrueux de votre part. — Qu'est-ce que le nid? Le berceau où reposent les œufs couvés avec amour par la mère, où grandissent les petits sortis de ces œufs; les frêles créatures sont l'objet de toute l'attention du père et de la mère qui les réchauffent et les nourrissent.

*Détruire un nid, n'est-ce pas détruire un berceau*, tuer de pauvres petits qui sont chers à leurs parents? Que diriez-vous d'un homme qui vous arracherait des bras de votre Mère et vous ferait mourir peu à peu en vous martyrisant? Vous le traiteriez de *sauvage*. — **Un enfant qui détruit les nids est une brute** et mérite les plus sévères châtiments.

## 172. Quelques Oiseaux sont nuisibles. — Vous devez les connaître.

C'est le **Bouvreuil** (fig. 163) qui mange au printemps les bourgeons des arbres fruitiers; ce sont le **Corbeau**, la **Pie**, le **Geai**, la **Pie-Grièche**, le **Coucou**, très difficiles à aborder et que vous devez détruire sans merci, car ils détruisent les œufs des petits Oiseaux et les jeunes couvées; — le

Fig. 163. — La tête du Bouvreuil.

Fig. 164. — Le Faucon (envergure 0ᵐ,50).

**Faucon** (fig. 164), la **Buse**, le **Milan**, l'**Aigle**, etc., appelés Rapaces parce qu'ils tuent beaucoup d'Oiseaux et d'autres animaux utiles.

L'Aigle peut emporter de jeunes Moutons, des Chamois; on l'accuse même d'avoir enlevé des petits enfants.

## V. — Une visite à la basse-cour.

47ᵉ LECTURE                                    [2ᵉ & ET COURS]

**173**. Le **Coq**, le **Canard** et l'**Oie**, sont nos principaux oiseaux de basse-cour ; on peut y ajouter le **Dindon**, la **Pintade** (fig. 165) et le **Pigeon** (fig. 166) dont je ne vous parlerai pas.

**174. La Poule**. — La Poule nous intéresse au plus haut point ; savez-vous, mes Enfants, qu'elle rapporte par an à l'agriculture française plus de 340 millions de

Fig. 165. — La Pintade (long. 0ᵐ,40).

Fig. 166. — Le Pigeon (long. 0ᵐ,30).

francs, tant par ses œufs que par sa chair?

Les races les plus estimées sont : la *race de Crèvecœur*, la *race de Houdan* (fig. 167), les *races de la Flèche* et *du Mans*, la *race de Bresse*.

La *race de Crèvecœur* est noire avec une huppe sur la tête ; le coq a la crête double ; sa chair est estimée. Elle craint le froid et l'humidité. Une poule pond 120 œufs par an ; les poulets peuvent en être mis à l'engraissement à l'âge de 3 mois et sont bons à manger 15 jours après.

La *race de Houdan* a le plumage tacheté de noir et de blanc, les pattes à 5 doigts dont 2 en arrière, une huppe fournie sur la tête. Paresseuse pour chercher sa nourriture, elle donne en revanche de très gros œufs ; les poulets de 4 mois sont à point.

Les *races de la Flèche et du Mans*, moins précoces et plus rustiques que les précédentes, ont une chair délicate ; celle de la Flèche pond 140 œufs par an.

La *race de la Bresse*, très rustique, à crête simple et forte, droite et très dentelée, pond 160 gros œufs en moyenne par an.

Pour élever les poules, avec le plus de profit, il ne faut pas les laisser courir à travers les champs et la ferme ; elles éparpillent le fumier qui diminue de valeur ; elles mangent parfois de mauvaises graines et boivent de l'eau souvent impure qui leur fait contracter des maladies.

Le mieux est de les parquer dans un coin de cour ou de jardin, sablé d'un côté, gazonné de l'autre, entouré d'un treillis de fil de fer ; quelques arbres y doivent donner un peu d'ombre (fig. 167).

De l'eau courante et limpide ou un petit abreuvoir avec de l'eau renouvelée tous les jours ; un poulailler bien sec avec un plancher légèrement en pente et facile à nettoyer pour éviter la vermine, passé à la chaux au moins une fois par an ; des pondoirs en osier, abrités

Fig. 167. — La basse-cour et le pigeonnier.

par une planche placée à 50 centimètres au-dessus ; des juchoirs assez espacés, élevés au moins de 40 centimètres au-dessus du sol; des auges en bois couvertes, avec de petites ouvertures latérales par lesquelles les poules prendront leur nourriture : telles sont les dispositions du poulailler les plus favorables à la prospérité de la basse-cour.

Comme nourriture, il faut donner aux poules à la fois des graines (blé, orge, sarrasin, avoine, maïs, etc.), des herbes (orties, pommes de terre cuites, salade, oseille, choux, etc.), des matières animales (sang, lait, chenilles, escargots, limaces, etc.). La poule s'accommode de tout.

Au point de vue de la ponte, choisissez de préférence : un coq robuste, à la voix sonore, attentif à ses compagnes qu'il protège; des poules douces et non criardes (ces derniè-res sont de mauvaises pondeuses).

Fig. 168. — L'élevage des poussins.

Les œufs sont le plus souvent couvés par les poules; les couvoirs sont installés dans un endroit un peu sombre et tranquille du poulailler. — Chaque couveuse reçoit au plus 12 à 14 *œufs frais*. [Quelquefois on emploie des *couveuses artificielles*, appareils dans lesquels la température est maintenue entre 38 et 40 degrés.] — Après 21 jours, les poussins cassent leur coquille; on doit les nourrir pendant quelques jours avec une pâtée formée de mie de pain émiettée, d'œufs durs et quelques grains de chènevis concassés; plus tard, la pâtée est faite de pommes de terre, cuites, de farine et d'œufs. Les petits doivent être à l'abri du froid et de l'humidité (fig. 168).

Pour l'engraissement, les poulets sont souvent mis aux épinettes, nourris de bouillies de son, de farine d'orge ou de sarrasin, de pommes de terre, etc.

**175. Le Canard.** — Cet oiseau a les pattes palmées et le bec plat (fig. 90); il vit au bord de l'eau. Très rustique, il peut se passer d'habitation; une petite hutte abritée, en branchages ou en roseaux, suffit à la cane pour y déposer ses œufs.

Le Canard coûte peu à nourrir; il mange vers, escargots, chenilles, larves, etc.; toutefois il réclame de l'eau fréquemment renouvelée pour sa prospérité.

La Cane pond jusqu'à 100 œufs par an; ces œufs sont confiés à la Poule ou à la Dinde pour l'incubation. — Au bout de 28 jours, il sort de l'œuf un Caneton agile qu'on doit empêcher d'aller de suite à la pièce d'eau, car il pourrait s'y refroidir; aussi met-on à sa disposition un vase plat, contenant un peu d'eau dans laquelle il barbotera sans trop se mouiller.

Le Canard est engraissé en octobre; sa chair est recherchée et ses plumes sont fort estimées (*duvet*).

**176. L'Oie.** — Aquatique comme le Canard, l'Oie n'a cependant pas besoin d'autant d'eau (fig. 169); il lui suffit de s'y baigner de temps à autre.

Elle se nourrit surtout d'herbes (trèfle, graminées, salade, etc.); elle broute comme les Moutons au bord des chemins, dans les champs et les bois; il faut éviter de la laisser entrer dans les prairies qu'elle dévaste.

L'incubation de ses œufs dure 30 jours; les oisillons doivent être nourris avec les mêmes précautions que Poussins et Canetons. — On *gave* les Oies dans beaucoup de pays; pendant 18 à 20 jours, on leur donne une nourriture abondante qui les fait engraisser; leur foie grossit à tel point qu'il pèse jusqu'à 1 kilogramme; les pâtissiers en font alors des pâtés de foie gras.

Fig. 169. — L'Oie (long. 0<sup>m</sup>,60 à 0<sup>m</sup>,70).

**177.** Certains Oiseaux sont recherchés aussi comme gibier; ce sont: le **Faisan**, le **Coq de bruyère**, la **Perdrix** (fig. 157), la **Caille**, la **Bécasse**, la **Bécassine**.

Le **Cygne** et le **Paon** servent à l'ornement des bassins et des parcs.

## VI. — Les Mammifères.

48° LECTURE            [2° & 3° COURS]

**178.** *Les* **Mammifères** *ont le corps couvert de* **poils.** *Ils nourrissent leurs petits avec le* **lait** *que produisent leurs* **mamelles.**

Vous pouvez aussi facilement reconnaître un Mammifère par ses poils et les mamelles dont il est pourvu, qu'un Oiseau par ses plumes et ses ailes.

Le **chien** Médor de la ferme de M. Louis, le **Chat**, le **Lapin**, le **Cheval**, le **Bœuf**, le **Porc**, sont tous des *Mammifères*.

Étudions les caractères du Chien, animal qui nous ressemble par beaucoup de points; nous verrons ensuite par quoi en diffèrent les autres Mammifères qui vous intéressent le plus.

**179. Le Chien.** — Cet animal possède une tête, un tronc et 4 membres; le tout est soutenu par une charpente osseuse interne, le *squelette* (fig. 99) : passez votre main sur le dos du Chien, vous y sentez une crête dure, l'épine dorsale, formée par la *colonne vertébrale.*

Toutes les parties du squelette trouvées déjà chez l'Homme, vous les observez chez le Chien.

Toutefois, comme presque tous les Mammifères, *le Chien repose sur le sol par ses 4 pattes*; sa colonne vertébrale est alors horizontale quand il marche. — Nous ne reposons sur terre que par nos 2 pieds, et notre colonne vertébrale est verticale.

Le Chien s'appuie sur les doigts seulement; il est *digitigrade* : c'est l'un des caractères d'un animal coureur. Ses pattes de devant possèdent 5 doigts (dont le pouce très petit); celles de derrière n'ont pas de pouce. Les unes et les autres sont armées de *griffes* fortes et effilées, mais usées à la pointe parce que l'animal gratte la terre. — L'Homme, au contraire, repose entièrement sur le sol par la plante du pied; il est *plantigrade*; ses doigts, au nombre de 5, sont pourvus d'*ongles*, parties cornées comme les griffes, mais beaucoup plus larges.

**180.** Vous savez, mes Amis, combien le Chien est intelligent? il comprend à merveille les ordres qu'on lui donne et les exécute de suite; il s'attache tellement à nous, *si nous ne le maltraitons pas*, qu'on a vu des chiens se laisser mourir de faim sur la tombe de leur maître. — Cet animal doit ses qualités exceptionnelles au *grand développement de son* cerveau placé dans la boîte cranienne, en arrière de la tête.

Ses organes des sens sont très délicats : il voit de fort loin, grâce à ses bons *yeux*; ses *oreilles* lui permettent d'entendre les moindres bruits; à l'aide de son *nez*, logé en haut du museau, il perçoit les odeurs les plus subtiles [*le Chien a du flair*, ce qui lui permet de reconnaître, à la chasse, la trace du gibier]; sa *langue* est bien développée.

Quand il a fourni une longue course, s'il n'a pas d'eau pour se rafraîchir, l'animal laisse pendre sa langue hors de la bouche et respire très vite : la salive dont elle est imprégnée s'évapore et procure au bon toutou une douce fraîcheur.

**181.** *Le Chien a besoin de* nourriture : il happe les *liquides* avec sa langue; il mâche les *aliments solides* avec ses dents portées sur les mâchoires; la mâchoire inférieure est seule mobile.

Les dents du Chien (fig. 170), au nombre de 42, sont de
3 sortes : les *incisives* à bord coupant situées en avant; puis,
de chaque côté des deux mâchoires, une *canine* longue et
pointue; en arrière, les *molaires* dont la couronne (partie

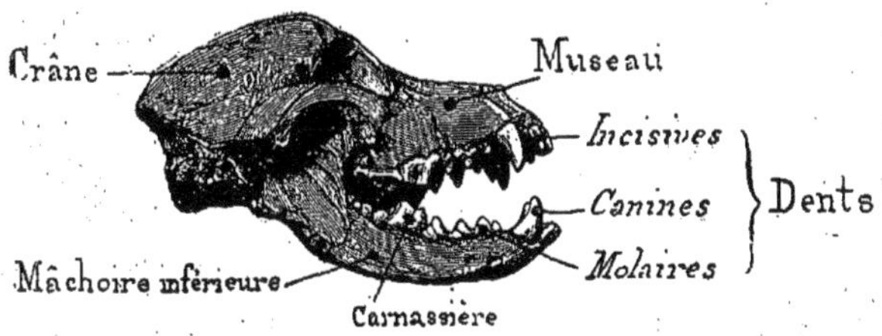


Fig. 170. — Tête et dentition du Chien.

visible en dehors de la gencive) porte trois pointes; deux molaires, plus puissantes que les autres, s'appellent *carnassières*.

Quand l'animal ferme la bouche, voyez les molaires de la
mâchoire inférieure se croiser avec celles de la mâchoire
supérieure, à la manière d'une paire de ciseaux.

Avec ses incisives, il prend surtout ses aliments; il déchire
la viande avec ses canines; il la coupe et l'écrase avec ses
molaires.

Le Chien mange volontiers toutes sortes de matières, mais
il a une préférence marquée pour la viande, la *chair* : c'est un
**carnivore**.

Tous les autres organes du Chien ressemblent à ceux de
l'Homme que nous étudierons bientôt.


## VII. — Les Mammifères pourvus de griffes.

49° LECTURE                                    [2° & 3° COURS]

**182.** Ces animaux sont très nombreux; aussi, mes Amis, je ne
vous citerai que ceux qui nous sont le plus *utiles* ou *nuisibles*.
Les uns se nourrissent de chair (**Carnivores**); les autres, de
plantes (**Herbivores**).

**183. Carnivores.** — Le **Chien** nous rend de grands services : il nous garde des bêtes et des gens malfaisants auxquels
il montre ses crocs; il prodigue ses caresses aux habitués de

la maison, guide les troupeaux sous la surveillance du maître, reconnaît le gibier et le poursuit avec intelligence à la chasse.

A côté du Chien se rangent le **Loup** et le **Renard** (fig. 171), animaux très nuisibles.

Le Loup est devenu rare en France ; le Renard, au pelage fauve, abrité dans son terrier pendant le jour, commet ses rapines la nuit, en volant nos Poules et nos Lapins.

Fig. 172. — Le Chat
(long. 0ᵐ,50 à 0ᵐ,60).

Fig. 171. — Le Renard
(long. 0ᵐ,65).

Le **Chat** (fig. 172) est plus agile que le Chien, son corps élancé repose sur le sol par 4 pattes dont les doigts sont armés de *griffes pointues et rétractiles*, c'est-à-dire relevées pendant la marche ; quand l'animal cesse de faire patte de velours, ses griffes font saillie et peuvent déchirer la chair : vous avez été plus d'une fois égratignés par votre chat en jouant avec lui.

Ses mâchoires sont courtes, actionnées par des muscles puissants ; elles portent de longues canines et de fortes molaires.

Si le Chat domestique nous préserve des Souris et des Rats, il détruit aussi des Oiseaux comme le Chat sauvage qui est nuisible.

A côté du Chat, on range le **Lion**, le **Tigre**, la **Panthère**, etc., carnassiers redoutables

Fig. 173. — Galeries de la Taupe.

qui ne vivent pas en France, mais dont vous avez entendu parler.

La **Fouine**, la **Belette**, le **Blaireau**, ont le corps allongé avec de courtes pattes; tous nuisibles, ils dévorent volailles, gibier, œufs, etc.

**184.** Certains Mammifères mangent surtout des Insectes; on les appelle **Insectivores**. — Vous connaissez la **Taupe**, le **Hérisson**, la **Chauve-Souris**.

La **Taupe** (fig. 173) a le museau allongé, des yeux à peine visibles; ses larges pattes de devant lui permettent de creuser des galeries sous le sol; elle bouleverse parfois les cultures, aussi les agriculteurs la tuent sans pitié : *ils ont tort*, car *la Taupe leur rend de grands services*, en mangeant quantités de Vers, d'Insectes, des larves de Hannetons, des Mulots; elle tue parfois des Serpents.

Le **Hérisson** (fig. 174), dont le dos est couvert de piquants, se roule en boule quand il est attaqué; *pourquoi le tuer stupidement, alors qu'il rend aux agriculteurs plus de services que la Taupe?*

*Vous devez aussi épargner la*

Fig. 175. — La Chauve-Souris
(envergure 0ᵐ,20).

Fig. 174. — Le Hérisson
(long. 0ᵐ,12 à 0ᵐ,15).

**Chauve-Souris** (fig. 175) qui sort à la tombée de la nuit pour manger des Insectes. Ce curieux animal a les pattes antérieures pourvues de longs doigts, reliés par une membrane légère et très sensible; cette membrane lui permet de voler dans l'air comme les Oiseaux; mais *la Chauve-Souris est un* **Mammifère**, puisqu'elle possède des mamelles et des poils.

**185. Rongeurs.** — Le Lapin (fig. 176) a vite fait de manger une carotte ou une feuille de chou, n'est-il pas vrai? Quand votre Maman servira du lapin à table, demandez-lui de vous en donner la

Fig. 176. — Le Lapin
(long. 0ᵐ,30 à 0ᵐ,40).

tête, afin d'examiner attentivement les mâchoires et les dents (fig. 177).

Vous remarquerez d'abord que la mâchoire inférieure est

mobile d'avant en arrière. Puis vous verrez, à chaque mâchoire, 2 grandes *incisives* à bord tranchant; l'animal s'en sert pour couper racines et feuilles et les réduire en pulpe. Un large espace sépare les incisives des *molaires* (il n'y a pas de canines); la couronne des molaires est plate avec des saillies comparables aux dents d'une lime; quand la mâchoire inférieure glisse d'avant en arrière et réciproquement, la pulpe des plantes est râpée, écrasée et plus facile à digérer.

Le Lapin a de longues oreilles, les pattes de devant courtes et armées de fortes griffes. — A l'état sauvage (*lapin de garenne*), il se creuse, dans les landes et les bois,

Fig. 177. — Crâne et dentition du Lapin.

des terriers où il vit en sociétés nombreuses. Cet animal a une chair délicate, de plus il donne naissance à beaucoup de petits : nous avons donc intérêt à l'élever en domesticité (*lapin de clapier*).

Pour que le Lapin rapporte de beaux bénéfices, il faut lui assurer de l'air pur, un espace suffisant, une nourriture abondante et de bonne qualité. — Le clapier doit comporter une cour entourée de murs élevés, avec des cabanes tournées vers le soleil levant. Le sol de la cour sera couvert de 50 centimètres de sable (pour absorber l'urine) et d'une litière souvent renouvelée.

Parmi les meilleurs aliments à donner au Lapin, je vous citerai : trèfle, sainfoin, luzerne, vesce, pois; chicorée, mauve, serpolet, plantain, persil, cerfeuil, pommes, poires, coings; choux, carottes, betteraves, pommes de terre cuites; son de blé, feuilles d'arbres (sauf le chêne et le tremble).

Donnez-lui trois repas régulièrement, celui du soir étant le plus abondant, car le Lapin aime à manger la nuit. *Sa chair sera d'autant plus savoureuse qu'il aura été élevé plus proprement.*

Le Lapin vous donne encore sa fourrure dont on fait des manchons, des couvre-pieds, des chapeaux, etc.; son fumier est un excellent engrais.

Le **Lièvre** diffère peu du Lapin; il a cependant de longues pattes postérieures qui lui permettent de faire de grands bonds ; il ne se creuse pas de terrier et vit solitaire. Il est chassé comme gibier.

**186.** Le groupe des **Rats** comprend des *Rongeurs, tous nuisibles :*

FIG. 178. — Un festin peu banal.

Le **Rat**, le **Surmulot**, la **Souris** commettent des dégâts dans nos maisons (fig. 178), nos greniers et nos cultures ; le **Mulot** à la queue écailleuse, le **Campagnol** à la queue courte et touffue, ravagent les récoltes, coupent les épis de blé qu'ils enfouissent dans leurs terriers pour l'hiver, dévastent les champs de carottes, mangent une partie des semailles à l'automne et les jeunes pousses de trèfle.

Le **Loir** et le **Lérot** sont très gourmands des fruits de nos jardins.

L'**Écureuil** est un joli petit rongeur qui habite les bois, croquant les noisettes, les pommes de Pin ; sa fourrure, grise pendant l'hiver, est très recherchée dans le Nord.

## VIII. — Les Mammifères pourvus de sabots.

50° LECTURE [2° & 3° COURS]

**187.** Mes Amis, vous avez tous vu ferrer un Cheval? Le maréchal régularise d'abord, avec un couteau spécial, la *corne* du pied sur laquelle le fer sera ensuite fixé au moyen de clous ; l'enveloppe cornée qui entoure le pied du Cheval s'appelle *sabot.*

L'animal ne souffre pas plus de cette opération que nous, lorsque nous taillons nos ongles. Le sabot s'userait trop vite en frottant sur le sol ; le fer le protège contre cette usure rapide.

Quels sont les animaux de la ferme dont les pieds sont pourvus de sabots ? le **Cheval** et l'**Ane**, le **Bœuf**, la **Chèvre** et le **Mouton**, enfin le **Porc**.

Examinons chacun d'eux.

**188. Le Cheval.** — Il repose sur le sol par 4 pattes, terminées chacune par *un doigt* très allongé (fig. 179) : ce caractère suffit à indiquer que le Cheval est destiné à courir. On commet une erreur en disant d'un Cheval qui tombe qu'il s'est couronné aux genoux ; le *genou* cor-

Fig. 179. — Le Cheval (haut. 1ᵐ,50).

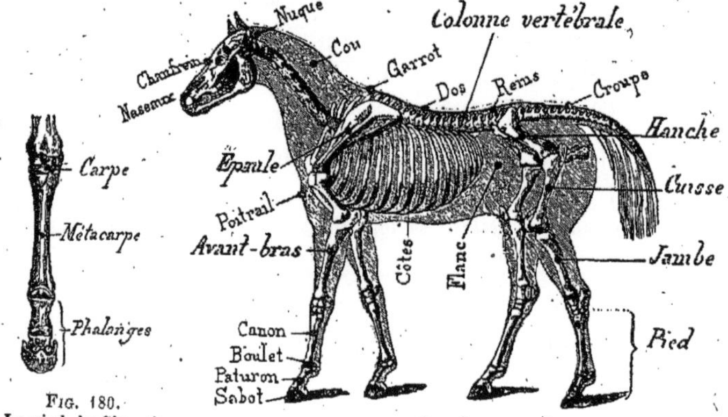


Fig. 180.
Le pied du Cheval vu de face.

Fig. 181.
Le squelette et les diverses parties du corps du Cheval.

respond à notre poignet comme le *jarret* de la patte de derrière répond à notre talon (fig. 180 et 181).

Sa dentition comprend, à chaque mâchoire (fig. 182) : 6 fortes incisives coupantes (dont l'apparition et le degré d'usure renseignent les maquignons sur l'âge de l'animal) ; 2 canines très petites, souvent absentes chez la Jument ;

12 grandes molaires à couronne aplatie, propres à broyer le foin et autres herbes dont l'animal se nourrit. — La mâchoire inférieure se meut dans tous les sens.

Entre les molaires et les dents qui les précèdent se trouve la *barre*, espace dans lequel on place le *mors* en attelant le Cheval. Les dents n'ap-

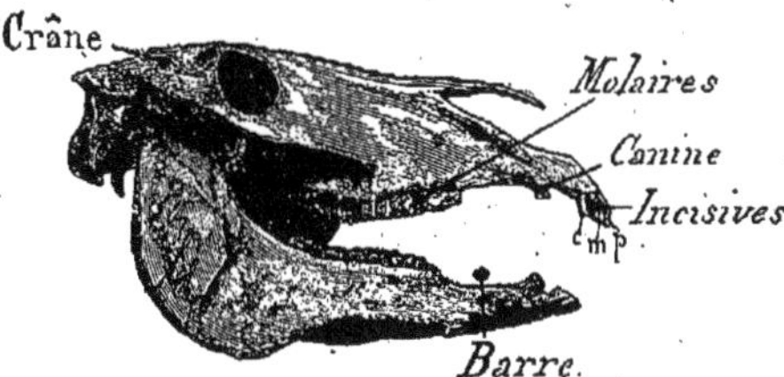


FIG. 182. — Le crâne et la dentition du Cheval.

paraissent que peu à peu chez le jeune Poulain, tout comme chez le petit enfant (*dents de lait*); elles tombent et sont remplacées par d'autres qui persistent toute la vie (*dents permanentes*). Demandez à votre père comment il reconnaît l'âge d'un Cheval, en examinant ses incisives.

Le Cheval est employé : soit pour traîner au pas de lourds fardeaux (cheval de *gros trait : cheval boulonnais*), soit pour traîner au trot de légères voitures peu chargées (cheval de *trait léger : cheval percheron*), soit pour porter un cavalier (cheval de *selle : cheval arabe*). — Quel que soit l'emploi auquel on le destine, **le Cheval doit** donc **avoir de bonnes jambes** *terminées par des* **sabots bien conformés.**

On commence à faire travailler le petit Poulain à l'âge de 18 mois, en n'exigeant de lui que peu d'efforts et pendant peu de temps ; en réglant avec soin son travail jusqu'à l'âge de 4 ans et demi, en le nourrissant abondamment d'aliments légers pendant cette période, on en fera un animal robuste, au squelette bien développé.

A l'écurie, *le Cheval doit respirer de l'air pur*, sans être jamais placé dans un courant d'air. Le sol de l'écurie doit être très légèrement incliné pour l'écoulement des urines vers la fosse à purin ; il faut *main-*

FIG. 183. — L'Ane et le Zèbre.

*tenir très propres le râtelier, la mangeoire, les murs* souvent blanchis à la chaux, *renouveler souvent la litière.*

Le *pansage journalier* du Cheval lui assure une excellente santé : cette opération consiste à étriller et à laver chaque jour l'animal, à lui faire prendre des bains fréquents dans la belle saison. — A ces conditions, le Cheval peut rendre de grands services jusqu'à l'âge de 25 ans, quelquefois au delà.

**189.** L'**Ane** se distingue du Cheval par ses longues oreilles, sa crinière dressée, sa queue pourvue de crins seulement à l'extrémité (fig. 183).

L'Ane est sobre, facile à nourrir et plus robuste que le Cheval ; il est précieux pour traîner les voitures, porter des charges; dans les chemins difficiles, il ne fait point de faux pas; s'il marche lentement, il va du moins longtemps. — *Bien coupables sont les gens qui le brutalisent.*
Le **Mulet** a de grandes oreilles comme l'Ane, mais il se rapproche davantage du Cheval dont il a les qualités; la sûreté de son pas justifie son emploi comme bête de somme dans les montagnes.

## IX. — Les Mammifères pourvus de sabots *(suite).*

51ᵉ LECTURE                                        [2ᵉ & 3ᵉ COURS]

**190.** Mes Enfants, nous utilisons le Cheval, l'Ane et le Mulet comme bêtes de somme surtout; rarement nous en consommons la chair comme viande de boucherie; il n'en est plus de même du **Bœuf**, du **Mouton** et du **Porc** dont il me reste à vous parler.
Le **Bœuf** est un animal de trait; mais, à partir d'un certain âge, on l'engraisse et nous en mangeons la chair. La Vache nous donne en outre son *lait* et les Veaux dont on tue le plus grand nombre.

Le **Mouton** nous est précieux pour son lait, sa chair, sa toison et les agneaux qu'il produit.

Le **Porc** est exclusivement un animal de boucherie.

**191. Le Bœuf.** — Cet animal (fig. 184) repose sur le sol par 4 pattes dont chacune comprend 2 *doigts*

Fig. 184. — Le Bœuf Durham
(long. 1ᵐ,50 à 1ᵐ,60).

égaux, protégés l'un et l'autre par un sabot : on dit que le Bœuf a le *pied fourchu.*

Son front large et plat porte, en arrière des yeux, 2 *cornes* creuses, lisses et recourbées en croissant; l'extrémité de son museau ou *mufle* est tronquée et sans poils.

Le Bœuf a une dentition particulière : 8 *incisives* à la mâchoire inférieure seulement; à la mâchoire supérieure se trouve à leur place une loupe de graisse; *pas de canines;* les *molaires* larges sont propres à broyer l'herbe dont se nourrit la bête.

Le Bœuf est un *ruminant*, c'est-à-dire qu'il mâche deux fois successivement sa nourriture.

A cet effet, son estomac comprend 4 poches: la *panse*, le *bonnet*, le *feuillet* et la *caillette*.

L'herbe, grossièrement mâchée d'abord, est réduite en boulettes d'un diamètre supérieur à celui de l'œsophage qu'elles distendent en descendant vers l'estomac; parvenues au niveau de la gouttière (fig. 185), ces boulettes en écartent les lèvres et

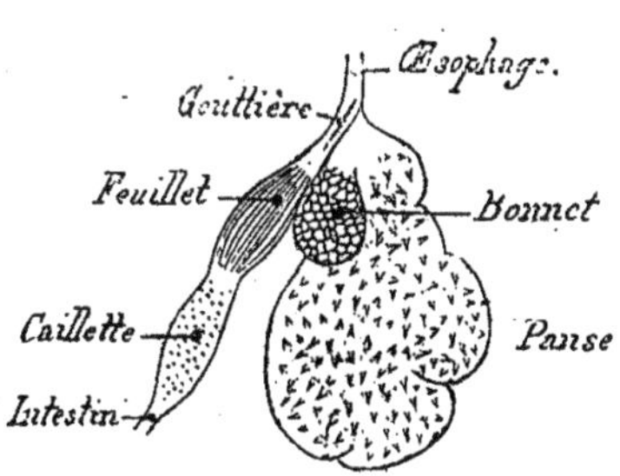


Fig. 185. — L'estomac d'un Ruminant.

tombent dans la *panse;* elles y sont soumises à l'action chimique de nombreux ferments et brassées par la paroi.

Au repos, le Bœuf se couche et fait remonter dans sa bouche la bouillie que renferme sa panse. De nouveau mâchée et insalivée, la matière alimentaire très liquide glisse le long de l'œsophage sans le distendre, passe devant la gouttière sans l'ouvrir, parvient au *feuillet*, puis à la *caillette, véritable estomac chimique* où le suc gastrique exerce son action (la caillette est ainsi appelée parce que, chez les jeunes veaux, c'est là que le lait se coagule). Les aliments passent ensuite dans l'intestin.

L'herbe accumulée dans la panse dégage parfois beaucoup de gaz (surtout du gaz carbonique); l'animal gonflé, *météorisé*, pourrait mourir étouffé si on ne le secourait de suite, en lui faisant prendre une cuillerée à bouche d'ammoniaque (alcali volatil) étendue à un litre d'eau. Si le cas est pressant, on perce la panse d'un coup de couteau dans le flanc gauche, pour permettre aux gaz de s'échapper.

Le Bœuf, nous l'avons vu, est employé [surtout dans les pays de montagne] pour faire des charrois et labourer la terre. On commence à l'utiliser vers l'âge de 2 ans, en le soumettant à un travail progressif; on le ferre comme le Cheval. Il faut le nourrir abondamment de manière à assurer sa croissance normale.

**192.** La Vache (fig. 102) possède des mamelles formant le *pis* situé entre ses membres postérieurs, avec 4 mamelons ou *trayons* (rarement 6 ou 8).

Une *bonne vache laitière* a les poils soyeux, la peau et la tête fines, le squelette peu développé, les membres écartés pour donner à la poitrine une grande ampleur et réserver au pis une large place ; elle doit aussi se laisser traire sans difficulté.

L'étable dans laquelle vivent les vaches laitières doit être très propre, un peu obscure, à une température de 12 à 15° ; l'air humide sans excès favorise la production du lait. — Pendant les beaux jours, elles trouvent dans les bons pâturages l'alimentation qui leur convient ; mais, durant la mauvaise saison, on leur donne à l'étable des aliments riches en eau (que contiendra le lait) ; ces matières sont des betteraves ayant commencé à fermenter ou des pommes de terre cuites, mélangées à du foin et des balles ; le son, la farine, délayés dans l'eau, leur sont agréables à boire.

Traitée ainsi, une bonne vache laitière *hollandaise* donne jusqu'à 3400 litres de lait en 300 jours (pendant une période totale d'un an) ; une *charollaise* de même poids n'en donne que 1500 litres dans les mêmes conditions.

En trayant la Vache, rappelez-vous qu'il faut vider complètement ses mamelles du lait qu'elles renferment, car le dernier lait extrait contient plus de 4 p. 100 de matière grasse, alors que le premier en contient à peine 1,7 p. 100 (Boussingault).

**193. Lait**. — Le lait se compose *d'eau* tenant en suspension de petits *globules gras* et, à l'état de dissolution, une matière albuminoïde qui donne la *caséine*, du *sucre de lait* et divers *sels*.

Abandonnons au *repos*, dans un vase bien propre, *le lait aussitôt tiré*, en un *endroit frais* comme une cave ; au bout de quelques heures, les globules gras plus légers seront rassemblés en haut, formant la *crème*.

Enlevons la crème et mettons le lait qui reste dans un endroit chaud ; à la longue, il s'y forme des grumeaux blancs ; vous dites alors que le lait a caillé ; il s'est *coagulé*. — Le *caillé* est de la caséine mise en liberté par l'acidité du lait ; en effet, des microbes *contenus dans l'air* se sont multipliés rapidement dans le lait ; ils ont transformé le sucre de lait en *acide lactique* qui a précipité la caséine ; en voulez-vous la preuve ?

Voici du lait écrémé ; j'y ajoute un peu de vinaigre ; voyez de suite apparaître les grumeaux blancs.

Du lait un peu acide peut ne pas se coaguler ; mis à bouillir, *il tourne* aussitôt.

Vous savez déjà, mes Enfants, que le lait bu par un jeune Veau se coagule dans son dernier estomac appelé *caillette ;* or on prépare, avec la caillette de veau, de la *présure*, liquide qui fait coaguler en très peu de temps le lait frais.

Le liquide qui reste après avoir retiré les grumeaux blancs de caséine s'appelle *petit-lait ;* il renferme encore un peu de sucre et beaucoup d'eau ; on le donne à boire aux Porcs.

**194. Beurre.** — La crème, recueillie à la surface du lait, est fortement battue dans une *baratte ;* les globules gras se soudent entre eux et forment le **beurre**.

Le beurre se conservera d'autant mieux qu'il est préparé avec plus de propreté, lavé abondamment à l'eau pure et bien essoré; on en fait alors des pains. — *Moins le beurre est travaillé avec les mains et meilleur il est.*

**195. Fromages.** — On appelle **fromage gras** celui qu'on obtient par la coagulation du lait tout entier, à l'aide de la présure ; le **fromage maigre** est celui que donne la coagulation du lait écrémé.

On laisse égoutter le caillé dans un moule percé d'ouvertures par où s'échappe le petit-lait ; il est ensuite salé et abandonné ordinairement sur des claies : c'est le *fromage blanc*, le *fromage frais* si délicieux.

Pour avoir un *fromage fait*, il faut l'abandonner dans une cave de température convenable, où il se couvre bientôt de champignons et de microbes; il acquiert alors de la qualité.

**196. Engraissement du Veau et du Bœuf.** — Avant de quitter le Bœuf, laissez-moi vous parler de son engraissement.

D'abord le Veau doit être nourri du lait de sa mère aussitôt après sa naissance; on lui en donne 4 fois par jour ; on le sèvre peu à peu, en remplaçant de 8 jours en 8 jours l'un de ses repas de lait par une bouillie de farine et du foin très tendre qu'il apprend à mâcher et à digérer.

L'animal sera conduit ensuite au pâturage si la saison le permet; sinon, il faut veiller à lui donner d'excellente nourriture à l'étable, avec de l'air pur à respirer. — Plus tard, sa croissance achevée, on fournit au Bœuf des aliments en abondance, en le maintenant au repos complet dans une étable à demi obscure, avec une température moyenne de 15°.

## X. — Les Mammifères pourvus de sabots (*fin*).

52° LECTURE        [2° & 3° COURS]

**197.** Le **Mouton** et la **Chèvre** sont aussi des Ruminants au pied fourchu (fig. 186); mais ils se distinguent du Bœuf : par leurs cornes comprimées latéralement et recourbées en arrière, par leur pelage fin ; par 2 mamelles seulement.

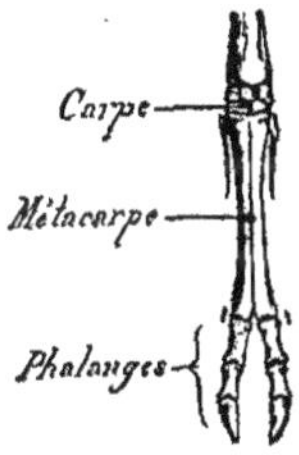

Fig. 186. — Le pied du Mouton.

Fig. 187. — Le Bélier Mouton mérinos (long. 0<sup>m</sup>,80).

Le **Mouton** n'a pas de barbe au menton ; son front est large et ses cornes enroulées (fig. 187).

Il nous est précieux pour sa laine, fine et abondante en particulier dans la *toison* du Mouton *mérinos*. — L'industrie en tisse la laine dont on confectionne des vêtements, de la flanelle. — Le *Mouton de prés salés*, élevé au bord de la mer, a une chair exquise.

Fig. 188. — Le Bouc de Cachemire (haut. 0<sup>m</sup>,80).

Dans certains pays, le lait de Brebis sert à faire des fromages : témoin le fromage de Roquefort fabriqué avec le lait de brebis dans l'Aveyron. L'élevage du Mouton et de l'Agneau se rapproche beaucoup de celui du Bœuf : la *bergerie* doit présenter les mêmes conditions de salubrité que l'étable.

La **Chèvre** a de la barbe au menton ; son crâne étroit porte 2 cornes dressées presque parallèles (fig. 188).

Cet animal est très utile aux familles pauvres, parce qu'il trouve à se nourrir facilement (même sur les rochers escarpés), et qu'il produit beaucoup de lait. La chair en est peu estimée, sauf celle du petit Chevreau.

La peau du Bouc et de la Chèvre sert à faire des chaussures ; avec celle du Chevreau on fabrique des gants.

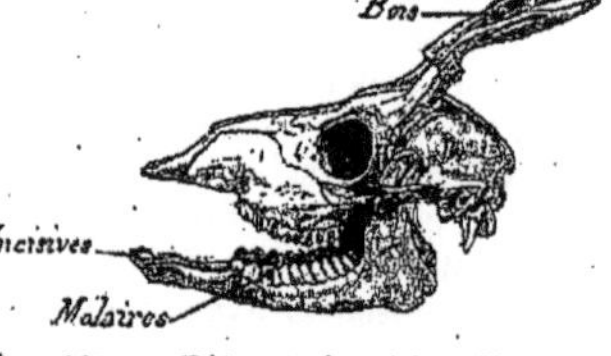


Fig. 189. — Tête et dentition d'un Ruminant (Chevreuil).

Parmi les Ruminants qui vivent à l'état sauvage en France et qu'on chasse comme gros gibier, se trouvent le **Chevreuil** (fig. 189) et le **Cerf** qui vivent dans nos forêts, le **Chamois** des Alpes qui y devient très rare d'ailleurs. — Le **Dromadaire** est le véritable cheval du désert utilisé en Algérie.

Fig. 190. — Le pied du Porc.

Fig. 191. Le Porc (long. 1 m.)

**198. Le Porc.** — Cet animal repose sur le sol par 4 pattes dont chacune comprend 4 *doigts;* les doigts du milieu portent seuls par terre, aussi sont-ils les plus forts (fig. 190).

La tête de l'animal (fig. 191) est terminée en avant par un groin; sa dentition comprend des incisives non coupantes, des canines, des molaires tuberculeuses propres à broyer *toutes sortes d'aliments;* son estomac est simple.

Le Porc est précieux au cultivateur en ce que, nourri d'aliments de peu de valeur, des déchets de la ferme, il les trans-forme rapidement en viande et en graisse.

Jugez de son utilité : avec la graisse de l'intérieur de son corps on fait du *saindoux;* celle qui est accumulée sous sa peau s'appelle le *lard;* son sang sert à préparer le *boudin;* avec ses poils, on fait des *pinceaux;* nous mangeons sa chair tantôt fraîche, tantôt salée. — Il faut éviter soigneusement, dans ce cas, la viande envahie par la *trichine* ou par le *ver solitaire* dont je vous ai déjà parlé [133].

Le jeune Porc ou *goret* vit du lait de sa mère, la *truie,* qui doit être elle-même abondamment nourrie et installée dans une porcherie propre, souvent nettoyée, aérée et maintenue à une température voisine de 15°.

[On commet une erreur de croire que le Porc est malpropre et se plaît au milieu de la fange; rien n'est plus inexact]. — Au bout de 3 semaines, le goret commence à recevoir du petit-lait, du caillé, puis des bouillies de farine d'orge. Vers l'âge de 6 semaines, il commence à aller au pâturage, à manger des glands de Chêne dont le Porc est gourmand. — L'animal a atteint son développement quelques mois plus tard; alors on l'engraisse à la porcherie où il demeurera désormais; pour cela on le nourrit de petit-lait ou d'eau de vaisselle, additionnés de son, de bouillies de pommes de terre cuites et de son, de farine de maïs, etc.

Le **Sanglier** (fig. 192), animal sauvage qui vit dans nos forêts, se dis-tingue du Porc : par de fortes canines recourbées en dehors, formant un boutoir redoutable; par les longues soies de sa crinière hérissée.

Fig. 192. — Le sanglier (long. 1 m.).

Cet animal fait de grands dégâts dans les cultures; aussi organise-t-on souvent des battues pour le détruire.

Sa chair est estimée, surtout son groin appelé *hure.*

# Les industries des peaux.

**53ᵉ LECTURE**                                     **[3ᵉ COURS]**

**199.** Au cours de nos causeries antérieures, je vous ai dit maintes fois, mes Enfants, que nous utilisons la peau, la laine ou les poils des animaux. Je veux insister un peu sur ce sujet.

Et d'abord la peau peut être utilisée : ou bien garnie de ses poils (*fourrures, tapis*); ou bien sans ses poils (*cuir*); ou bien par ses poils seulement (*vêtements de laine, feutre*).

**200. Fourrures et tapis.** — Vous savez qu'un animal vivant dans les régions froides, sur les hautes montagnes, est protégé par un revêtement épais de longs poils. — Dans nos pays, pendant l'hiver, certains Mammifères ont une couverture de poils mieux fournie que durant les chaleurs. Les chasseurs tuent de préférence en hiver les animaux recherchés pour leur *fourrure :* parmi ces animaux, je vous citerai : l'Ours blanc, le Renard bleu, le Vison, l'Hermine, la Martre, l'Écureuil, etc.

La robe du Lion, du Tigre, de la Panthère, de l'Ours, est aussi recherchée pour décorer nos appartements, sous la forme de *tapis*.

Les peaux doivent être longuement travaillées avant leur utilisation, et voici pourquoi : le cadavre d'un animal, abandonné à l'air, se décompose au bout de peu de temps; il en serait de même des peaux si elles n'étaient rendues *impulrescibles*, par l'action du sel marin jointe à celle de l'alun ou de l'huile.

Le traitement en est trop compliqué pour que je vous l'expose ici.

**201. Cuir.** — L'industrie du cuir emploie les peaux de Veau, de Vache, de Cheval pour le *cuir mou ;* celles de Bœuf, de Buffle pour le *cuir fort*. Celles-ci sont préservées de la putréfaction par le *tanin*, extrait de l'écorce du Chêne.

Les peaux, d'abord saupoudrées de sel pendant quelque temps par le **tanneur**, sont portées à la rivière où l'eau courante les *désaigne*, c'est-à-dire en enlève le sang; plongées dans des laits de chaux successifs, elles sont ensuite *épilées* ou débarrassées de leurs poils, puis *foulonnées* en vue d'en enlever la chaux; enfin les peaux sont *tannées* dans des cuves où l'on fait agir un *jus de tan* de plus en plus fort [l'opération du tannage dure environ 15 mois]. — Le cuir est alors *séché* pendant 10 à 30 jours et livré au **corroyeur**.

Le cuir est assoupli par le corroyeur par une série d'opérations également longues; après quoi, il est livré aux industries diverses : on en fait des chaussures, des harnais, des malles et sacs de voyage, des couvertures d'ouvrages précieux, etc.

Le **mégissier** apprête les peaux d'Agneau et de Chevreau destinées à la ganterie et à la cordonnerie; elles sont rendues imputrescibles par le sel et l'alun.

**202. Vêtements de laine. Feutre.** — Chaque année, vous voyez tondre les Moutons au printemps pour en retirer la **laine**. Celle-ci consiste

en brins plus ou moins contournés dont la longueur varie de 2 à 30 centimètres.

La laine est d'abord *triée* à la main, *dégraissée* par lavage à l'eau, puis
dans un bain de soude et de savon (désuintage) et *séchée* à l'air. Humectée
d'un peu d'huile d'olive avec des brosses tournantes (ensimage), elle est
*cardée* pour en séparer les matières étrangères et les filaments trop courts,
dégraissée à nouveau au savon, enfin *peignée*.

Après le peignage, la laine est livrée au **filateur** qui en fait des draps, des
flanelles, des couvertures, etc.

Le **poil** de Chèvre est utilisé de même manière. — On appelle *alpaga* une
étoffe légère tissée avec le poil du *Lama*, ruminant de l'Amérique du Sud.

Les peaux de Lapin, de Lièvre, fournissent des poils qui, foulés, entre-
croisés en tous sens, forment le **feutre** de nos chapeaux.

## Les Oiseaux migrateurs et les Animaux hibernants.

54° LECTURE                                            [3° COURS]

**203.** On fait la remarque suivante dans les campagnes : « Les Hirondelles
sont revenues, les beaux jours sont proches » ou bien « les Hirondelles
partent, voilà l'hiver ». — En effet, mes Amis, certaines espèces d'Oiseaux, poussées par un instinct particulier, quittent nos parages ou bien
y reviennent à des époques déterminées.

Viennent les froids? les Insectes sont plus rares, les semences moins
faciles à atteindre, à cause du manteau de neige qui recouvre parfois la
terre plus dure aussi à gratter; mille causes rendent difficile la vie à
beaucoup d'Oiseaux qui entreprennent alors le *grand voyage* vers les
pays chauds, comme l'Afrique. — Avec le printemps, la nature se fait plus
riante et plus riche; elle invite au retour la gent ailée qui nous rapporte,
avec ses chants, la vie au milieu des bosquets, des forêts et des bruyères.

On appelle **migrations** des Oiseaux ces voyages périodiques, entrepris
par le Martinet, l'Hirondelle, le Rossignol, le Chardonneret, le Canard et
l'Oie sauvages, la Cigogne, la Bécasse, etc.

Parmi ces espèces : les unes, comme l'Hirondelle, le Rossignol, etc.,
viennent habiter chez nous; les autres, comme la Cigogne, la Grue,
résident plus au nord; nous les voyons seulement passer au printemps
et à l'automne, se dirigeant vers des lieux de prédilection.

Rien n'est plus curieux que d'assister aux conciliabules, aux appels qui
précèdent le départ des Oiseaux voyageant en bandes nombreuses comme
nos Hirondelles, les Pluviers, les Vanneaux, les Grives, les Cailles, etc.

Combien est curieux aussi l'*alignement* des Canards ou des Oies sauvages
en migration! Vous les voyez formant deux bandes disposées en un V dont
le chef de file occupe le sommet de l'angle : dès que le chef de file se sent
fatigué, obligé qu'il est de fendre l'air péniblement, il cède la place à son
plus proche voisin et se rend en arrière pour un certain temps.

Non moins surprenante est la *faculté d'orientation* de ces animaux :
l'Hirondelle qui nous a quittés pour l'hiver, se rendant jusqu'au Sénégal ou
au Soudan parfois, saura retrouver son nid, son berceau, près de notre

fenêtre, l'année suivante. — Le *Pigeon voyageur*, au vol à ce point rapide qu'il atteint la vitesse d'un train express, sait retrouver son pigeonnier lorsqu'on l'entraîne peu à peu à des distances de plus en plus grandes : aussi utilise-t-on, en temps de guerre, les admirables qualités de cet Oiseau pour échanger des dépêches avec les villes assiégées par l'ennemi.

**204.** Nombre de Mammifères, après s'être gavés de nourriture à l'automne, s'endorment pendant la mauvaise saison dans les terriers ou autres abris qu'ils se sont préparés, car ils ne peuvent émigrer comme les Oiseaux : on les appelle **animaux hibernants**. Ils se réveilleront au printemps, considérablement amaigris. Tels sont : l'Écureuil, le Mulot, le Campagnol, le Loir, l'Ours, etc.

[L'Écureuil, entre autres, s'éveille à maintes reprises au cours de la mauvaise saison, va prendre quelque nourriture dans les provisions amassées à l'automne, puis s'endort de nouveau.]

# L'HOMME

[ÉTUDE SPÉCIALE]

## I. — Le squelette et les muscles.

55ᵉ LECTURE                                              [2ᵉ & 3ᵉ COURS]

**205.** *Le squelette est la charpente de notre corps*, vous le savez déjà [117]. Ses diverses parties sont les *os*, en général *articulés* les uns sur les autres et capables de se mouvoir par le jeu des *muscles*.

**206. Quelle est la structure d'un os?** — Pour savoir de quoi un os est formé, examinons la section de celui-ci que m'a donné le boucher, ce que vos Mamans appellent un *os à moelle*.

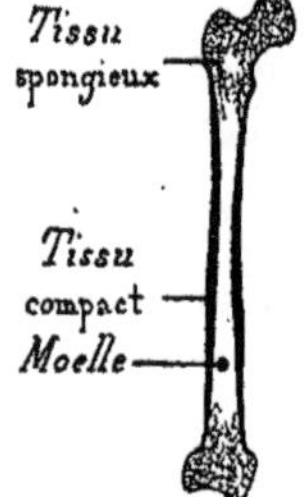


Fig. 193. — Structure d'un os.

A la surface est une membrane fibreuse appelée *périoste;* au-dessous est la *substance osseuse* dure; le centre en est occupé par la *moelle*, matière molle et grasse qui donne un excellent bouillon dans la préparation du pot-au-feu.

La substance osseuse est plus compacte au milieu de l'os qu'à ses extrémités (fig. 193).

**207.** La **composition d'un os** va nous être révélée par les expériences suivantes :

1° Je jette un os dans un feu très vif; il s'en dégage des gaz qui répandent une mauvaise odeur s'ils brûlent incomplétement; le résidu est blanc, composé de *carbonate* et de *phosphate de chaux* [**matière minérale**].

2° Je plonge cet autre os, pendant quelques jours, dans de l'acide chlorhydrique assez peu concentré; il va devenir mou, facile à déformer. C'est que la matière minérale en aura été détruite par l'acide; il subsistera *l'osséine* [**matière organique**].

Cette osséine, longtemps soumise à l'action de l'eau bouillante, devient de la *colle-forte* ou *gélatine*.

*Un os est composé* d'**osséine**, *matière molle imprégnée de* **sels calcaires** *qui lui donnent de la solidité.*

Si les sels .calcaires y sont peu abondants, l'os est fragile et se casse facilement [c'est ce qui a lieu chez nombre d'*enfants rachitiques*]. Aussi vous devez, mes Amis, pendant votre croissance, prendre une nourriture saine et forte, faire beaucoup d'exercice sans exagération, vous tenir droits en marchant, ne pas contourner votre corps de façon bizarre en écrivant : *votre squelette se conforme d'après votre attitude* (fig. 194 et 195). — En suivant mon conseil, vous serez un jour de beaux hommes, solides et vigoureux.

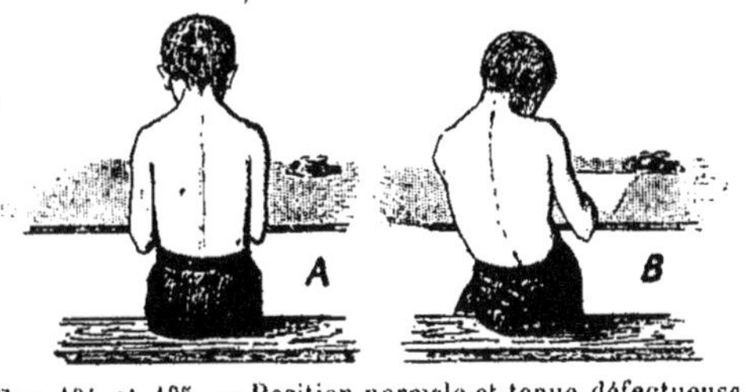


FIG. 194 et 195. — Position normale et tenue défectueuse d'un écolier.

## .208. Les principaux os du squelette.

— Dans le squelette (fig. 103), nous trouvons 3 régions : le *tronc*, la *tête* et les *membres*.

1. Le squelette du **tronc** est composé de la **colonne vertébrale** en arrière, du **sternum** en avant et des **côtes** qui les relient en formant la cage ou *cavité thoracique* (fig. 196).
— La colonne vertébrale est une pile de 33 *vertèbres*.

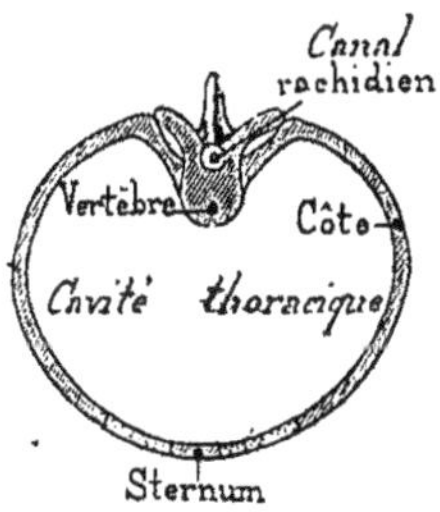

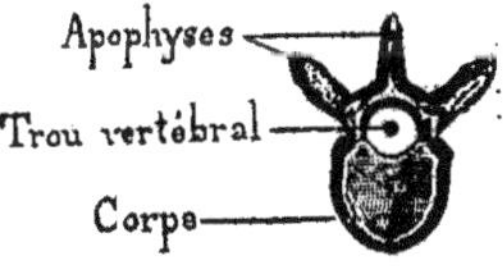


FIG. 196. — Les côtes relient les vertèbres dorsales au sternum.



FIG. 197. — Une vertèbre du dos.

Une vertèbre est un petit os (fig. 197) présentant une partie pleine ou *corps*, prolongée en arrière par un anneau qui limite le *trou* de la vertèbre. — L'ensemble des trous des vertèbres forme le *canal rachidien* dans lequel est logée la moelle épinière, centre nerveux qu'il ne faut pas confondre avec la moelle osseuse [125].

Les vertèbres du dos portent 12 paires de **côtes**; ces arcs osseux sont articulés sur les vertèbres en arrière et reliés au **sternum** par des cartilages.

II. Le squelette de la **tête** comprend le crâne et la **face** (fig. 198).

La boîte cranienne est limitée : par le *frontal* en avant, les 2 *pariétaux* et les 2 *temporaux* en haut et sur les côtés, l'*occipital* en arrière.

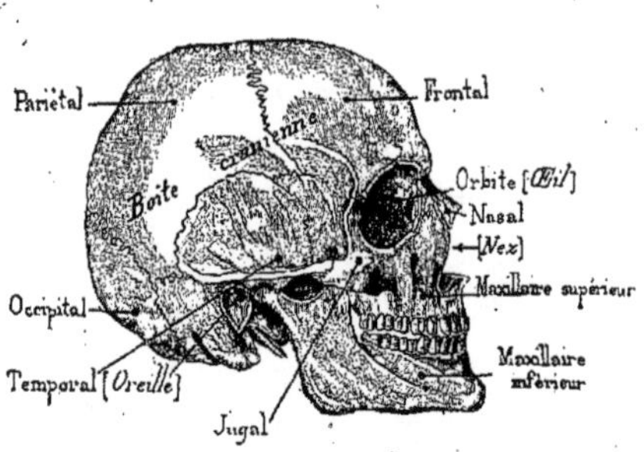


FIG. 198. — Les os de la tête de l'Homme.

L'occipital s'appuie sur la colonne vertébrale; il est percé d'un trou par lequel communiquent le canal rachidien et la cavité du crâne. Les os temporaux abritent les oreilles.

La **face** comprend principalement les 2 os *nasaux* soutenant en haut la paroi du nez, les 2 *jugaux* formant les pommettes, les 2 *maxillaires supérieurs* et le *maxillaire inférieur* qui constituent les mâchoires et portent les dents.

De tous les os de la tête, le maxillaire inférieur seul est mobile sur les os temporaux; il nous permet de mâcher la nourriture.

III. Les **membres** sont pourvus d'un squelette à peu près identique, réparti en 4 régions, comme le montre le tableau suivant :

| MEMBRES SUPÉRIEURS | | MEMBRES INFÉRIEURS | |
|---|---|---|---|
| Épaule. ... | { *Omoplate.*<br>{ *Clavicule.* | Hanche.... | \| *Os iliaque.* |
| Bras....... | \| *Humérus.* | Cuisse.... | \| *Fémur.*<br>*Rotule.* |
| Avant-bras. | { *Radius.*<br>{ *Cubitus.* | Jambe ... | { *Tibia.*<br>{ *Péroné.* |
| Main.. | { *Carpe* ou *Poignet*, 8 os.<br>{ *Métacarpe* ou *Paume*, 5 os.<br>{ *Doigts.* | Pied.. | { *Tarse* ou *Cou-de-pied*, 7 os.<br>{ *Métatarse* ou *Plante*, 5 os.<br>{ *Orteils.* |

Les 4 régions du **membre supérieur** sont donc (fig. 103) :
— l'**épaule** formée : de l'*omoplate* reposant sur les côtes en
arrière, de la *clavicule* appuyée sur le sternum en avant ; —
le **bras** avec un os, l'*humérus ;* — l'**avant-bras** avec 2 os : le
*cubitus* dont l'extrémité supérieure forme le coude, le *radius*
qui soutient la main ; — la **main** composée du *carpe* ou poignet,
du *métacarpe* ou paume et des 5 *doigts*.

Les 4 régions du **membre inférieur** sont : — la **hanche** formée
de l'*os iliaque ;* — la **cuisse** avec le fémur, le plus grand os du
corps ; — la **jambe** comprenant le *tibia* très solide et le *péroné*
qui le renforce en dehors ; — le **pied** composé du *tarse* ou cou-
de-pied, du *métatarse* ou plante du pied et des *orteils*.

Les os des hanches sont soudés entre eux et à la *région sacrée* de la
colonne vertébrale, de manière à réaliser une ceinture osseuse appelée
**bassin**. Cette ceinture doit être solide, car elle supporte le poids du corps
presque entier et sert à l'articulation des membres inférieurs.

Entre le fémur et le tibia se trouve la *rotule*, petit os qui forme le genou ;
cet os s'oppose à la flexion de la jambe sur la cuisse en avant.

**209. Les articulations.** — Tandis que les os du crâne,
dentelés sur les bords, s'engrènent pour former une boîte
solide, les autres os sont terminés par des surfaces plus ou
moins arrondies qui leur permettent de jouer les uns sur les
autres et d'effectuer des mouvements.

Les surfaces d'articulation sont pourvues de *cartilages* d'aspect nacré
(fig. 199), faciles à voir quand on sépare l'os du gigot de son manche. — Une
*capsule* fibreuse, avec des *ligaments*, entoure et protège l'articulation ; elle
est remplie de *synovie*, liquide qui facilite le glissement des surfaces articulaires, au même titre que le cambouis diminue le frottement d'une roue sur
son essieu.

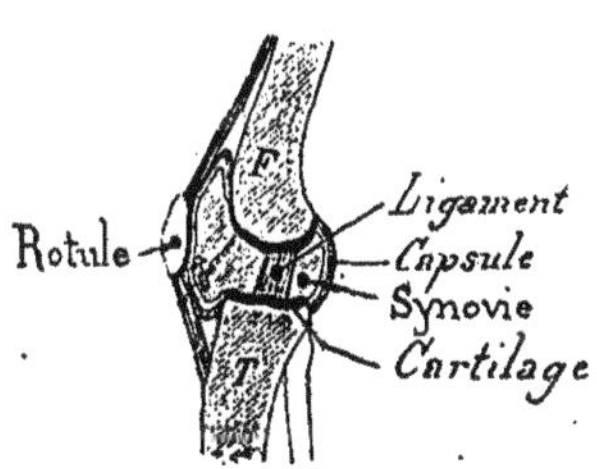


FIG. 199. — L'articulation du genou.

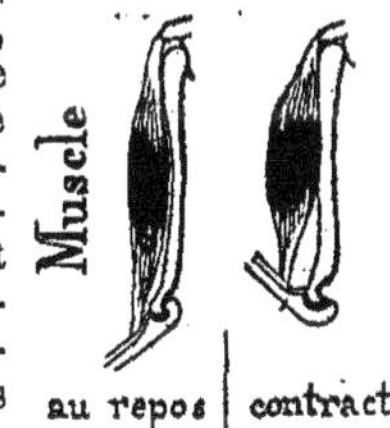


FIG. 200. — Déformations
d'un muscle.

**210. Les muscles.** — Vous savez déjà, mes Enfants, qu'un
**muscle** est généralement formé d'un *ventre* en son milieu et
de 2 *tendons* aux extrémités (fig. 200) ; ces derniers sont reliés
au périoste des os.

*Ces muscles sont rouges* [c'est la chair que nous mangeons] ; *ils se contractent sous l'influence de notre volonté :* ainsi *je veux* étendre le bras, fléchir la jambe droite sur la cuisse, poser le pied droit sur le sol, etc. ; *je le fais* immédiatement.

*Certains muscles sont blancs* et constitués un peu différemment, dans la paroi du tube digestif ; *ils n'obéissent pas à notre volonté :* ainsi l'intestin effectue des mouvements que nous ne pouvons empêcher. [Lorsque votre Maman tuera un Lapin et lui ouvrira le ventre, vous verrez ces mouvements de l'intestin découvert, chez l'animal mort cependant].

**211. Remarques sur quelques accidents et les soins qu'ils nécessitent.** — Un enfant se tourne le pied en courant et ne peut plus le poser à terre ; le cou-de-pied enfle rapidement et prend une teinte violette au bout de 1 ou 2 jours : c'est là une **entorse**, due à ce que les ligaments sont rompus au niveau des os du tarse ; un épanchement de sang s'est produit dans la région blessée. Dans ce cas, entourez le cou-de-pied avec un linge mouillé d'eau froide, légèrement maintenu par une bande de toile ; tous les jours, on *masse* une fois la partie malade avec précaution ; le blessé gardera le repos absolu jusqu'à la disparition totale de l'enflure.

Dans l'entorse, les surfaces articulaires ne se sont pas disjointes ; dans le **déboîtement**, elles sont déplacées et les mouvements de l'articulation ne sont plus possibles ; l'accident est plus grave et nécessite l'intervention immédiate du médecin, comme la **cassure** d'un os.

Une personne se casse le bras ou la jambe par une chute malheureuse. — Dans le cas du bras, il faut soutenir de suite la *partie fracturée* par une large écharpe. — Dans le cas de la jambe, on étend le blessé sur un brancard (plutôt que sur un matelas) et on le transporte chez lui, en évitant que le membre cassé fasse le moindre mouvement jusqu'à l'arrivée du docteur qui prescrira les soins nécessaires.

## II. — Les organes des sens.

**56ᵉ LECTURE**        **[2ᵉ & 3ᵉ COURS]**

**212.** Je suppose, mes Enfants, qu'un objet vienne à tomber à peu de distance : vous l'avez *entendu* tomber ; vous l'*apercevez ;* comme vous êtes très curieux, vous vous approchez et vous *touchez* l'objet ; peut-être dégage-t-il une *odeur ?* a-t-il un certain *goût ?* pour le savoir, vous y appliquez votre langue.

Vous avez pu éprouver ainsi *cinq* sortes d'*impressions* en exerçant *cinq organes des sens* différents :

l'impression du **toucher** dont l'organe est la **peau** ;

celle du **goût** dont l'organe est la **langue** ;

celle de l'**odorat**         —      le **nez** ;

celle de l'**ouïe**           —      l'**oreille** ;

enfin celle de la **vue**      —      l'**œil.**

Disons quelques mots seulement de ces organes.

**213. La peau est l'organe du toucher.** — La peau recouvre tout notre corps. Elle se compose : de l'**épiderme** à l'extérieur, du **derme** en dedans. — Poils et ongles y sont implantés.

Dans son épaisseur se trouvent : des *glandes* qui sécrètent la sueur, des *vaisseaux sanguins* qui la nourrissent, des *nerfs* qui conduisent à nos centres nerveux les impressions qu'elle reçoit.

C'est par la peau, surtout par celle du bout des doigts dont la sensibilité est exquise, que nous apprécions si un objet est poli ou rugueux, chaud ou froid, lourd ou léger.

**214. La langue est l'organe du goût.** — La langue est une masse de chair mobile dans la bouche (fig. 201).

A sa surface, vous apercevez une foule de saillies appelées **papilles** ; dans ces papilles aboutissent les **nerfs gustatifs** chargés de porter à notre cerveau les impressions du **goût** ou de la saveur des objets.

FIG. 201.
La langue.

Un objet a une saveur s'il se dissout dans la salive ; une bille de verre appliquée sur la *langue humide* n'a pour nous aucun goût ; il n'en est pas de même d'un morceau de sucre ou d'un grain de sel ; à peine déposés sur la langue mouillée, ces corps, dissous dans la salive, nous font éprouver leur saveur spéciale.

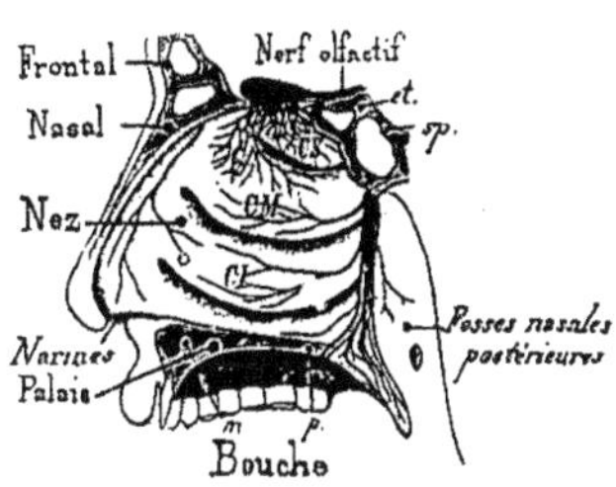


FIG. 202. — Une cavité du nez.

**215. Le nez est l'organe de l'odorat.** — Notre nez comprend 2 cavités de la face (fig. 202), séparées de la bouche par la voûte du palais. Ces cavités s'ouvrent à l'extérieur par les *narines*, et dans le pharynx en arrière ; elles sont tapissées par la **muqueuse pituitaire.**

Cette membrane renferme : des *glandes* et des *vaisseaux sanguins* abondants qui la maintiennent humide et chaude ; les ramifications des **nerfs olfactifs**, chargés d'emporter au cerveau l'impression des odeurs agréables (celle de la violette) ou des odeurs détestables (celle du chlore).

L'air inspiré par le nez s'y échauffe avant d'entrer dans les poumons ; il dépose en même temps sur la muqueuse pituitaire les particules odorantes en suspension dans l'air ; ces particules se dissolvent dans le liquide pituitaire et impressionnent les nerfs olfactifs.

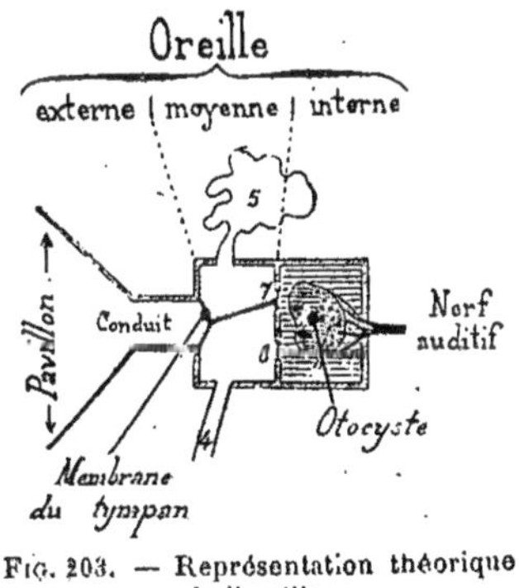

**216. L'oreille est l'organe de l'ouïe.** — Elle est en partie abritée par l'os temporal et comprend trois régions (fig. 203) :



FIG. 203. — Représentation théorique de l'oreille.

L'oreille **externe**, seule visible, recueille les *vibrations* de l'air, au moyen du *pavillon* et du *conduit* qui les porte jusqu'à la *membrane du tympan*.

L'oreille **moyenne** ou **caisse du tympan** augmente la force de ces vibrations, grâce à une *chaîne de petits os* qui relie la membrane du tympan à une autre membrane [7], baignée par le liquide de l'oreille interne.

L'oreille **interne** a une forme très compliquée; elle est remplie d'un liquide dans lequel nage un *otocyste*, sac également plein d'un autre liquide.

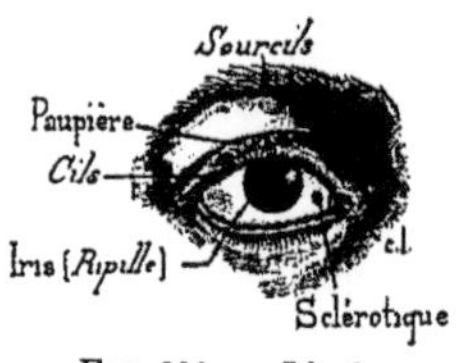


Fig. 204. — L'œil.

A la surface de l'otocyste se ramifie le **nerf auditif.**

Quand l'air est agité sous l'influence d'un son, ses vibrations parviennent à la membrane du tympan puis, par la chaîne des osselets, à la 2° membrane contre laquelle elle se termine; les liquides de l'oreille interne vibrent eux-mêmes et impressionnent d'une manière particulière le nerf auditif; celui-ci conduit au cerveau ces impressions.

**217. L'œil est l'organe de la vue.** — L'œil a la forme d'une sphère; sa grande délicatesse exige qu'il soit protégé : cette protection est assurée par la cavité osseuse de la face appelée *orbite*, et par les *paupières* en avant (fig. 204).

Les paupières sont des replis de la peau pourvus de *cils* sur leurs bords, tapissés en dedans par une délicate *membrane conjonctive* constamment humectée par les larmes. — Pendant notre sommeil, ou bien quand le vent soulève des poussières sur le chemin, nous fermons les paupières pour préserver la conjonctive.

L'œil lui-même est formé de 3 **membranes** et de **milieux transparents**.

La membrane extérieure blanche et résistante que vous apercevez, c'est la *sclérotique;* en dedans est la *choroïdè* noire; plus en dedans est la *rétine* fort importante, qui résulte de l'épanouis-

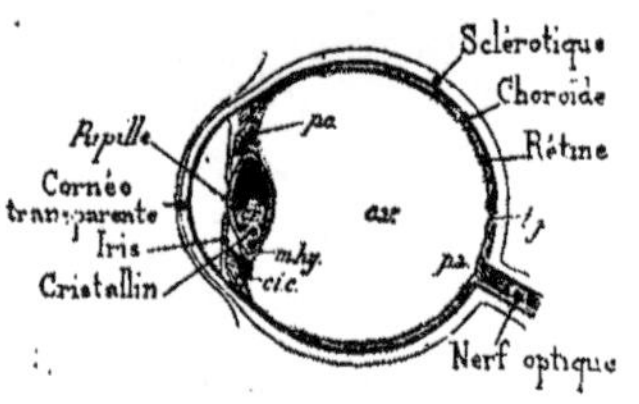


Fig. 205. — Une coupe de l'œil.

sement du **nerf optique.** — Vous apercevez, en avant de l'œil, une membrane bombée, transparente comme du verre: c'est la *cornée*. En arrière, voyez l'*iris*, brun ou bleu suivant la couleur des yeux, avec un trou au milieu qu'on appelle la *pupille*. Au delà de la pupille est le *cristallin*, sorte de lentille reposant sur une dernière substance transparente.

La lumière pénètre dans l'œil par la pupille; concentrée par le cristallin sur la rétine, elle y forme des images comme celles que vous avez peut-être vues dans un appareil à photographie. La rétine est impressionnée par ces images que le cerveau perçoit, grâce au nerf optique.

**218. Conseils relatifs à l'entretien des organes des sens.**

La peau. — *La propreté de la peau est une condition essentielle à notre bonne santé;* aussi devons-nous prendre souvent des *bains* (dans les pays chauds, on se baigne au moins une fois par jour). — Le visage, les mains et les pieds, plus exposés à se salir, doivent être bien lavés tous les jours.

La tête exige aussi des soins minutieux : les cheveux sont, en effet, des magasins à poussière. Si vous les couvrez d'une casquette ou d'un chapeau malpropres, vous risquez de contracter la *teigne*, maladie qui m'obligerait à vous éloigner de l'école pendant plusieurs semaines.

**La bouche.** — Évitez, mes Enfants, les fortes épices dans les aliments ; gardez-vous aussi de fumer : *le tabac est un poison*, surtout quand on en abuse ; il rabougrit le corps.

**Le nez.** — Vous vous rappelez que la *membrane pituitaire* est délicate et renferme beaucoup de vaisseaux sanguins ; si vous vous mouchez trop fort, si vous introduisez vos doigts ou un corps étranger dans votre nez, vous risquez de déchirer la muqueuse et de provoquer des *saignements de nez.*

Dans ce cas, le sang se coagule généralement à la sortie et arrête l'hémorragie ; mais si l'écoulement se prolonge, on l'arrête en aspirant de l'eau froide par les narines et en mettant une compresse d'eau froide sur le front.

**L'oreille.** — Il faut vous nettoyer les oreilles avec le plus grand soin ; sinon la matière jaune, sécrétée par le conduit de l'oreille, durcit en s'accumulant sur la membrane du tympan et l'empêche de vibrer : vous devenez à moitié sourds. Évitez aussi d'introduire dans le conduit de l'oreille des grains de sable, des bouts d'allumettes, la pointe d'un couteau, que sais-je ? les enfants ont de si bizarres idées parfois !

**L'œil.** — Le bord des paupières est toujours imprégné d'une matière grasse qui forme la *chassie* en s'y accumulant, surtout quand la membrane conjonctive est enflammée ; pour cette raison, les yeux doivent être lavés souvent et avec de l'eau bien propre.

Si vos yeux suppurent, faites venir de suite le médecin et évitez de vous frotter avec vos camarades à qui vous communiqueriez la maladie.

Les yeux nous sont indispensables ; que la triste vie que celle des aveugles ! Ayez compassion de ces malheureux, mes Enfants, et, s'il y a lieu, soulagez leur infortune.

Fig. 205. — La «sœur» (la myope) regarde de très près son ouvrage de couture.

Fig. 206. — Le bon grand-père est presbyte.

Une personne a de *bons yeux* quand elle reconnaît les gens à grande distance ; elle ne peut lire dans un livre trop approché de son nez. — Un *myope* est celui qui ne voit nettement que les objets peu éloignés, quand il lit dans un livre son nez y porte presque (fig. 205) ; la myopie se corrige par l'emploi de *lunettes* convenables dont les verres sont plus minces au milieu que sur les bords. — Votre grand-père avait de bons yeux autrefois; il reconnaît bien encore de loin ses amis; mais s'il veut lire son journal, il le tient à bras tendus; le bon grand-père est *presbyte* (fig. 207); il se sert de lunettes dont les verres sont plus épais au milieu que sur les bords.

## III. — Le système nerveux.

**57ᵉ LECTURE**  [2ᵉ & 3ᵉ COURS]

**219.** Vous savez déjà, mes Amis, de quelle importance est le *système nerveux* qui règle tous les actes de notre vie [125].

Ce système comprend deux *centres nerveux* : l'encéphale et la moelle épinière, enveloppés de membranes protectrices appelées *méninges*. Les centres nerveux sont reliés par les nerfs aux diverses régions de notre corps (fig. 110).

**L'encéphale ou cerveau.** — Il est logé dans la boîte cranienne (ce que signifie son nom).

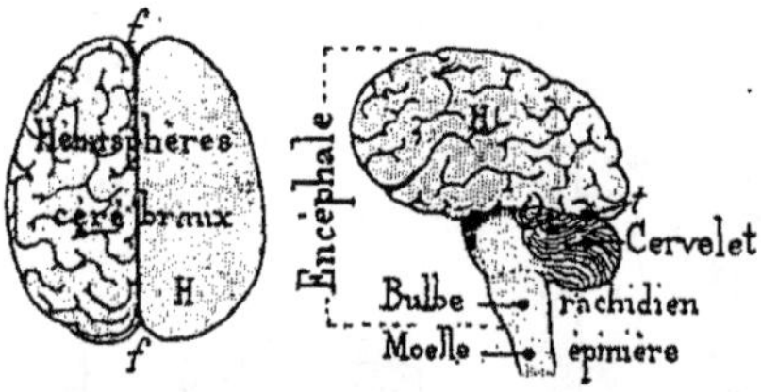

Les principales parties qu'on en voit de l'extérieur sont :

1° les *hémisphères cérébraux* très volumineux;

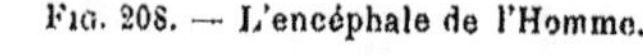


FIG. 208. — L'encéphale de l'Homme.

3° le *cervelet* situé en arrière et au-dessous des hémisphères;

3° le *bulbe rachidien*, cordon blanc long de 2 centimètres, qui relie l'encéphale à la moelle épinière (fig. 208).

La surface des hémisphères et du cervelet présente de nombreux replis.

**La moelle épinière.** — Elle est logée dans le canal rachidien formé par la colonne vertébrale ; c'est un cordon gros comme le doigt, ramifié à sa partie inférieure appelée *queue de cheval* pour cette raison (fig. 110).

**Les nerfs.** — 12 paires de *nerfs craniens* se détachent de la base de l'encéphale et se rendent surtout aux organes de la tête (nerfs : olfactif, optique, auditif, facial, etc.). — Le cœur, les poumons et l'estomac sont innervés par les nerfs pneumogastriques qui naissent aussi de l'encéphale.

31 paires de *nerfs rachidiens* se détachent des côtés de la

·moelle épinière et se ramifient dans le tronc et les membres.

**220. Actes réflexes.** — Les nerfs mettent en relation les centres nerveux avec les organes; quand un centre nerveux reçoit une **impression**, il la travaille et la transforme : soit en un **ordre** de *mouvement* exécuté par des muscles, soit en un ordre de *sécrétion* accompli par des glandes : c'est là un *acte réflexe*.

*Exemples.* — 1° Vous pénétrez dans une salle où s'est dégagé du chlore en abondance; vite *vous sortez de la salle;* pourquoi? Vos nerfs olfactifs ont transmis l'impression de l'odeur détestable à l'encéphale; celui-ci a ordonné d'agir aux muscles de vos membres inférieurs, pour vous permettre de sortir.

2° Vous apercevez un fruit succulent; *l'eau vous en vient à la bouche;* que s'est-il passé?

Vos nerfs optiques ont transmis à l'encéphale l'impression de la vue du fruit convoité; celui-ci a ordonné aux glandes salivaires de verser dans la bouche la salive nécessaire pour goûter le fruit.

Hélas! qui sait si vous n'aurez pas eu l'eau à la bouche en pure perte, le fruit étant trop éloigné! rien ne sert d'être gourmand.....

**221.** Si vous vous coupez un nerf par accident, toute la partie du corps dans laquelle il se ramifie sera *paralysée,* parce qu'elle ne communique plus avec les centres nerveux.

Si vous fumez à l'excès, si vous buvez de l'alcool, de l'absinthe, ces liqueurs funestes à la santé, *vous portez atteinte à votre cerveau qui devient incapable de vous diriger.* — *Combien est méprisable l'homme qui s'enivre* et ne peut plus se tenir dans la rue! Cet homme indigne, *cet ivrogne se tue lentement;* peut-être deviendra-t-il un jour *fou* ou *criminel?* Nous en reparlerons [**241**].

# IV. — Nos aliments.

58° LECTURE                                  [2° & 3° COURS]

**222.** Mes Amis, vous éprouvez tous les jours le besoin de prendre de la *nourriture,* des *aliments.*

Nous disons d'une personne qui n'a pas mangé depuis longtemps : *elle* **meurt** *de* **faim**.

Pour se nourrir comme il convient, l'Homme doit *manger régulièrement,* prendre des *aliments convenables* en *quantité suffisante.*

Aussi, toutes proportions gardées, l'Enfant *qui grandit* a besoin de plus de nourriture que l'Homme adulte dont la croissance est terminée ; les jours de travail, celui-ci doit manger davantage que les jours de repos.

On appelle **ration** la quantité d'aliments qui nous est nécessaire chaque jour, pour réparer nos pertes de toute nature.

**223. Comment devons-nous composer notre ration alimentaire ?** — Il faut, avant tout, connaître la nature et l'importance de nos pertes, soit pour l'adulte en 24 heures :

20 grammes d'azote, 300 grammes de charbon, 30 grammes de sel et 2 000 grammes d'eau.

Cela semble vous étonner? Vous savez cependant que votre sueur est surtout de l'*eau salée ;* il vous en coule bien quelques gouttes dans la bouche quand vous avez très chaud. C'est surtout le *charbon* qui vous surprend dans nos pertes? or vous n'ignorez pas que nous perdons du gaz *carbonique* par la respiration, qui n'est autre chose qu'une *combustion* de nos organes. — Nos pertes en *azote* sont dues à un phénomène du même genre.

Nos aliments doivent donc renfermer de l'*azote*, du *carbone*, de l'*hydrogène* et de l'*oxygène* (ces derniers gaz existent dans l'eau [54]).

A part l'*eau* et le *sel marin* [aliments minéraux], nous tirons notre nourriture des plantes et des animaux [aliments organiques].

Les **aliments organiques** sont : des *matières azotées* comme le blanc d'œuf, le fromage blanc, le gluten du blé, la légumine des pois et des haricots ; — des *matières féculentes* comme l'amidon du blé, la fécule de la pomme de terre ; des *sucres* fournis par la betterave et les fruits ; — enfin des *matières grasses* comme la graisse, l'huile et le beurre.

Ces divers aliments composent ainsi la ration du soldat français :

| Matières azotées | 124 gr. | | | |
|---|---|---|---|---|
| — féculentes | 430 gr. | contenues | ( | 1 000 gr. de pain, |
| — grasses | 55 gr. | ensemble dans | ( | 300 gr. de viande non désossée, |
| | | | ( | 130 gr. de légumes. |

Le pain, par exemple, renferme une matière féculente (*amidon*) et une matière azotée (*gluten*).

Pour vous le prouver, je pétris, sous un filet d'eau et au-dessus d'une terrine, *T* (fig. 209), cette boule de pâte de farine, *P*, que j'ai préparée d'avance ; voyez l'eau blanche qui s'en écoule : il ne me restera bientôt qu'une matière gluante grise et collant aux doigts : c'est le *gluten*.

Au fond de l'eau abandonnée au repos dans la terrine, nous trouverons tout à l'heure de l'*amidon* analogue à celui que vos Mamans emploient pour repasser le linge. — Or le pain est fait avec de la farine ; il est donc composé de la même manière.

Faites griller du pain ; il noircit à la surface en perdant de l'eau que vous voyez se dégager à l'état de vapeur ; si vous le laissez trop longtemps au feu, il brûle, dégage du gaz carbonique et donne des cendres. — *Le pain renferme donc du charbon, de l'oxygène, de l'hydrogène, des sels minéraux.*

Nous mangeons tout cela sans nous en douter [1].

*Aucun aliment unique ne répond, par sa composition, aux exigences de notre ration*, sauf le lait et l'œuf qui sont

---

1. Je vous parlerai des **boissons** et de l'**alcoolisme** dans une lecture spéciale (la 63ᵉ).

des **aliments complets** pour l'enfant et le jeune animal.

Il faut combiner, comme il convient, les aliments propres à nous restaurer (ainsi qu'on l'a fait d'ailleurs pour le soldat)[1].

**224. La valeur nutritive et la digestibilité des aliments.** — Les aliments sont *plus ou moins nourrissants* et *plus ou moins faciles à digérer ;* je crois utile de vous donner quelques indications à ce sujet.

*Aliments tirés des animaux.* — Le *lait* et les *œufs* sont des aliments parfaits.

Les *viandes de boucherie* (Bœuf, Veau, Mouton, Porc) ont à peu près la même valeur nutritive [elles renferment environ 17 p. 100 de matières azotées et 2 à 3 p. 100 de graisses] ; les viandes de Chevreuil, de Cheval et des gibiers, dont le sang n'a pas été retiré, sont un peu plus riches, mais de digestion moins facile.

La *chair des Oiseaux* contient environ 20 p. 100 de matières azotées ; mais si les viandes noires (Canard, Pintade, gibier à plumes) sont plus nourrissantes, elles sont aussi plus lourdes que les viandes blanches (Poulet, Dindon, etc.).

Fig. 209. — La farine est composée de *gluten* et d'*amidon*.

Les *Poissons* à chair grasse (Anguille) ou à chair jaune (Saumon) sont plus difficiles à digérer que les poissons à chair blanche (Sole, Turbot, Merlan).

L'Écrevisse, le Homard sont indigestes ; l'Huître, la Moule sont plus légers que l'Escargot.

*Aliments tirés des végétaux.* — Ils se rapprochent beaucoup de l'aliment complet, mais ils renferment trop peu de matières azotées.

On y range : les *céréales* qui nous fournissent le pain, les *légumes*, les *fruits*.

Dans le *pain*, la croûte est meilleure que la mie, parce qu'elle est plus riche et que la cuisson lui a fait subir un commencement de digestion.

Parmi les *légumes*, les féculents (Haricots, Pois, Lentilles, etc.) sont précieux et légers, à condition qu'on en supprime l'enveloppe indigeste.

Les légumes herbacés, tels que le Chou et l'Asperge, nécessitent une cuisson complète avant d'être mangés.

Quant aux *fruits*, ils sont nourrissants par leurs sucres et leurs sels minéraux.

Les matières grasses, quelle que soit leur provenance, sont toujours pénibles à digérer.

---

1. Des considérations de même nature sont évidemment applicables à l'alimentation des animaux.

**225 Stérilisation et conservation des aliments.** — La préparation de la nourriture a pour but de *lui donner une parfaite appétité* qui en facilite la digestion, et permet aussi de *tuer les parasites* qui peuvent s'y trouver et nous la rendraient dangereuse.

Je vous ai parlé déjà du *Ténia* et de la *Trichine*, trouvés parfois dans la viande du Porc (133); rappelez-vous ma recommandation de manger cette viande bien cuite.

Il existe parfois aussi dans nos aliments des **Microbes**, êtres excessivement petits, visibles seulement au microscope (fig. 210). Quelques-uns sont capables de nous donner de graves maladies : la *tuberculose*, la *fièvre typhoïde*, le *choléra* (246) ; d'autres se développent dans les matières alimentaires et les font fermenter ou pourrir.

Tuer les parasites dans les aliments, c'est pratiquer la **stérilisation** ; s'opposer au développement des parasites dans les aliments, c'est en assurer la **conservation**.

*La stérilisation.* — Vous savez déjà, mes Enfants, comment on stérilise l'eau par filtration ou mieux par double ébullition (45 et 56).

Les viandes sont stérilisées par la cuisson : complètement dans les viandes bouillies et les rôties, incomplètement dans les viandes rôties qui ne sont cuites qu'à la surface.

Combien de *Vaches* sont *tuberculeuses* sans que nous en doutions ! mais le vétérinaire a un moyen commode pour reconnaître la maladie sur le bétail vivant ; on devrait donc soumettre les bêtes à cette épreuve avant de les livrer à la boucherie.

Le *lait* peut provenir de Vaches tuberculeuses, aussi, pour plus de sûreté, conviendrait-il de ne le boire qu'après l'avoir fait bouillir.

Fig. 210. — Les Microbes ne sont visibles qu'au microscope.

A la surface des *fruits* et des *légumes*, il y a toujours de la poussière et des microbes ; légumes et fruits consommés crus doivent être lavés à grande eau pure. En temps d'épidémie surtout, il faut les faire cuire !

*La conservation des aliments.* — Elle est assurée par de nombreux procédés. Le meilleur est le procédé *Appert* basé sur ceci :

1° Enfermer les *conserves alimentaires* dans une boîte bien close, pour y empêcher l'accès des microbes et de l'air ; 2° tuer tous les microbes préexistants, en chauffant la boîte à 120°.

On emploie quelquefois un procédé opposé, la *congélation* : on maintient la viande à — 18°.

Parfois on *sale* les viandes avec beaucoup de sel marin, additionné d'un peu de sel de nitre qui conserve à la viande son aspect (bœuf, porc, morue) ; — on les *fume* (jambon, hareng, divers poissons) ; — on les enveloppe de graisse fondue (porc, oie) ou d'*huile* (sardine, anchois).

# V. — La digestion.



**226.** Les aliments, introduits dans notre bouche, parcourent un trajet d'environ 10 mètres dans le *tube digestif.* — Ils y subissent des modifications diverses de la part de *sucs diges-*

*tifs* sécrétés par des **glandes** ; ils deviennent alors liquides et peuvent être recueillis par le sang :

c'est en cela que consiste la **digestion**.

Le tube digestif (fig. 106) comprend : la *bouche*, le *pharynx*, l'*œsophage*, l'*estomac* et l'*intestin*, terminé par un orifice appelé l'*anus*.

A quoi servent toutes ces régions ? C'est ce que nous allons voir.

**227. La bouche.** — La bouche est une cavité limitée par les lèvres, les joues, le palais et la langue.

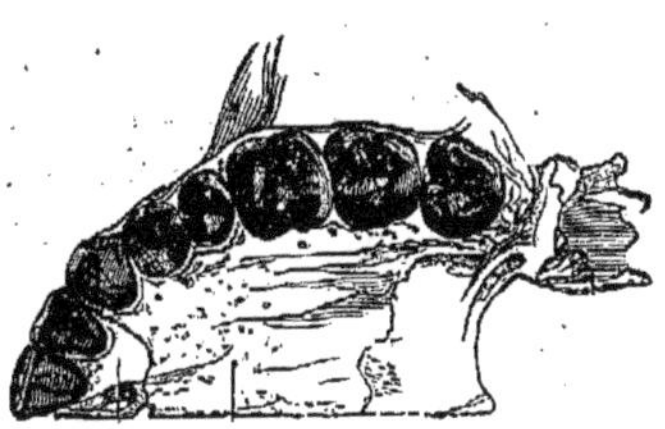

Fig. 211. — Une moitié de notre mâchoire supérieure.

Elle contient les **dents**, portées par les mâchoires (fig. 211).

A l'aide des dents, nous coupons, nous broyons les aliments solides.

Chacune de nos dents (fig. 212) se compose : d'une *couronne* extérieure à la gencive et d'une *racine* enfoncée dans la mâchoire. Mais toutes nos dents ne se ressemblent pas :

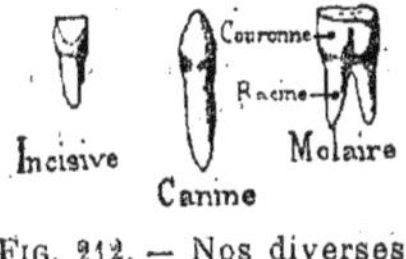

Fig. 212. — Nos diverses sortes de dents.

En avant, nos dents sont petites et à couronne *coupante* : ce sont les incisives (au nombre de 8, 4 en haut et 4 en bas) ; puis vous apercevez, de chaque côté, 1 dent à couronne pointue servant à *déchirer* la viande, comme le font les crocs du Chien : c'est une canine (nous en avons 4 en tout) ; — en arrière sont des dents à couronne aplatie faite pour *broyer* la nourriture, comme le font les meules du moulin : ce sont les **molaires** (au nombre de 20 en tout).

L'Homme adulte possède donc 32 dents.

Quand vous étiez petits, vous aviez 20 dents bien fragiles, appelées *dents de lait* ; elles tombent les unes après les autres, chassées par les dents de remplacement.

Il faut bien soigner vos dents, les maintenir propres, car des microbes se logent dans le tartre des dents et rongent peu à peu celles-ci. Ne frottez pas vos dents surtout avec une lame de couteau, afin d'éviter qu'elles se gâtent ; elles tomberaient définitivement cette fois.

Nous digérons d'autant mieux les aliments qu'ils sont mieux broyés.

A mesure que la nourriture est mâchée par les dents, elle est humectée de salive, liquide versé dans la bouche par des glandes salivaires.

Non seulement la salive nous permet de rouler les aliments en boule pour les mieux avaler, mais *elle transforme les féculents en sucre* capable de se dissoudre dans l'eau.

**228. Le pharynx, l'œsophage, l'estomac.** — Les aliments, ainsi préparés dans la bouche, glissent rapidement dans le **pharynx** (fig. 106) en évitant : d'une part, les fosses nasales postérieures (par lesquelles ils remonteraient dans le nez) ; d'autre part, la trachée-artère (d'où ils sont expulsés par une toux violente, lorsque nous avalons de travers).

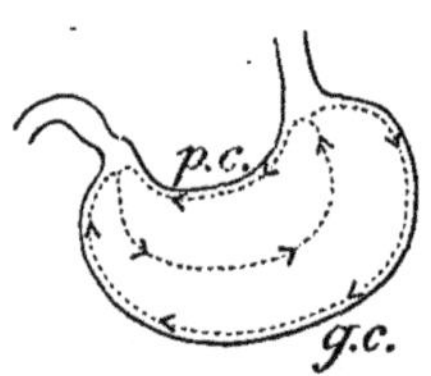

Fig. 213. — Les aliments sont brassés dans l'estomac et imprégnés de suc gastrique.

Les aliments descendent le long de l'œsophage dans la cage thoracique ; ils parviennent à l'**estomac** situé sous le muscle diaphragme, dans la cavité abdominale.

L'**estomac** est une poche musculaire où les aliments séjournent un temps variable suivant leur nature ; ils y sont brassés (fig. 213) et imprégnés de suc gastrique produit par les glandes du même nom.

*Le suc gastrique transforme les aliments azotés en peptones* solubles dans l'eau.

**229. L'intestin.** — C'est un tube se composant en réalité de 2 parties : l'**instestin grêle** et le **gros intestin.**

L'intestin grêle est le plus étroit et le plus long (fig. 105 et 106). Sa paroi contient des glandes intestinales qui produisent le suc intestinal ; en même temps, 2 glandes fort importantes, le pancréas et le foie, y versent aussi leurs produits de sécrétion : le suc pancréatique et la bile.

Ces sucs digestifs achèvent de transformer tous les aliments en substances dissoutes dans l'eau ; ces substances sont absorbées, à travers la paroi de l'intestin, par le sang qui y est amené par de nombreux vaisseaux.

Les déchets de la digestion sont rejetés par l'anus.

Rappelez-vous, mes Enfants, que l'exercice musculaire *non exagéré* est excellent après le repas et qu'il facilite la digestion : voilà pourquoi je tiens à ce que vous jouiez pendant la récréation de midi.

Un proverbe dit qu' « *il faut manger pour vivre, et non vivre pour manger* ». La gourmandise est un défaut commun chez les enfants, dont ils sont gravement punis parfois; ne mangez ni trop ni gloutonnement, sous peine de vous exposer aux *indigestions*.

## VI. — L'air et la respiration.



**230. L'air.** — Respirer, *c'est prendre dans l'air* l'**oxygène** qui nous est nécessaire *et y rejeter le* **gaz carbonique** qui nous est nuisible. Nous rejetons aussi *de la* **vapeur d'eau.**

Quand il fait bien froid, vous voyez un brouillard s'échapper de votre nez ou de votre bouche quand vous en expirez l'air; ce brouillard est dû à la condensation de la vapeur d'eau qui s'y trouve. — Vous vous rappelez que le gaz carbonique trouble l'eau de chaux [68].

Or je souffle avec ce tube de verre dans l'eau de chaux, elle devient blanche (fig. 214) : l'air que nous rejetons renferme donc du gaz carbonique. — Quant à

Fig. 214. — L'air rejeté de nos poumons trouble l'eau de chaux.

l'oxygène, sa nécessité est évidente; si nous pouvions pénétrer dans un endroit qui n'en renferme pas, nous serions frappés de mort instantanément : une personne qui se noie meurt *asphyxiée*, parce qu'elle n'a pas assez d'oxygène à respirer dans l'eau.

**231.** *Nous devons respirer un* **air pur** *et* en **quantité suffisante.**

L'air pur, *vous le trouvez à la campagne,* loin des grandes villes où les poussières et les fumées des usines et des foyers, les émanations diverses, le troublent au plus haut point.

En pleine campagne, l'air est toujours *renouvelé* et vous réconforte; en ville, il l'est beaucoup moins et vous affaiblit : c'est pourquoi l'habitant des villes est heureux de saisir toute occasion d'aller passer quelque temps au bon grand air des champs.

Le séjour d'une personne dans un logement trop étroit (cas fréquent dans les villes), la réunion de nombreuses personnes dans une salle même spacieuse (comme la salle d'école) ont vite fait d'en altérer l'air : cet air s'appauvrit en oxygène, s'enrichit en gaz carbonique et en autres principes dangereux (*leucomaïnes*).

Ces *leucomaïnes*, dégagées par nos poumons et par la peau, sont à tel point redoutables que leur injection à la dose de quelques centigrammes, sous la peau d'un animal, suffit à le tuer en peu d'instants.

La **ventilation** des appartements de toute nature s'impose : dans l'école, les vasistas sont ouverts pendant votre travail et les fenêtres, lors de vos récréations. — Chez vous, mes Enfants, veillez de même à ce que portes et fenêtres ouvertes vous apportent l'air pur en quantité suffisante. — L'ouvrier des villes, condamné par ses faibles ressources à habiter une chambrette (parfois impossible à ventiler), s'y sent mal à l'aise, pâlit, devient anémique, perd ses forces.

Combien de malheureux ouvriers contractent ainsi la *tuberculose* (terrible maladie qui fait tant de victimes autour de nous) [246], qui eussent vécu en parfaite santé s'ils étaient restés à la campagne, à y travailler comme leurs parents !

Rappelez-vous toutefois que si le manque d'air cause souvent la tuberculose, l'un des meilleurs moyens de combattre cette maladie consiste à respirer l'*air pur* de la campagne.

Nous avons vu déjà comment le chauffage des appartements en assure la ventilation [72].

**232. L'appareil respiratoire.** — Cet appareil comprend un ensemble de canaux où circule l'air qui nous est nécessaire ; ces canaux, en partie logés dans nos *poumons*, forment l'*arbre pulmonaire* (fig. 107).

Le tronc de cet arbre, appelé *trachée-artère*, forme deux *bronches* elles-mêmes divisées en *bronchioles* très nombreuses ; les bronchioles se terminent par de petits sacs appelés *alvéoles pulmonaires*. — C'est au niveau des alvéoles que se produisent les **échanges gazeux** *entre l'air* qui y a pénétré *et le sang* qui en baigne la surface (fig. 215).

La trachée-artère s'ouvre dans le pharynx en haut, descend le long du cou en avant de la colonne vertébrale ; chacune des bronches qui en résultent, se rend à un poumon où ses ramifications sont entièrement contenues.

Les 2 poumons sont situés à droite et à gauche du cœur dans la cage thoracique, appliqués sur la paroi interne de cette cage et reposant en bas sur le muscle diaphragme (fig. 105).

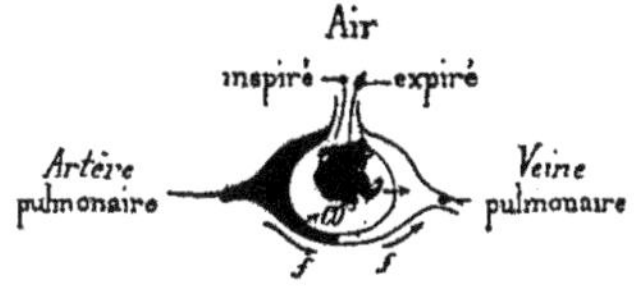


Fig. 215. — C'est au niveau des alvéoles qu'ont lieu les échanges gazeux entre l'air et le sang.

Une *artère pulmonaire*, partant du ventricule droit du cœur, distribue à la surface des alvéoles pulmonaires le sang rouge foncé, chargé de gaz carbonique; ce gaz pénètre dans les alvéoles. — L'oxygène de l'air contenu dans ces petits sacs suit une marche inverse, est absorbé par le sang qui devient rouge clair et revient à l'oreillette gauche du cœur par les *veines pulmonaires* (fig. 215 et 217).

L'air est renouvelé, dans l'arbre pulmonaire, par l'*inspiration* et l'*expiration* dues aux déformations de la cage thoracique.

Lors de l'inspiration, la cage thoracique s'élargit par le déplacement latéral des côtes et l'abaissement de la voûte du muscle diaphragme, l'air extérieur s'y précipite comme dans un soufflet dont on écarte les valves. — Lors de l'expiration, la cage thoracique se rétrécit par un mouvement inverse des côtes et du diaphragme; l'air, comprimé dans l'arbre pulmonaire, en est chassé comme celui d'un soufflet dont on rapproche les valves.

*La* **respiration** *consiste*, en résumé, *dans les échanges gazeux qui s'accomplissent entre l'air extérieur et le sang au niveau des poumons.*

**233. L'asphyxie.** — Une personne peut mourir asphyxiée : par *manque d'oxygène*, par *excès de gaz carbonique*, par l'*effet d'un gaz vénéneux* comme l'oxyde de carbone.

L'asphyxie *par manque d'oxygène* est celle d'une personne qui se noie.

L'axphyxie, *par excès de gaz carbonique*, se manifeste chez l'individu qui descend dans une cave où fermente du vin doux ou tout autre liquide sucré.

L'imprudent qui couche dans une chambre close, avec un poêle allumé, risque de s'empoisonner par l'oxyde de carbone.

Quelles que soient les circonstances de l'asphyxie, la meilleure manière de porter secours au malade, en état de *mort apparente si l'asphyxie ne s'est produite que depuis peu de temps*, consiste à l'exposer au grand air, couché horizontalement sur le dos, à le frictionner énergiquement pour provoquer la circulation du sang, à lui saisir fortement la langue, pour la tirer en dehors et la faire rentrer alternativement dans la bouche de 2 en 2 secondes, et pratiquer comme il convient la respiration artificielle [1].

---

1. Voir *Cours élémentaire d'Hygiène*, par E. AUBERT et A. LAPRESTÉ, p. 237.

## VII. — Le sang et la circulation.



**234. Le sang.** — Mes Enfants, vous vous êtes bien coupés ou piqués quelquefois? Il est sorti de la blessure un liquide rouge qui s'épaissit, qui *se coagule* et arrête l'*hémorragie :* ce liquide est le **sang**.

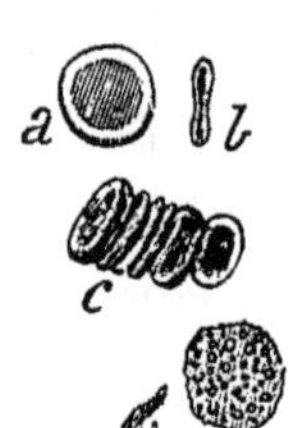

Examinant une goutte de sang avec le microscope qui la grossit beaucoup (fig. 210), on y voit de petits disques aplatis ou *globules* (fig. 216), nageant dans un liquide incolore appelé *plasma.*

*La plupart des* globules *sont rouges* et donnent au sang sa couleur ; *quelques-uns sont blancs.* — Les globules rouges renferment une matière d'un *rouge foncé* qui, s'unissant à l'oxygène, prend une teinte *rouge clair :* voilà pourquoi le sang non oxygéné qui pénètre dans les poumons est presque noir, pourquoi celui qui en sort est rouge vermeil.

Le **plasma** contient le glucose, les peptones, les graisses, puisés par le sang dans l'intestin pour être distribués à tous nos organes ; il renferme en outre de l'urée, du gaz carbonique et autres matières nuisibles, produits par nos organes et éliminés par des glandes.

Fig. 216. — Globules du sang de l'Homme. — *a, b, c,* globules rouges vus : l'un de face, l'autre de profil, les autres en pile. - *e, g,* globules blancs.

**235.** La *coagulation du sang,* à la sortie des vaisseaux, est due à ce que le plasma renferme en dissolution de la *fibrine,* matière azotée qui se prend à l'air en un filet à fines mailles, capable d'emprisonner les globules (au même titre que le filet du pêcheur retient les poissons, dans l'eau où il a été jeté).

**236. L'appareil circulatoire.** — Le sang se meut constamment dans l'appareil circulatoire.

Cet appareil comprend : 1° le **cœur** qui envoie le sang à tous les organes du corps par les **artères**; 2° les artères se résolvant en **vaisseaux capillaires** excessivement nombreux, qui se réunissent en troncs appelés **veines**; 3° les veines qui ramènent le sang au cœur.

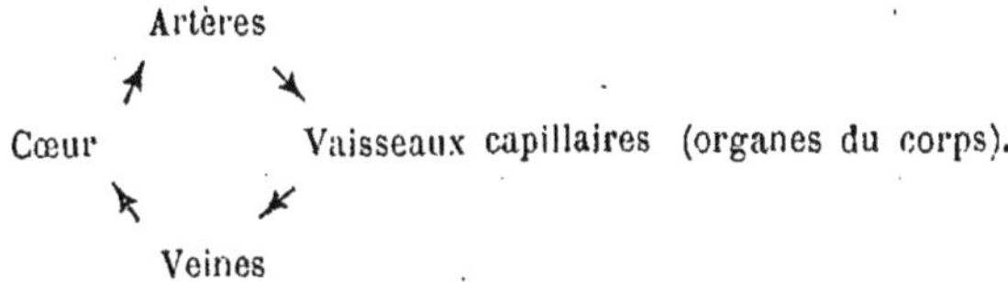



*Toute artère porte le sang aux organes; toute veine rapporte le sang des organes vers le cœur.*

**237. Le cœur.** — Notre **cœur** est un muscle creux qui comprend en réalité un **cœur droit** et un **cœur gauche** distincts (fig. 217); chacun d'eux est formé d'une *oreillette* en haut et d'un *ventricule* en bas, que fait communiquer un orifice capable d'être fermé par une valvule.

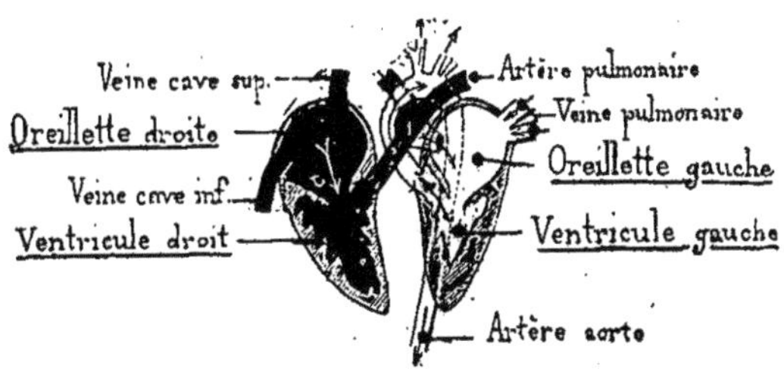



Fig. 217. — Figure théorique du cœur de l'Homme.

Le **cœur droit** est rempli de sang rouge foncé (de retour des organes) qui parvient à l'oreillette par 2 *veines caves ;* ce sang est lancé, par le ventricule droit contracté, vers les poumons à l'aide de l'*artère pulmonaire.*

Le **cœur gauche** est rempli de sang rouge clair (de retour des poumons) qui parvient à l'oreillette par 4 *veines pulmonaires ;* ce sang est lancé, par la contraction du ventricule gauche, dans tous les organes au moyen de l'*artère aorte.*

La **circulation du sang** dans notre corps peut être ainsi résumée (fig. 218) :

Le sang rouge vermeil part du ventricule gauche et s'engage dans l'artère aorte et ses ramifications; il distribue aux organes les matières nutritives par l'intermédiaire des vaisseaux capillaires. De rouge clair qu'il était, le sang perd de l'oxygène, s'enrichit en gaz carbonique et devient rouge foncé ; il est ramené à l'oreillette droite par les veines caves ; telle est la *grande circulation.*

Puis le sang passe de l'oreillette droite au ventricule droit qui l'envoie par l'artère pulmonaire dans les poumons ; là, il

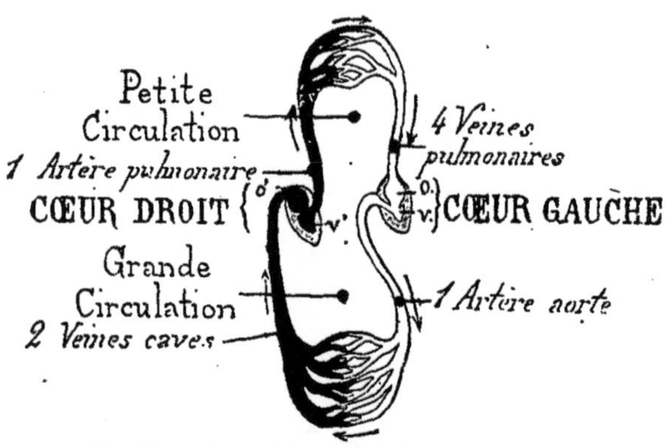


Fig. 218. — La circulation du sang chez l'Homme.

se revivifie et revient par les veines pulmonaires à l'oreillette gauche du cœur, avec sa couleur rouge vermeille : telle est la *petite circulation*.

**238. Les vaisseaux sanguins.** — Les **artères** renferment dans leur paroi : du tissu élastique qui permet leur dilatation, du tissu musculaire qui permet leur contraction.

*Il y a danger à blesser une artère*, car les bords de la blessure s'écartent et le sang s'échappe en un jet plus ou moins fort.

*Le pouls.* — Au moment où le ventricule gauche se contracte, le sang qu'il envoie dans l'artère aorte et ses branches les fait dilater, en y augmentant la pression ; ce phénomène se traduit par une petite impulsion, appelée *pouls*, qu'éprouve le doigt appliqué sur l'artère du poignet.

Le médecin se rend compte de la rapidité et de l'intensité des battements du cœur chez un malade, en lui tâtant ainsi le pouls.

Les **vaisseaux capillaires** ont une paroi très mince ; répartis dans les organes, ils permettent au sang de les baigner et de les nourrir.

Les **veines** ne renferment pas de tissu élastique ; aussi y a-t-il moins de danger à les blesser (tout au moins les petites veines), car les 2 bords de la plaie se rabattent l'un contre l'autre ; le sang s'y écoule en nappe, se coagule et facilite la cicatrisation.

## Les sécrétions. — La chaleur animale

62ª LECTURE                                 [3ª COURS]

**239. Les sécrétions.** — En même temps que le sang nourrit et répare nos organes, il en enlève les déchets dont il doit être lui-même débarrassé ; *sinon nous serions empoisonnés.*

Diverses **glandes** remplissent ce rôle : les *poumons* qui en enlèvent le gaz carbonique et la vapeur d'eau ; les *reins* et les *glandes de la peau* qui en éliminent, en dissolution dans l'eau, le sel marin, l'urée et autres substances nuisibles, sous forme d'urine et de sueur.

Les reins (fig. 219) logés en arrière de l'intestin, le long de la colonne vertébrale, retirent l'urine du sang qui les traverse ; cette urine, accumulée ensuite dans la vessie, est rejetée au dehors.

**240. La chaleur animale. —** Notre corps est comparable à un foyer où s'opère une *combustion* ininterrompue durant toute la vie.

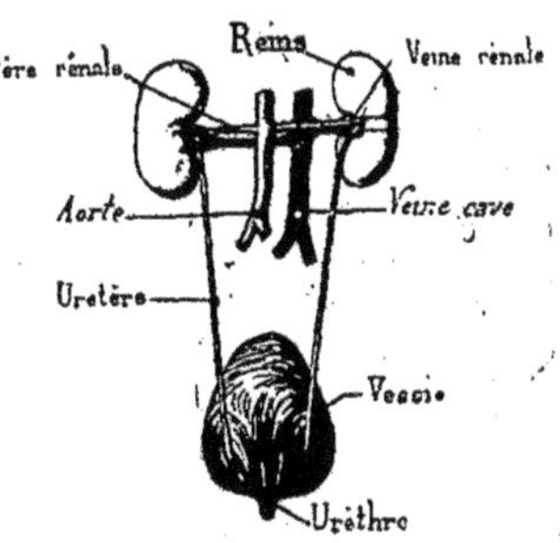


Fig. 219. — L'appareil urinaire de l'Homme.

Le *combustible* est représenté par nos aliments qui passent dans le sang par la digestion ; l'oxygène absorbé par nos poumons est le *gaz comburant ;* gaz carbonique, urée et substances variées, éliminés du sang, sont les *produits de la combustion.*

Or toute combustion est accompagnée d'un dégagement de chaleur ; cette chaleur assure à nos organes une température à peu près constante de 37°5, sans laquelle leur intégrité serait compromise.

Nous sommes conduits à nous préserver :

du *froid*, par un abri convenable, par des vêtements très chauds, une alimentation abondante, un exercice musculaire actif, etc. ;

de l'*excès de chaleur*, par la sieste au milieu du jour, par des vêtements appropriés, la production d'une grande quantité de sueur, etc.

# L'alcoolisme et l'absinthisme

**63° LECTURE**                    **[2° ET 3° COURS]**

**241**. Mės Enfants, en vous citant exclusivement l'**eau** *comme boisson* à propos de notre régime alimentaire [223], j'ai voulu vous apprendre que l'*eau pure* **seule** *nous est indispensable* à ce point de vue, et même de beaucoup préférable à tout autre liquide.

Ces derniers, désignés sous le nom général de **boissons alcooliques**, sont plus ou moins agréables au goût, préparés avec des liquides sucrés et des essences, extraits de plantes diverses. — De tels liquides, soumis à l'action de la Levure de bière (fig. 220), *fermentent*, s'enrichissent en *alcool* à mesure qu'ils perdent leur saveur sucrée.

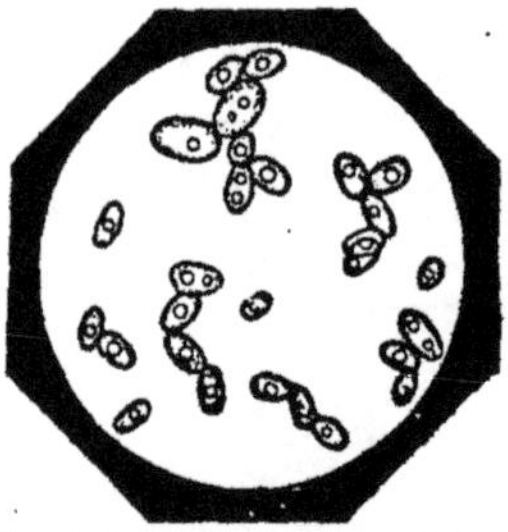

**242.** Les **boissons alcooliques** sont de trois sortes :

les *boissons fermentées* (vin, cidre et bière);

les *boissons distillées*, appelées encore eaux-de-vie;

les *liqueurs* (absinthe, vermouth, bitter, amers, chartreuse, etc).

Fig. 220. — La Levure de bière vue au microscope.

I. Les *boissons fermentées*, ainsi que leur nom l'indique, sont dues à la *fermentation* du jus sucré que fournissent: le raisin dans le cas du *vin*, la pomme dans le cas du *cidre*, le malt d'orge germé dans le cas de la *bière*.

Vous avez goûté le *vin doux*, c'est-à-dire le jus sucré obtenu en pressant des raisins au moment de la vendange; quelques jours plus tard, le même liquide est devenu du vin sans saveur sucrée. — Abandonné dans les cuves à fermentation, il a subi cette transformation en dégageant beaucoup de gaz carbonique, dû au dédoublement suivant :

Glucose ou sucre = alcool + gaz carbonique.

II. Les *boissons distillées* ou *eaux-de-vie* (plus exactement *eaux-de-mort* à cause de leurs funestes effets) sont obtenues en distillant dans un alambic (fig. 42), le vin, le cidre, le marc de raisin, les prunes, etc.

III. Les *liqueurs* sont des boissons distillées additionnées d'*essences aromatiques* fournies par divers végétaux comme l'absinthe, l'anis, la menthe, la mélisse, la reine-des-prés, etc.

**243.** De tous ces **liquides alcooliques,** *le vin, le cidre et la bière seuls peuvent être bus sans danger, à condition que nous n'en prenions que modérément, et pendant les repas.*

Leur usage se justifie plus par l'habitude que nous avons de les consommer que par leur *valeur nutritive* qui *est à peu près nulle;* encore convient-il de n'admettre que les *vins naturels*, non les vins fabriqués, coupés d'eau ou alcoolisés d'étrange manière.

**Ne prenez pas d'eau-de-vie,** mes Enfants, **et encore moins des liqueurs** *dont l'usage habituel, même à petite dose, aurait* *des conséquences déplorables pour votre santé.* — Jugez-en par ce qui suit :

Si la **consommation modérée** du vin, du cidre ou de la bière, stimule notre système nerveux, augmente l'activité de nos organes et favorise jusqu'à un certain point la digestion, quels sont les effets de l'**usage immodéré** de ces mêmes breuvages et de l'**usage habituel** des liqueurs fortes ?

Notre *système nerveux* est atteint le premier et règle mal toutes les fonctions de notre corps : [*l'homme ivre, alcoolique, n'a plus sa lucidité d'esprit et se tient à peine debout* (fig. 221)]; nos organes sont envahis par la graisse ; le *cœur* bat plus faiblement alors ; les *artères* moins élastiques se brisent parfois et causent la mort subite, fréquente chez les alcooliques ; la paroi interne de l'*estomac* s'enflamme, se congestionne et rend plus difficiles les digestions ; le *foie*, dont l'importance est considérable, est gravement altéré, ainsi que les *reins* (la jaunisse, l'albuminurie, etc. sont les conséquences de ces altérations).

Fig. 221.

*Voilà*, mes Enfants, *quelques-uns des tristes résultats de l'*alcoolisme.

**244.** *Les plus graves accidents, causés par l'abus des* **liqueurs fortes** *et de l'absinthe, sont les suivants :*

Le buveur est pris de tremblement, d'hallucinations qui troublent son esprit (fig. 222) ; sous l'empire de visions étranges, il devient *fou furieux, tue inconsciemment autour de lui*, n'épargne ni sa pauvre femme, ni ses enfants atterrés ; parfois il tombe sans connaissance dans une *attaque d'épilepsie*, les dents serrées, la bouche écumante ; un jour, *il mourra* peut-être dans une pareille attaque.

Fig. 222.

Si l'alcoolique, si l'absinthique sont coupables vis-à-vis d'eux-mêmes, ils le sont plus encore à l'égard de leurs

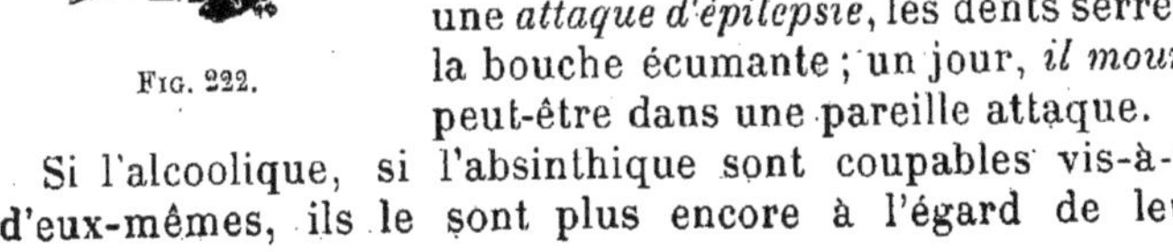

enfants ; les pauvres petits sont sujets aux maladies contagieuses comme la tuberculose, souvent rachitiques, idiots, mal
conformés, victimes parfois, eux aussi, de l'horrible attaque
d'épilepsie.

Réprouvez l'alcoolisme avec la dernière énergie, mes chers
Amis ; prenez la ferme résolution de ne pas boire d'eau-de-
vie, d'absinthe, de liqueurs quelles qu'elles soient, afin de vous
préserver de pareils malheurs.

## Les maladies contagieuses.

**64ᵉ LECTURE**                          **[3ᵉ COURS]**

**245.** Mes Enfants, nous sommes exposés à contracter des maladies dues à
des causes très diverses; certaines d'entre elles sont dues à ce que des
**Microbes** (fig. 223), des êtres infiniment petits, envahissent notre corps, pul-
lulent dans nos organes qu'ils altèrent et en trou-
blent les fonctions.

Ce sont ces maladies qu'on appelle *maladies
contagieuses* :

Le *choléra*, la *variole*, la *tuberculose*, la *diphtérie*, la *fièvre scarlatine*, la *rougeole*, etc., nous sont
transmis par des micro-bes transportés par les eaux impures, par l'air
ou par nos aliments ; — la *rage* nous est généra-
lement communiquée par la morsure d'un Chien
atteint de la même ma-ladie.

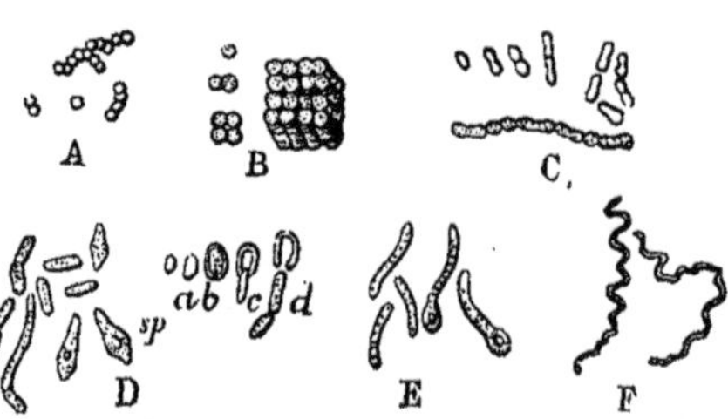



FIG. 223. — Bactéries diverses vues au microscope.
— A, microcoque de l'urée [fermentation de l'urine]. —
C, bactéries des eaux corrompues. — D, bacille *Amylobacter* [agent de la fabrication du fromage et du rouissage du chanvre; *sp*, spores]. — E, vibrion. — F, spirille
des eaux croupissantes.

Je vous dirai quelques mots seulement des principales maladies contagieuses, en vous indiquant les moyens de nous en préserver et, s'il y a lieu,
les remèdes applicables. — Elles ne sont d'ailleurs pas toutes également ré-
pandues ; la mortalité qu'elles causent par an, en France, est la suivante :
*tuberculose*, 160000 décès ; *diphtérie*, 18000 ; *fièvre typhoïde*, 15000 ;
*variole*, 12000 ; *rougeole*, 15000 : *fièvre scarlatine*, 6000.

**246.** La **tuberculose** est très redoutable puisque, sur 850000 décès surve-
nus chaque année en France, 160000 lui sont attribués.

Cette maladie attaque le plus souvent nos poumons; on l'appelle alors
*phtisie pulmonaire ;* les personnes atteintes sont dites *poitrinaires.*

Pâles, amaigris, perdant peu à peu leurs forces, *rejetant d'abondants crachats*, les tuberculeux meurent à bref délai s'ils ne consentent à prendre à temps les précautions nécessaires.

**Les crachats,** *voilà la voie par laquelle le phtisique répand autour de lui la tuberculose.* — Ces crachats renferment le microbe dangereux (fig. 224) : projetés à terre, sur le plancher d'une chambre, ils s'y dessèchent, tombent en poussière que le vent, le balayage, l'époussetage dispersent.

Mais, dans cette poussière, le microbe n'a pas cessé de vivre ; il pourra donc pénétrer dans nos poumons. — *Si nous sommes affaiblis déjà, par une maladie récente* ou **par l'alcoolisme,** *nous ne tarderons pas à devenir phtisiques nous-mêmes* [1].

Le tuberculeux doit :

*pour lui-même,* habiter à l'abri des vents froids ; respirer un air pur et doux, renouvelé dans sa chambre sans courants d'air ; se nourrir abondamment de mets légers ;

*pour les autres personnes,* projeter ses crachats directement dans le feu ou dans un crachoir contenant de la chaux vive, de l'eau de Javel ou du chlorure de chaux. [Dans les appartements des villes, on peut employer, pour le crachoir, de l'eau phéniquée à 5 p. 100.]

Linge, vêtements, literie, couvertures du malade seront désinfectés avec le plus grand soin [à l'étuve à 120°, ou bien par la solution phéniquée].

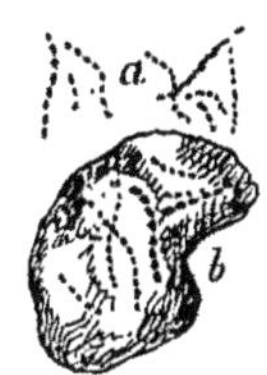

Fig. 224. — Bacilles de la tuberculose. *a,* bacilles isolés ; *b,* bacilles dans une cellule du poumon (grossissement : 800 diamètres).

**247.** **La diphtérie** attaque les voies respiratoires ; on l'appelle *angine, croup* ou *bronchite diphtérique* suivant la partie malade.

Le microbe qui la produit détermine l'apparition de fausses membranes blanchâtres dans la gorge. La trachée-artère risque d'être bouchée par les membranes en question : auquel cas le malade, d'abord pris d'une toux persistante, ne peut plus respirer, puis meurt asphyxié, la face convulsée, après d'horribles souffrances.

*Les fausses membranes renferment le microbe ;* des fragments en sont détachés par la toux et projetés par le malade autour de lui ; il faut donc les détruire : — D'abord tapis et tentures doivent être enlevés de la chambre du malade ; tous les objets que celui-ci touche, sa literie, etc., doivent être soigneusement désinfectés. *Si ces objets n'ont pas grande valeur, il vaut mieux les brûler sur place.* — Le garde-malade ne doit pas se placer en face du malade pendant ses accès de toux, afin de ne pas recevoir lui-même de fausses membranes.

Depuis peu, on sait combattre la dipthérie en injectant au malade du *sérum de chevaux traités d'une manière spéciale.*

**248.** **La fièvre typhoïde** est dangereuse par elle-même, et aussi parce qu'elle prédispose aux autres maladies.

---

1. La chair et le lait des vaches tuberculeuses peuvent nous communiquer aussi la maladie [225].

*Elle se propage ordinairement par les eaux de boissons impures.* On a remarqué, à Paris, que la fièvre typhoïde exerce surtout ses ravages dans les quartiers où est distribuée de l'eau de Seine impure en été, quand l'eau de source menace de manquer pour l'alimentation. — Nous devons veiller avec soin à ce que l'eau servant à notre alimentation soit pure [43].

**249.** Le **choléra** qui a sévi à diverses époques en France, y a été importé par les marchandises et les voyageurs venant de l'Inde, région où la maladie règne constamment. La cause en est due au *bacille-virgule*, microbe ainsi appelé en raison de sa forme.

*Le choléra se propage : par l'eau des rivières où a été lavé le linge des cholériques ; par l'eau de pluie délayant leurs excréments déposés sur la terre ou le fumier.*

On évite le choléra, en mettant en *quarantaine* les navires suspects.

Quant au traitement de protection, il est le même à l'égard de la fièvre typhoïde et du choléra : *désinfecter les déjections du malade*, par une dissolution de 50 grammes de chlorure de zinc dans un litre d'eau ; — *désinfecter les vêtements et le linge* à l'autoclave ou à l'eau phéniquée, *avant de les livrer au blanchissage ; — désinfecter la chambre du malade* par lavage avec une dissolution de 10 grammes de chlorure de chaux dans 1 litre d'eau, ou avec de l'eau de Javel étendue.

**250.** La **variole** ou **petite vérole**, très meurtrière autrefois, devrait avoir totalement disparu, si nous n'étions aussi indifférents, aussi coupables vis-à-vis de nous-mêmes.

Elle consiste dans l'apparition sur le visage, puis sur tout le corps, de points rouges (*pustules*) transformés bientôt en boutons remplis de liquide. Certains de ces boutons crèvent au bout de 15 à 25 jours, font écouler leur contenu et laissent autant de marques sur la peau. Le liquide desséché des pustules forme des croûtes jaunâtres.

*Liquide et croûtes des pustules propagent la maladie*, directement ou à l'état de poussières disséminées dans l'air.

[Le traitement de protection est identique à celui qui est indiqué plus haut].

*Nous serions définitivement protégés contre la variole si*, **vaccinés** dans notre jeune âge, **nous nous faisions revacciner tous les 8 ou 10 ans.**

Les nations chez lesquelles la vaccination et la revaccination sont *obligatoires*, n'ont presque plus de décès par variole; en France, nous perdons encore 12 000 personnes annuellement, à cause de notre *indifférence ridicule* touchant cette précaution.

**251.** La **rougeole** et la **fièvre scarlatine** atteignent surtout les enfants; elles ne doivent pas être négligées, comme on le fait trop souvent dans les campagnes. — Ces maladies sont très contagieuses ; l'*enfant qui en est atteint doit être maintenu au chaud et* **isolé de ses camarades**, pendant 25 jours pour la rougeole, 40 jours pour la fièvre scarlatine.

Interdiction absolue doit être faite au scarlatineux d'envoyer des lettres pendant ces 40 jours, car il dépose sur le papier les germes de la maladie sous forme de plaques très contagieuses. [Même traitement de protection que plus haut.]

**252.** La rage se transmet d'un Chien, d'un Chat ou d'un Loup enragés, à l'Homme, par les morsures qu'il en reçoit.

On connaît aujourd'hui la manière de sauvegarder les *personnes mordues* : *celles-ci doivent immédiatement se faire conduire à l'Institut Pasteur, à Paris ; là, elles seront vaccinées contre la rage*.

C'est le grand savant français Pasteur qui a découvert le traitement par lequel sont préservées d'une mort terrible les personnes mordues par un animal enragé.

Mes Enfants, n'oubliez jamais le nom de **Pasteur**, cet homme illustre entre tous, dont le monde entier bénit la mémoire, que tous appellent déjà *l'immortel bienfaiteur de l'humanité* [1].

---

1. On doit tuer sans merci tous les chiens atteints de la rage ou qui manifestent les symptômes précurseurs de la rage (Consulter pour plus de développement, à ce sujet, comme pour toutes les maladies contagieuses et le charbon en particulier, le *Cours élémentaire d'Hygiène* par E. Albert et A. Lapierre).

L'Institut Pasteur à Paris.

# LES PLANTES

## Une première visite à mon jardin.

65ᵉ LECTURE [1ᵉʳ & 2ᵉ COURS]

**253.** Mes Amis, « pour récolter, il faut semer, » dit le proverbe que vos Parents appliquent à tout instant.

A l'entrée de l'automne, vous les voyez préparer leurs champs avant d'y jeter la

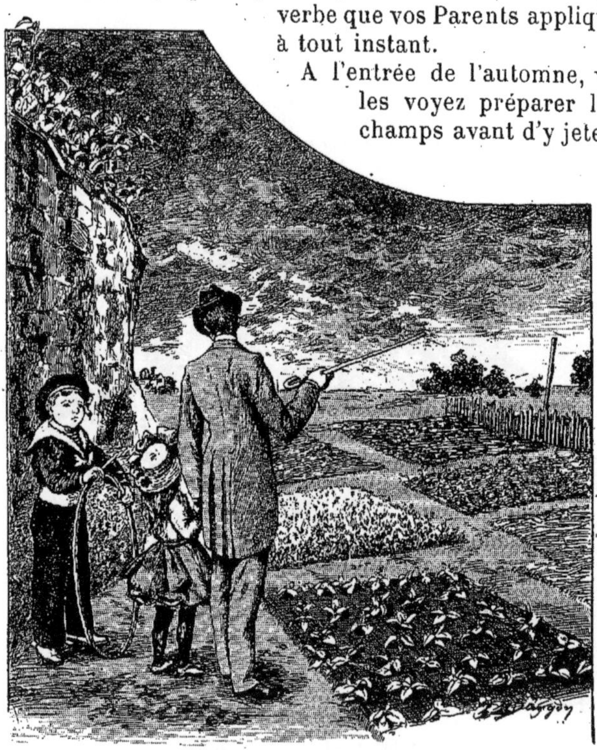

FIG. 225. — Mes plates-bandes sont préparées.

**semence**; au début du printemps, vous travaillez avec eux le jardin et vous y placez avec ordre des **graines** dans les plates-bandes.

Quelques jours après, ces graines ont levé, ont *germé*, en donnant des plantes délicates.

J'ai fait comme vous ces temps derniers ; mes plates-bandes sont préparées (fig. 225) : ici, j'ai planté des petits pois ; à côté, des haricots ; plus loin, j'ai semé de la graine de salade, puis de la graine de carotte ; mes radis, mon cerfeuil lèveront le long de ce mur : le grand espace inoccupé là-bas est réservé aux pommes de terre ; suivant cette bordure ont été placées régulièrement des graines de lupin, à plusieurs jours d'intervalle (cette plante se couvre de fleurs dont l'odeur est exquise).

Les graines du Lupin vont me permettre de vous en faire suivre pas à pas la germination.

**254. Qu'est-ce qu'une graine?** — Celle du Lupin comprend un *tégument* qui enveloppe et protège l'amande (fig. 226).

L'amande ou **plantule** comprend : une *radicule*, petite pointe saillante que vous apercevez ; une *tigelle* surmontée d'un petit *bourgeon ;* tigelle et bourgeon sont cachés par deux cotylédons, feuilles épaisses gorgées de matière nutritive qui va servir à l'accroissement de la petite plante [1<sup>er</sup> *état*].

Voyez cette autre graine, placée depuis 3 jours dans la terre *humide, aérée,* un peu *échauffée* par le soleil ; *elle a commencé à* **germer** [2<sup>e</sup> *état*].

Elle s'est gonflée par l'humidité du sol et a fait éclater le tégument ; la radicule s'est allongée déjà de haut en bas.

Voici une graine plus avancée [3<sup>e</sup> *état*] ; la racine est longue de plusieurs centimètres ; la tigelle elle-même a grandi en soulevant les cotylédons hors de terre ; ceux-ci s'écartent en repoussant le tégument.

Cette fois, nous avons une jeune plante [4<sup>e</sup> *et* 5<sup>e</sup> *états*] ; vous y voyez : une *racine* qui se ramifie dans le sol ; une *tige* portant les cotylédons épanouis et à demi fanés ; le *bourgeon terminal* qui grandit dans la direction de la tige en émettant des feuilles nombreuses.

Les cotylédons totalement épuisés tombent enfin.

Ainsi *la graine a produit une plante nouvelle, avec trois*

*parties essentielles :* une **racine**, une **tige** et des **feuilles.** Quand nous reviendrons dans quelque temps, la tige portera

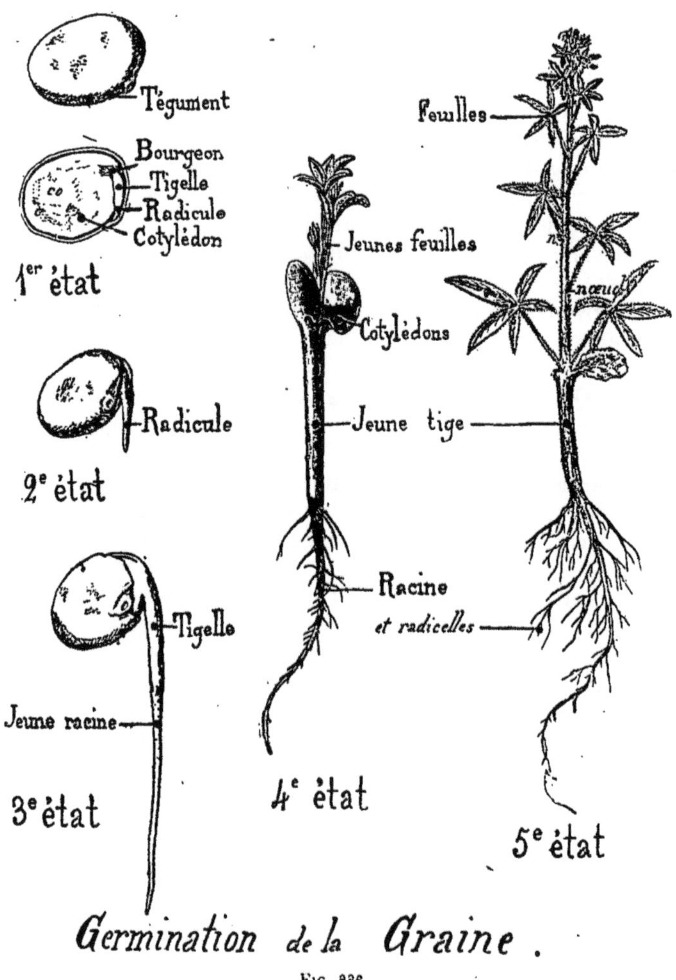


Fig. 226.

au sommet des grappes de *fleurs,* d'où proviendront les fruits pourvus de *graines.*

Les mêmes observations peuvent être faites jour par jour, quand on fait germer la graine à la surface de l'eau (fig. 227) en l'y maintenant par un treillis en fil de fer ou à l'aide d'un large bouchon de liège.

**255.** La plupart des plantes qui vous intéressent, mes Enfants, proviennent de graines. Il suffit de fournir aux **graines** l'*air*, la *chaleur* et l'*humidité* convenables pour leur germination, puis d'assurer aux jeunes plantes qui en sortent un sol contenant les substances nécessaires à leur développement.

*L'air, la chaleur et l'humidité sont indispensables à la germination des graines.*

Fig. 227. — Une graine peut germer au contact de l'eau.

Quelques observations suffisent à vous le prouver :
1° **Air.** — Dans 2 pots, *A* et *B* (fig. 228), j'ai mis les mêmes graines avec la même terre humide ; seulement en *A*, les graines sont au fond du pot et la terre fortement tassée par-dessus ; en *B*, les graines sont à une faible profondeur dans la terre meuble.

En *B, les graines ont germé, parce qu'elles avaient de l'air* ; en *A*, elles ont pourri. Cette expérience vous permet de comprendre pourquoi il faut labourer la terre avant de l'ensemencer.

2° **Humidité.** — Quand des graines sont mises dans un terrain sec, on arrose celui-ci, sans quoi les graines ne germeraient pas : *elles ont* donc *besoin d'humidité.*

3° **Chaleur.** — En hiver, les graines ne germent pas ; *il leur faut de la chaleur.*



Fig. 228. — L'air est nécessaire à la germination des graines.

**256.** *Il faut encore que les graines aient conservé la propriété de germer,* autrement dit *leur* faculté germinative. — Les graines oléagineuses perdent cette propriété beaucoup plus vite que les graines farineuses [322].

On se rend compte de cette faculté germinative des graines à ensemencer, par le simple procédé suivant : 100 graines sont prélevées sur le lot dont on veut connaître la qualité ; elles sont placées dans une serviette maintenue humide, à une douce chaleur ; quelques jours après, il suffit de compter le nombre de graines qui ont germé.

[Si 64 graines seulement ont germé, la faculté germinative du lot étudié est de 64 p. 100].

Enfin, *parmi les graines qui germent, il convient de choisir les mieux conformées, les plus volumineuses,* pour avoir des plantes vigoureuses. — Vous voyez par là, mes Enfants, de quelles précautions vous devez vous entourer pour tirer de la culture tout le profit possible.

## L'axe de la plante. — La Racine.

66ᵉ LECTURE            [1ᵉʳ, 2ᵉ & 3ᵉ COURS]

**257. L'axe de la plante.** — Au début de son existence, la plante se borne à son **axe** composé d'une **racine** et d'une **tige** uniques, cette dernière pourvue de **feuilles** (fig. 229).

Sur la **racine** apparaissent bientôt des *radicelles*, ramifiées elles-mêmes à l'infini, formant toutes ensemble ce qu'on appelle ordinairement le *chevelu.*

Au sommet de la tige est le *bourgeon terminal ;* le long de l'axe sont

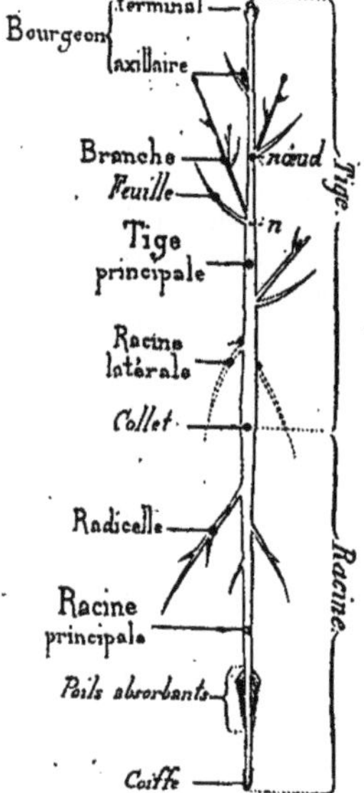


Fɪɢ. 229. — L'axe de la plante.

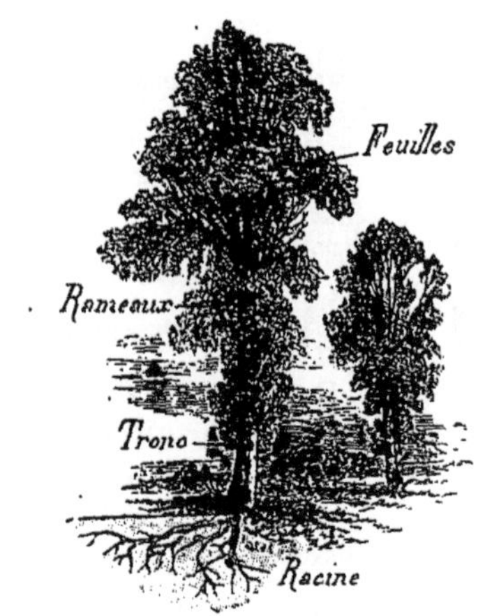


Fɪɢ. 230. — Le Peuplier a des *racines* souterraines, un *tronc* avec des *rameaux* couverts de *feuilles* [Amentacées].

insérés les *bourgeons axillaires,* dans les angles formés par les feuilles et la tige. — Par son développement, *le bourgeon terminal assure l'accroissement de la tige ; les bourgeons axil-*

*laires forment les branches*, elles-mêmes constituées comme la tige.

Ce Peuplier (fig. 230), par exemple, possède des racines souterraines ; la base de la tige forme le *tronc* d'où partent les branches, couvertes de feuilles pendant la belle saison.

**258. La racine**. — *La racine* s'enfonce dans le sol, *pour y* puiser la nourriture *nécessaire à la plante*.

Comme elle doit s'engager entre les fines particules du sol, une *coiffe* en protège l'extrémité en voie de croissance.

Elle puise l'eau et les substances de la terre qui y sont dissoutes, à l'aide de *poils absorbants* situés un peu au-dessus de la coiffe ; ces poils jouent, en effet, le rôle principal dans la nutrition du végétal par les racines (fig. 229).

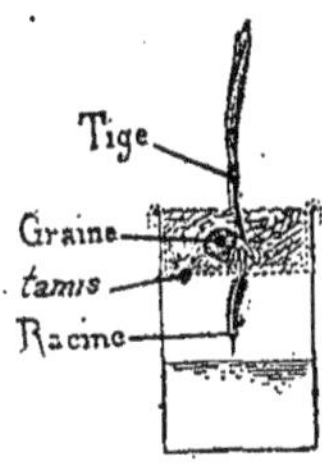


Fig. 231. — La racine croît de haut en bas, la tige pousse en sens inverse.

Fig. 232. — Les poils absorbants (à gauche) adhèrent fortement à la terre dont ils tirent la nourriture.

Vous voyez nettement les poils absorbants le long des racines de l'Orge que j'ai semé sur ce tamis, dans de la terre humide (fig. 231). Quand le grain d'Orge a germé, ses racines ont traversé le tamis en se dirigeant de haut en bas ; les poils y forment de petits filaments blancs très réguliers. — Enlevons maintenant une touffe d'Orge ou de Blé dans un champ, *avec la terre qui l'entoure*, et plongeons le tout dans l'eau de manière à dégager avec précaution les racines ; vous y voyez une foule de petits grains adhérents ; ils sont retenus par les poils qui les embrassent étroitement, afin d'en retirer le plus de nourriture possible (fig. 232).

**259.** Les racines sont de deux sortes : les *racines pivotantes*, comme celles du Lupin (fig. 226), de la Luzerne, de l'Orme, dont la racine principale ou *pivot* est bien plus développée que les radicelles ; les *racines fasciculées* comme celles du Blé (fig. 233), du Peuplier, dont le pivot est peu développé, tandis que les racines latérales et les radicelles forment un faisceau qui rampe à une faible profondeur dans la terre.

**260.** Certaines plantes, comme la Betterave (fig. 234), la Carotte, le Radis (fig. 235), ont des racines épaisses gorgées de matière nutritive de réserve, appelées *racines tuberculeuses*.

— En raison des réserves qu'elles contiennent,. nous les utilisons pour notre alimentation et celle des animaux.

FIG. 233. — Le Blé a une racine fasciculée [Graminées].

FIG. 234. — La Betterave a une *racine* pivotante et tuberculeuse. — A droite est la *tige* fleurie, avec une *fleur* détachée [Chénopodiacées].

FIG. 235. — Le Radis a une *racine* pivotante et tuberculeuse [Crucifères].

**261.** Faisons quelques remarques, mes Amis, au sujet de ce que. vous venez d'apprendre :

1° Si on coupe le pivot d'une racine près de son extrémité, sa croissance est arrêtée ; mais on provoque le développement de nombreuses radicelles : les jardiniers et les pépiniéristes appellent cela *rafraîchir la racine.*

2° Pourquoi, au printemps, roule-t-on les Blés? il semble que le lourd rouleau va écraser les tiges si délicates ? non pas. — *La tige est seulement couchée sur le sol, de manière à acquérir des racines latérales qui la nourriront plus abondamment.*

.3° Les crampons qu'on observe le long de la tige du Lierre ne sont pas autre chose que des racines latérales qui la fixent aux murailles ou à l'écorce des arbres,. contre lesquels grimpe cette plante.

4° Vous concevez que toute plante pourvue d'une racine pivotante épuise le sol en profondeur, tandis qu'une plante pourvue d'une racine fasciculée l'épuise surtout à la surface.

## La tige et les feuilles.

**67ᵉ LECTURE**　　　　　　　　　　　[1ᵉʳ, 2ᵉ & 3ᵉ COURS]

**262. La tige.** — La tige croît en sens inverse de la racine ; elle assure ainsi l'épanouissement des rameaux et des feuilles dans l'air et à la lumière.

Les *arbres*, tels que le Chêne, le Hêtre, le Pommier, le Cerisier (fig. 236), ont un *tronc* sur lequel sont insérées les branches à partir d'une certaine hauteur. — Chez les *arbustes*, comme le Noisetier, l'Osier, les branches partent dès la base de la tige. — Les céréales, comme le Blé, l'Avoine, le Maïs, ont une tige appelée *chaume* (fig. 237); ce chaume est généralement creux, sauf aux nœuds d'où partent les feuilles.

**263. Tiges herbacées et tiges ligneuses.** — Une tige de Blé (blé de mars)

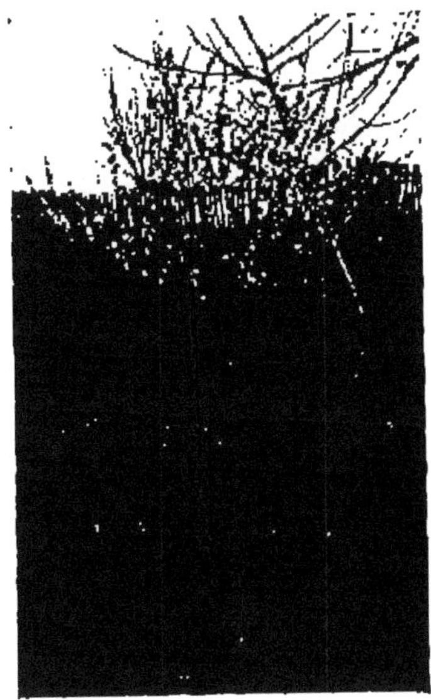

Fig. 236. — Le Cerisier est un *arbre* (Rosacées).

Fig. 237.
Le Maïs (son épi dr à droite) (Graminées).

se développe du mois de mars au mois de juillet, puis elle meurt après avoir produit son épi; elle est demeurée tendre et n'a duré qu'une période de végétation : on dit que le Blé a une *tige herbacée*; c'est une *plante annuelle*. Il en est de même du Pois (fig. 238).

Nos arbres vivent un plus ou moins grand nombre d'années et leur tige acquiert une grande consistance : le Chêne, le Cèdre (fig. 239) ont une *tige ligneuse* (du mot latin *lignum*, bois); ce sont des *plantes vivaces*.

Fig. 238. — Le Pois a une tige herbacée (Plante annuelle). (Légumineuses).

Le Chiendent émet dans l'air des tiges qui ne durent qu'une période de

végétation du printemps à l'automne. Il pousse sous le sol des tiges vivaces qui se multiplient rapidement :
aussi cette mauvaise herbe est-elle difficile à détruire.

Fig. 239. — Le Cèdre a une tige ligneuse (Plante vivace) (Conifères).

Fig. 240. — L'écorce de certains arbres est fendillée.

### 264. Quelle est la structure d'une tige d'arbre ? — Pour le savoir, examinons-en la surface, puis des sections en travers et en long.

La surface du Chêne est occupée par une écorce brune, plus ou moins fendillée (fig. 240) ; cette écorce est formée de *liège* qui protège le centre de l'arbre contre le froid, la sécheresse, les insectes, etc.

Vous vous rappelez, mes Enfants, qu'avec l'écorce du Chêne on fait le tan employé pour préparer les cuirs **201**.

En Algérie pousse le Chêne-liège, ainsi appelé parce que le liège s'y accumule en plaques assez épaisses pour être enlevées tous les 10 ans ; ces plaques servent à fabriquer des bouchons, des casques et divers autres objets.

Vu en *section transversale*, le tronc du Chêne présente de dehors en dedans : l'écorce, le *liber*, le *bois* avec la moelle au centre (fig. 241).

Entre l'écorce et le liber, se trouve une **assise génératrice extra-libérienne**, dont les cellules se multiplient en renouvelant constamment le liège.

Le liège peut donc tomber peu à peu, par fragments (Chêne, Orme, Hêtre), par plaques (Platane), par anneaux (Bouleau), par lanières (Vigne), sans que la tige cesse d'être protégée.

Entre le liber et le bois, se trouve une **assise génératrice intra-libérienne** ou **cambium** qui produit du liber en dehors et du bois en dedans, du printemps à l'automne de chaque année.

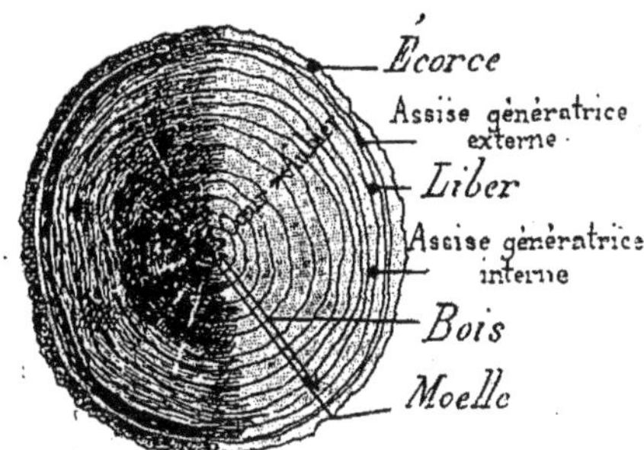


FIG. 241. — La section transversale d'un tronc d'arbre.

Ces couches s'accumulant sans cesse, l'arbre est d'autant plus gros qu'il est plus âgé.

*Les couches successives de* **liber** *sont* minces comme les feuillets d'un *livre*. — *Les couches de* **bois** *sont plus épaisses*, *assez distinctes les unes des autres* pour que nous puissions

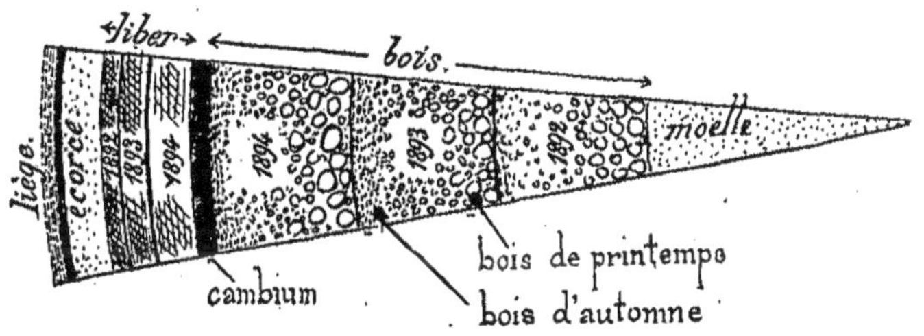


FIG. 242. — L'âge d'un arbre se reconnaît au nombre de couches de bois qu'il renferme

évaluer l'*âge de l'arbre par le nombre de ces couches* (fig. 242).

Le bois du centre de la tige est le plus ancien; c'est aussi le plus coloré et le plus dur : le *cœur* du bois est recherché des menuisiers et des sabotiers. — Près du cambium se trouve l'*aubier*, bois plus blanc et moins résistant.

Le *liber* et le *bois* renferment des tubes appelés *vaisseaux*, qui s'étendent tout le long de la tige et se continuent presque jusqu'à la pointe des racines d'une part, jusqu'au bord des feuilles d'autre part.

Sur une coupe longitudinale de la tige, comme une planche bien rabotée par le menuisier, nous pouvons distinguer, avec une forte loupe, quelques-uns des vaisseaux qui s'y trouvent.

*Les vaisseaux permettent à la sève de circuler* dans toute l'étendue de la plante; mais je n'insiste pas sur ce sujet que nous étudierons bientôt [279].

Au centre de la tige, la **moelle** se voit nettement dans la tige du Sureau; elle est beaucoup moins visible dans les Chênes âgés; elle est détruite dans les vieux Noyers.

**265.** Nous avons vu, mes Enfants, que certaines racines sont gorgées de matière nutritive; il en est de même pour quelques tiges : les *tubercules* de Pomme de

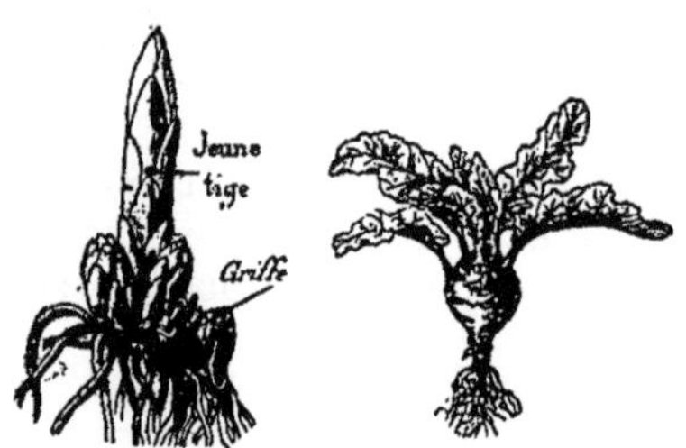


Fig. 244. — Une jeune tige d'Asperge [Liliacées].

Fig. 245. — Le Chou-rave [Crucifères].

Fig. 243. — Les tubercules de Pomme de terre sont des parties de rameaux gorgées de fécule [Solanées.]

terre (fig. 243) sont des parties de rameaux où s'est accumulée de la fécule; les jeunes tiges d'Asperge ou *turions* (fig. 244), le Chou-rave fig. 245), les tiges de la Canne à sucre et du Sorgho cultivés dans nos colonies, etc., renferment des réserves de sucre et autres substances, utilisées pour notre alimentation.

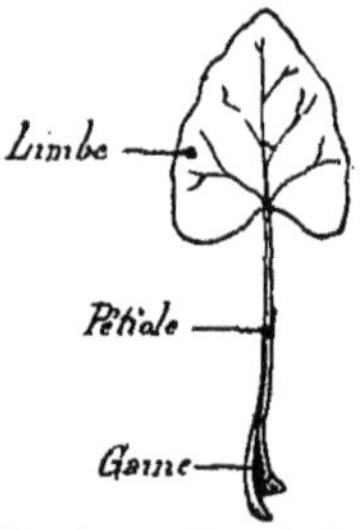

**266. La feuille.** — La feuille se compose de deux parties principales (fig. 246) : le *limbe*, sorte de lame verte fixée à la tige par le *pétiole*, support généralement en forme de gouttière.



Fig. 246. — Une feuille de Ficaire.

On appelle *nœud* le niveau de la tige où est insérée la feuille.

[Quelquefois plusieurs feuilles sont fixées au même nœud ; elles forment alors un *verticille*].

Insistons particulièrement sur le *limbe*. — 'Sa face ventrale (appliquée contre la tige quand la feuille est relevée) est plus verte que sa face dorsale, moins couverte de poils lorsque la feuille en est pourvue.

Vu par transparence, il laisse voir un réseau très délicat formé par des *nervures* ou côtes, saillantes sur la face dorsale [1].

[Ces nervures contiennent les vaisseaux du bois et du liber, en communication avec ceux de la tige.] — Les mailles du réseau de nervures sont remplies d'un *parenchyme* vert qui doit sa couleur à la **chlorophylle**, matière d'une importance extrême pour la vie de la plante

*La chlorophylle ne se développe pas chez les plantes laissées à l'obscurité* ; elle disparaît même chez les végétaux verts placés à l'abri de la lumière : ainsi les feuilles du centre d'un gros chou sont incolores ; celles du milieu de la salade, liée à un moment convenable, deviennent totalement blanches.

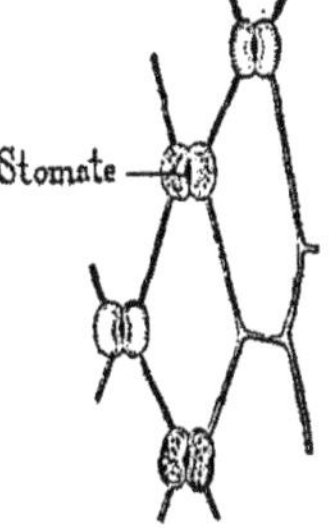


FIG. 247. — Stomates de la feuille.

La surface des feuilles, principalement du côté dorsal, est perforée d'ouvertures microscopiques appelées *stomates* (fig. 247). — Ces orifices mettent en communication l'air extérieur avec de nombreux espaces vides situés dans toute l'étendue de la plante ; ils assurent leurs échanges gazeux réciproques.

**267. Feuilles simples. Feuilles composées.** — Comparez, mes Amis, une feuille d'Orme (fig. 248), de Tilleul, de Pommier (fig. 249) ou de Châtaignier (fig. 250), à une feuille de Ronce (fig. 251), de Sainfoin ou de Vigne vierge (fig. 252) ; vous y remarquez évidemment une différence : la feuille

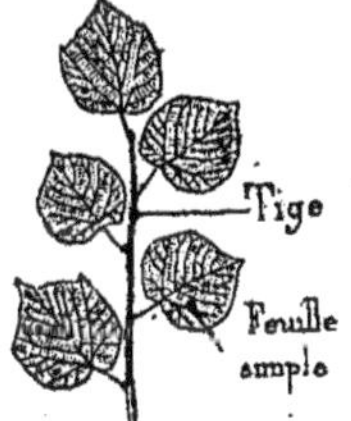


FIG. 248. — L'Orme.

**Feuilles simples.**

FIG. 249. — Le Pommier [fleurs en bouton et fleurs épanouies].

---

1. Au printemps on trouve, au pied des Peupliers, des amas de feuilles dont le parenchyme a été détruit depuis l'automne par le Bacille Amylobacter, microbe dont je vous parlerai encore à propos du rouissage du Lin et du Chanvre.

d'Orme, par exemple, a un pétiole simple portant un *limbe unique :* c'est une feuille **simple**.

La feuille de Ronce a un pétiole ramifié dont chaque partie soutient une *foliole :* c'est une feuille **composée** (comprenant ici 5 folioles).

FIG. 250. — Le Châtaignier.

**Feuilles simples.**



FIG. 252. — La Vigne
vierge.

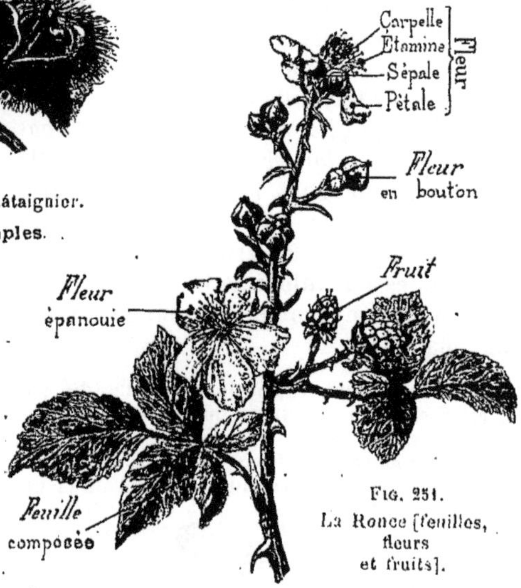

FIG. 251.
La Ronce [feuilles,
fleurs
et fruits].

**Feuilles composées.**

**268**. *Les feuilles peuvent servir*, elles aussi, *de magasins de réserve nutritive* pour la plante : n'avons-nous pas vu déjà que les cotylédons de la graine (fig. 226) sont des feuilles nourricières pour la plantule ?

Qu'est-ce qu'un bulbe d'Oignon, d'Ail, de Jacinthe, de Lis ? un ensemble de feuilles au parenchyme très épais et gorgé de nourriture, servant au développement de la jeune tige qu'elles abritent.

*Comme la racine et la tige, la feuille concourt à l'entretien et à l'accroissement du végétal ;* nous le verrons plus loin [**280 à 285**].

## La fleur, le fruit et la graine.



**269. La fleur.** — Un grand nombre des plantes qui nous entourent fleurissent à un moment donné ; puis les *fleurs* se fanent, des *fruits* se développent à l'endroit même où elles s'épanouissaient ; ces fruits renferment des *graines* : tel le Cerisier dont les belles fleurs roses (fig. 236) disparaissent si vite et donnent les cerises, fruits dont chacun contient un noyau avec une graine.

**270. Qu'est-ce qu'une fleur ?** — C'est une réunion de feuilles modifiées ou pièces florales, disposées en *verticilles* [266].

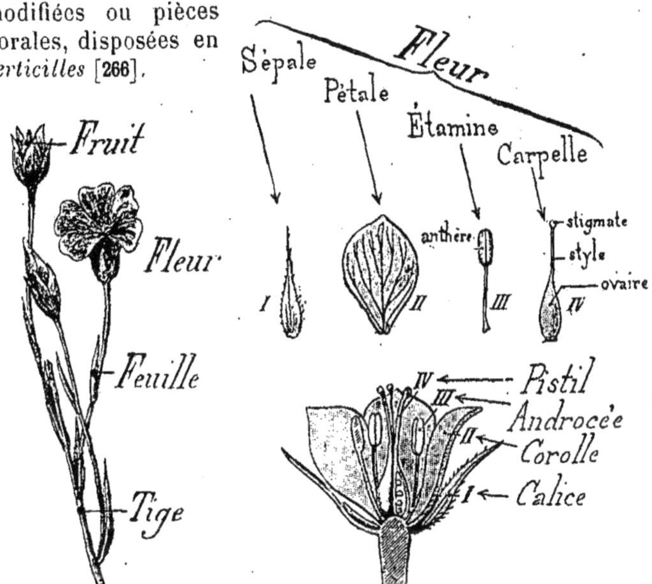


Fig. 253. — Le Lin [Linées]. Fig. 254. — Étude des parties de la fleur du Lin.

L'une des fleurs complètes les plus simples à étudier, c'est la jolie fleur bleue du Lin (fig. 253), commune dans le nord de la France et la Bretagne.

Cette fleur comprend 4 verticilles formés chacun de 5 pièces florales (fig. 254) :

le calice composé de 5 lames vertes appelées *sépales* (*I*) ;
la corolle avec 5 lames bleues appelées *pétales* (*II*) ;
l'androcée constitué par 5 *étamines* (*III*) ;
le pistil comprenant 5 *carpelles* (*IV*) qui terminent le pédi-
celle de la fleur.

Ces pièces *alternent* les unes avec les autres, c'est-à-dire qu'un pétale est
placé entre 2 sépales, une étamine entre 2 pétales, etc.

Le *sépale* et le *pétale* rappellent bien les feuilles par leur
forme, leurs nervures et leur structure. L'*étamine* et le *carpelle* en sont un peu plus éloignés, bien que leur origine
foliaire ne fasse aucun doute

L'*étamine* comprend un *filet* surmonté d'une *anthère* ; celle-
ci est creusée de cavités remplies d'une poussière jaune, le
*pollen*.

Le *carpelle* présente à sa base un sac appelé *ovaire*, surmonté d'un *style*, puis d'un *stigmate* ; la surface du stigmate,
enduite d'un liquide sucré, est destinée à recueillir le pollen
mûr, lors de sa mise en liberté.

Dans l'ovaire sont contenus les *ovules*, petits grains qui se
transformeront en graines par la suite, après l'intervention
du pollen.

**271. A quoi servent les verticilles de la fleur ?** — L'expérience
suivante va nous renseigner à ce sujet :

Nous choisissons 4 *fleurs identiques*, prêtes à s'épanouir : dans l'une, nous
enlevons le calice ; dans une 2ᵉ, la corolle ; dans une 3ᵉ, l'androcée ; dans
une 4ᵉ, le pistil.

Les deux premières fleurs, *dépourvues de calice ou de corolle*, abritées
par une feuille de papier, donneront des graines.

La 3ᵉ fleur *pourra* donner des graines, si elle n'a pas été protégée contre
les mouvements de l'air ou l'accès des insectes, qui auront apporté du pollen
sur le stigmate de son pistil ; mais si une coiffe de papier la recouvre, la
fleur se flétrira et mourra sans produire de graines.

La 4ᵉ fleur, dépourvue de pistil, *mourra sans donner de graines, quelles
que soient les précautions prises.*

*Le calice et la corolle sont des verticilles seulement* **protecteurs** *des
parties internes;* ils forment le *périanthe.*

*L'androcée et le pistil sont les verticilles essentiels,* **reproducteurs,** *sans
lesquels toute production de graines est impossible.*

|  |  |  | Verticilles |  | Feuilles modifiées. |
|---|---|---|---|---|---|
| Fleur | { | *Périanthe protecteur*..... | { Calice | composé de | sépales. |
|  |  |  | Corolle | — | pétales. |
|  | { | *Appareil reproducteur*.. | { Androcée | — | étamines. |
|  |  |  | Pistil | — | carpelles. |

**272. Quel est le rôle du pollen et de l'ovule ?** — Ce rôle est très important puisque de leur union résulte un œuf, *origine d'une plante nouvelle.*

Le phénomène qui s'accomplit est le suivant : un grain de pollen d'une fleur (fig. 255), déposé par le vent, par un Insecte ou tout naturellement, sur le stigmate de la *même fleur* (ou d'une autre *fleur de même espèce*), y pousse un tube qui traverse le style et parvient jusqu'à l'ovule, dans la cavité de l'ovaire. — Une cellule de l'ovule, appelée *oosphère*, confond sa substance avec celle du *grain de pollen ;* un œuf est formé.

**L'ovule** *fécondé grossit et se transforme en* **graine** ; l'ovaire *se développe et devient un* **fruit.**

Pendant ce temps, les autres parties de la fleur, désormais inutiles, se flétrissent et tombent.

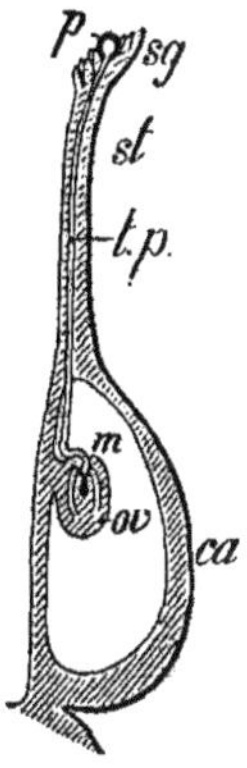

**273. Le fruit.** — *Le* **fruit** *provient du développement de l'ovaire* : la paroi de l'ovaire devient le *péricarpe* ou paroi du fruit ; les ovules donnent les *graines,* enveloppées par le péricarpe.

La gousse du Pois (fig. 257), par exemple, est un fruit dont le *péricarpe se dessèche* à maturité ; elle renferme plusieurs graines vertes et sucrées que nous appelons les petits pois.

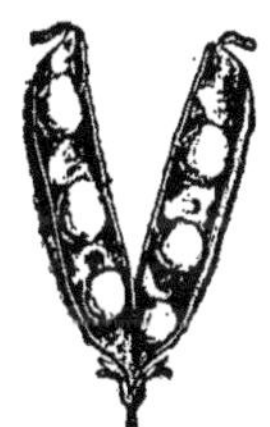



Fig. 255. — Le grain de pollen, *p*, germant sur le stigmate, *sg*, pousse un tube pollinique, *t.p*, à travers le style, *st* ; ce tube parvient à l'ovule, *ov*.

274. Parmi les fruits très variés dans leur constitution, on distingue :

1° des fruits à **péricarpe sec**, comme l'*akène* du Blé et du Maïs (fig. 256), la *capsule* du Pois et du Pavot (fig. 258).

2° des fruits à **péricarpe charnu**, comme la *drupe* du Cerisier (fig. 259) et du Pêcher, ou la *baie* du Raisin et du Pommier (fig. 260).

Parmi les **fruits secs** le grain de Blé renferme une seule graine ; la gousse

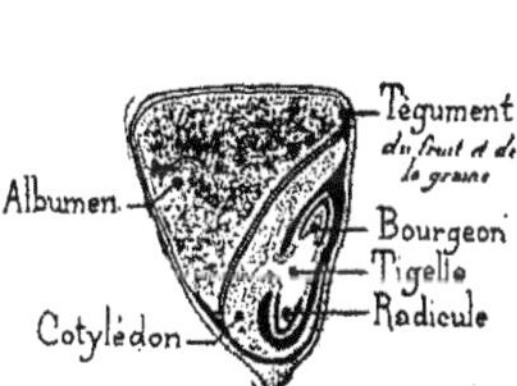



Fig. 256. — Le Maïs
(*Akène*).

Fig. 257. — Le Pois
(*Gousse* ouverte).

Fig. 258. — Le Pavot
(*Capsule*)

**Fruits à péricarpe sec.**

du Pois en contient jusqu'à 10, la capsule du Pavot plusieurs milliers. [Ce sont les matières accumulées dans ces graines que nous consommons.]

Les **fruits charnus** peuvent ne renfermer qu'une graine contenue dans un *noyau*, comme la Cerise, la Prune, la Pêche [ce sont des *fruits à noyau*]; — ou bien ils en renferment plusieurs, comme le Raisin, la Pomme, l'Orange, le Melon [ce sont des *fruits à pépins*].

[Nous consommons le plus souvent le péricarpe charnu, gorgé de réserves nutritives].

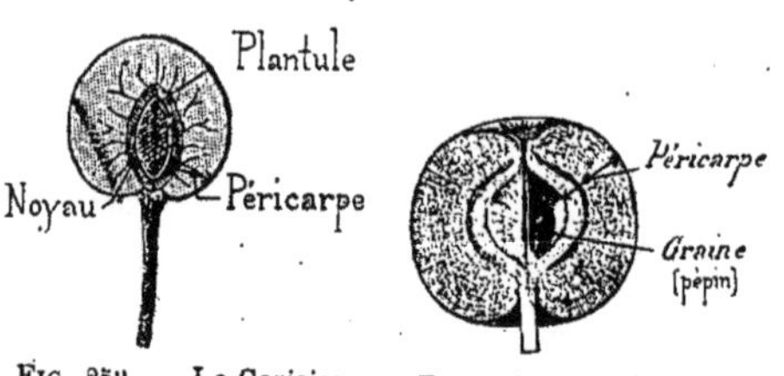


Fig. 259. — Le Cerisier
(*Drupe*).

Fig. 260. — Le Pommier
(*Baie*).

**Fruits à péricarpe charnu.**

**275. La graine.**
— Vous connaissez déjà la constitution de la graine de Lupin [254].

On y trouve une **plantule** protégée par le tégument.

La plantule comprend une *radicule*, une *tigelle* et un *bourgeon*, entourés de 2 *cotylédons*.

Toutes les graines ne se ressemblent pas :

celles du Lupin, du Pois, de la Fève, de la Giroflée, de la Rose, etc., sont pourvues de 2 *cotylédons* [les plantes qui les produisent sont des **Dicotylédones**];

celles du Blé, du Maïs, de la Tulipe, etc., renferment 1 *cotylédon* seulement [les plantes qui les produisent sont des **Monocotylédones**].

276. La **réserve nutritive** de la plantule est : tantôt contenue *dans les cotylédons épais*, comme chez le Lupin, le Haricot (fig. 262);

tantôt située *dans l'albumen, en dehors des cotylédons minces*, comme chez le Blé, le Ricin (fig. 261).

Cette réserve contient :

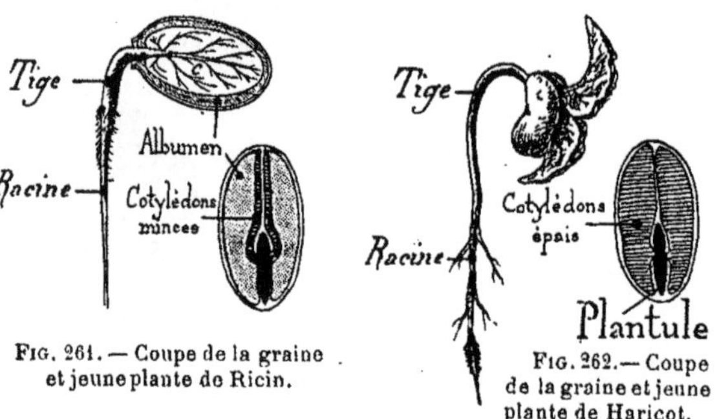


Fig. 261. — Coupe de la graine
et jeune plante de Ricin.

Fig. 262. — Coupe
de la graine et jeune
plante de Haricot.

de l'**amidon** (*albumen farineux* du Haricot, de la Lentille, du Blé);
de l'**huile** (*albumen oléagineux* du Pavot, du Colza, du Ricin);
de la **cellulose** (*albumen corné* du Dattier).

C'est d'après la composition chimique de l'albumen que les graines conservent plus ou moins longtemps leur *faculté germinative* [256] : l'albumen s'altère plus rapidement chez les graines oléagineuses que chez les graines farineuses. [Ces dernières germent parfois plus de cent ans après leur récolte.]

La **germination** de la graine, dans des conditions convenables d'*air*, de *chaleur* et d'*humidité*, donne lieu à une plante nouvelle ; nous savons cela [255], il est donc inutile d'y revenir.

## Comment vit la plante.

69° LECTURE                              [2° & 3° COURS]

**277.** Mes Enfants, dans une usine importante, chaque ouvrier effectue un travail spécial, et toujours le même. Dans la plante, il en est ainsi ; chacune des parties qui la composent accomplit des fonctions déterminées.

La **racine** fixe le végétal à la *terre* et le nourrit des substances qui y sont contenues [**sève brute**] ; les **feuilles** empruntent à l'*air* d'autres matières et transforment la sève brute en une sève riche, essentiellement nutritive [**sève élaborée**] que la **tige** répartit dans toute l'étendue du végétal.

Étudions de plus près le rôle dévolu à chacune d'elles.

**278. Les fonctions de la racine. —** 1° La racine fixe la plante au sol, d'autant mieux qu'elle y pénètre plus avant : la Luzerne, la Vigne à racine pivotante, sont plus difficiles à arracher que le Blé, le Maïs à racine fasciculée.

Il est autrement pénible de défricher une luzerne que de labourer un champ de blé après la moisson.

2° **La racine puise dans la terre une partie de la nourriture de la plante.**

*a. La racine respire* ; elle absorbe l'oxygène de l'air qui l'entoure et y rejette du gaz carbonique, tout comme les animaux.

Voilà pourquoi *la terre doit être toujours meuble*, labourée dans les champs avant les semailles, piochée au pied de la vigne et des arbres fruitiers, bêchée dans le jardin avant les plantations, drainée dans les terres compactes pour faciliter à la fois la circulation de l'air et l'écoulement de l'eau. — *Plus la terre est profondément remuée, meilleures sont les récoltes.* On s'en rend compte par le développement des racines tuberculeuses, telles que la Carotte, le Radis [260].

Je dois appeler votre attention, mes Amis, sur un fait curieux que présentent les racines de certaines plantes appelées **Légumineuses**, comme le Lupin, le Haricot, le Pois, le Trèfle, etc.

Voici une racine de Haricot (fig. 263) que j'ai arrachée un jour avec de nombreuses *nodosités*; dans ces renflements sont des *microbes qui absorbent l'azote de l'air et le fixent dans le végétal*. Les Légumineuses sont de ce fait, appelées des **plantes améliorantes** du sol qu'elles enrichissent en azote, contrairement aux autres qui appauvrissent le sol en azote et sont dites **plantes épuisantes**.

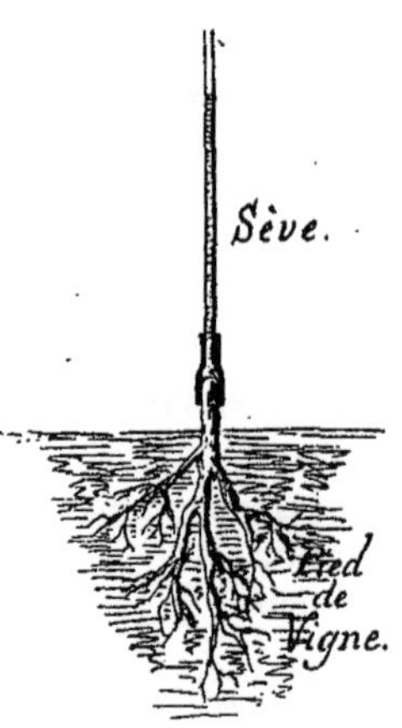


Fɪɢ. 263. — La racine des Légumineuses présente des nodosités.

*b. La racine boit l'eau dont le sol est imprégné et, en même temps, les sels qui y sont dissous.*

C'est surtout par les poils absorbants que la racine nourrit la plante; elle lui fournit la **sève brute** riche en eau, qui parvient aux vaisseaux du bois; de là cette sève monte à travers la tige jusqu'aux feuilles.

La sève brute monte vers la tige parfois sous l'influence d'une énergique poussée. — Au mois de juin, un pied de Vigne ayant été coupé au ras du sol après le coucher du soleil, un tube de verre fut adapté à la racine encore fixée dans la terre (fig. 264); la sève y monta à une assez grande hauteur. [On fit un jour une expérience semblable avec un Bouleau haut de 27 mètres; la sève s'éleva à 35 mètres dans un tube de métal qui y avait été fixé.]

*c.* **Les racines tuberculeuses servent de magasin de nourriture pour la plante.** — Ceci est intéressant à comprendre :

La Betterave (fig. 234), par exemple, accumule du sucre dans sa racine et la base de sa tige pendant la première année de son existence; à l'automne, elle n'a pas encore fleuri. — Protégez-la contre la gelée pendant l'hiver; au printemps suivant, vous la verrez pousser une tige de plus d'un mètre, couverte de feuilles et de fleurs qui donneront des graines.

Fɪɢ. 264. — La sève brute monte de la racine vers la tige, parfois avec une grande force.

C'est pendant cette seconde période que la plante, utilisant la réserve de l'année précédente, forme les graines qui assureront sa multiplication.

**279. Les fonctions de la tige.** — 1° La tige soutient les parties aériennes de la plante, c'est-à-dire les rameaux avec leurs feuilles (fig. 230 et 265), les fleurs et les fruits.

2° Elle respire comme la racine.

3° Elle conduit la sève ; c'est là son rôle le plus important.

La *sève brute* traverse la tige de bas en haut par les vaisseaux du bois (fig. 266).

Quand la Vigne est taillée au printemps, vous la voyez pleurer dès que les bourgeons s'épanouissent ; les *pleurs* de la Vigne ne sont pas autre chose que de la sève brute s'écoulant par les vaisseaux coupés.

Coupez une tête d'Artichaut, une jeune tige d'Asperge ; vous verrez aussitôt la sève apparaître sur la section, à l'endroit des vaisseaux.

La *sève élaborée*, travaillée par les feuilles comme nous allons bientôt le voir, circule dans tous les sens à travers la tige, vers le sommet et les jeunes rameaux aussi bien que vers la racine.

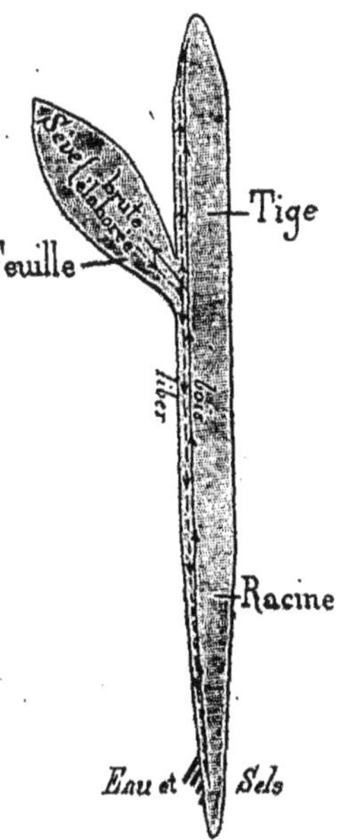


Fig. 266. — La *sève brute* monte de la racine vers les feuilles à travers la tige, par les vaisseaux du bois. — La *sève élaborée* est distribuée dans toute la plante, surtout par les vaisseaux du liber.

Fig. 265. — L'Épicéa, arbre toujours vert. [Conifères].

4° Certaines tiges sont aussi tuberculeuses : telles sont la Pomme de terre (fig. 243) et la Canne à sucre.

Rappelez-vous, mes Enfants, que le tubercule de Pomme de terre se développe sur les branches de la base de la tige ; ces branches ont été recouvertes de terre par l'opération du *buttage* qui se fait en avril ; une grande quantité d'amidon (ou fécule) y est emmagasinée.

La tige de la Canne à sucre se gorge de sucre avant la floraison ; si on ne la coupait pas à ce moment, le sucre de réserve serait consommé pour la formation des graines.

**280. Les fonctions des feuilles.** — La *sève brute*, amenée aux feuilles par les vaisseaux du bois à travers la racine et la tige, s'y transforme en *sève élaborée* ou *nutritive* sous l'action de la lumière solaire et des phénomènes qui s'accomplissent dans les feuilles.

1° La sève brute abandonne à l'air une partie de l'eau qu'elle renferme, grâce à la **transpiration** des feuilles.

2° Elle s'enrichit des matières nutritives fabriquées par les feuilles, en vertu des échanges gazeux qui s'y accomplissent, par la **respiration et l'assimilation chlorophyllienne.**

Ces trois fonctions importantes sont faciles à reconnaître.

### 281. Les feuilles transpirent :

Dans ce flacon (fig. 267), j'introduis une feuille de Vigne, par exemple, *encore attachée à la tige*; un bouchon de liège, coupé en deux et creusé d'un petit canal en son milieu, me permet de fermer le flacon sans abîmer la feuille. Nous reviendrons dans une heure ; vous verrez alors des gouttes

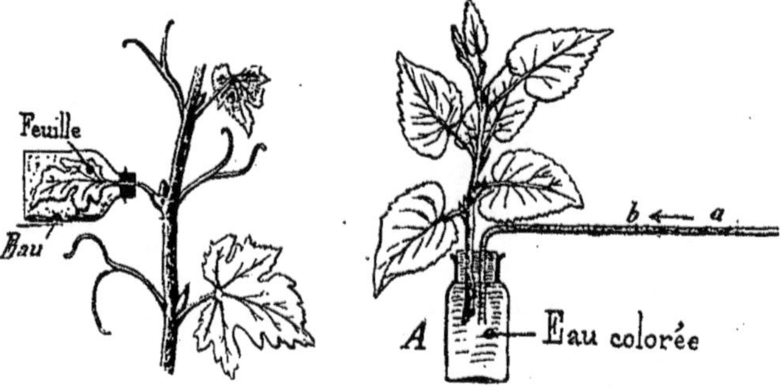



Fig. 267. — Les feuilles transpirent, c'est-à-dire qu'elles perdent de la vapeur d'eau.

Fig. 268. — Un rameau feuillé boit en partie l'eau dans lequel est plongée son extrémité.

d'eau couler sur la paroi intérieure du vase. — D'où vient cette eau ? de la feuille évidemment, de la sève brute qui y parvient.

Cette autre expérience (fig. 268) vous montre mieux encore la transpiration : le bouchon d'un flacon, *A*, est traversé par une branche avec ses feuilles épanouies que je viens de cueillir, et par un tube de verre fin, coudé et ouvert à ses deux extrémités. J'ai rempli le flacon d'eau noircie par de l'encre ; en introduisant le bouchon, *de manière à faire plonger dans l'eau* le rameau feuillé et le tube de verre, le liquide en excès s'échappe par le tube. Son niveau est actuellement en *a*; remarquez comme l'eau se retire de *a* vers *b*; tout à l'heure, il n'y aura plus d'eau dans le tube : pourquoi cela? C'est que *le rameau feuillé, perdant de l'eau par transpiration, en absorbe une quantité égale dans le flacon.*

La transpiration des plantes est très active, surtout au soleil ; vous pouvez en juger par les nombres suivants :

Un hectare, semé en Avoine, perd en un jour 25000 kilogrammes d'eau transpirée par les plantes ; semé en Maïs, il en perd 36000 kilogrammes. Un Chêne de taille moyenne transpire plus de 100000 kilogrammes d'eau pendant la belle saison.

Vous comprenez maintenant pourquoi il faut arroser abondamment les plantes pendant les périodes de sécheresse et de grande chaleur

**282.** **Les feuilles respirent**, c'est-à-dire qu'elles absorbent de l'oxygène et dégagent du gaz carbonique.

A cet effet, j'introduis quelques rameaux feuillés dans ce flacon plein d'air (fig. 269), dont le bouchon est traversé par un tube à entonnoir et par un tube deux fois coudé à angle droit. Le flacon est bouché, puis *entouré de papier noir* ou *placé à l'obscurité.*

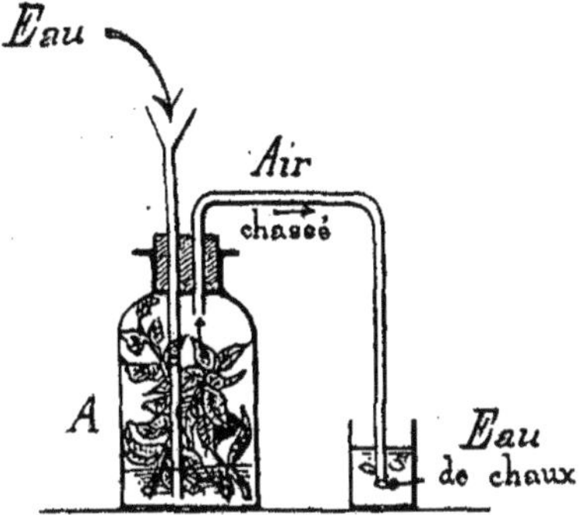


Fig. 269. — Les feuilles respirent.

— Dans une heure, je verserai de l'eau dans le tube à entonnoir, après avoir fait plonger le tube coudé dans de l'eau de chaux ; l'air du flacon chassé par l'eau, passant à travers l'eau de chaux, la troublera ; il renfermait donc du gaz carbonique que les feuilles ont rejeté.

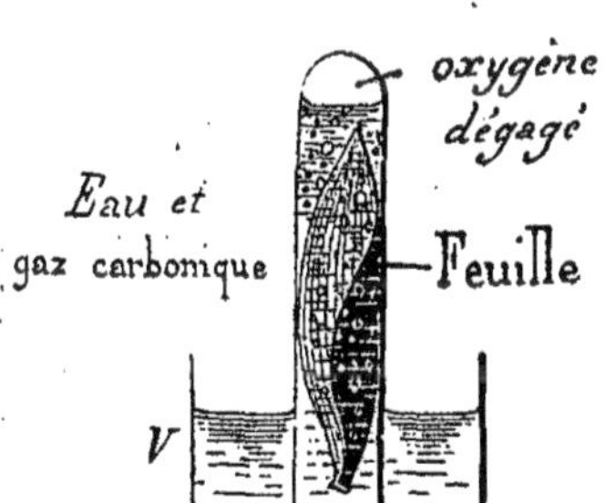


Fig. 270. — A la lumière, *les feuilles vertes* absorbent du gaz carbonique, le décomposent et dégagent de l'oxygène.

**283.** **Dans les feuilles s'accomplit l'assimilation chlorophyllienne.** — Cela signifie qu'à la lumière seulement et par leurs parties vertes, *les feuilles peuvent décomposer le gaz carbonique de l'air et y dégager de l'oxygène ;* elles fixent alors du charbon dans la plante.

Ce phénomène est juste le contraire de la respiration. A la lumière du soleil, il est très intense comme vous allez le voir.

J'introduis une grande feuille verte (ou un rameau feuillé) dans une éprouvette (fig. 270) pleine d'eau légèrement acidulée par l'acide carbonique ; [il m'a suffi d'y faire passer pendant quelques minutes un courant de gaz carbonique [68] ou d'y ajouter un peu d'eau de Seltz.]

Je retourne l'éprouvette, bouchée avec la main, sur une terrine contenant de l'eau, et j'expose le tout aux rayons du soleil.

Vous allez voir apparaître sur la feuille une foule de petites bulles gazeuses qui se dégageront en haut de l'éprouvette. — Dans 2 ou 3 heures je recueillerai ce gaz ; *il rallumera une allumette renfermant quelques points incandescents ; c'est donc de l'oxygène.*

Quant à l'acidité de l'eau, elle aura disparu.

## Les conséquences immédiates de l'assimilation chlorophyllienne et de la respiration des plantes.

70° LECTURE                                        [3ᵉ COURS]

**284.** Une plante verte exposée à la lumière est le siège de deux phénomènes inverses :

la **respiration** par laquelle elle gagne de l'oxygène et perd du gaz carbonique, pendant vingt-quatre heures par jour ;

l'**assimilation** par laquelle elle absorbe du gaz carbonique et perd de l'oxygène, à la lumière seulement.

Aussi, *pendant la nuit*, la respiration s'effectue seule ; mais, *pendant le jour*, surtout si la lumière est vive, l'assimilation est bien plus intense; la plante gagne donc en charbon (sous forme de gaz carbonique absorbé) bien au delà de ce que la respiration lui fait perdre : voilà pourquoi *les plantes croissent à la lumière*, pourquoi *elles ont besoin de lumière pour être vigoureuses.*

FIG. 271. — Le Chou [Crucifères].

En évaluant le poids de la récolte faite dans les prairies *pendant une période de végétation*, on a trouvé que *la quantité de charbon fixée par les plantes* de ces prairies *atteint de 1500 à 4500 kilogrammes à l'hectare.*

Condamnez *une plante*, ou une partie de plante, à vivre *à l'obscurité*, elle *s'étiole et s'affaiblit* tout en perdant la couleur verte : la chlorophylle s'y décompose peu à peu. [Les feuilles sont blanches à l'intérieur du Chou (fig. 271) ou de la salade liée.]

**285.** L'assimilation chlorophyllienne est non seulement un bienfait pour la plante qui l'accomplit, mais encore pour nous-mêmes.

**En effet, les feuilles purifient l'atmosphère** *en la débarras-sant du gaz carbonique* qu'y déversent à profusion nos multiples foyers, notre respiration, celle des animaux et bien d'autres causes encore. *Elles rendent à l'air l'oxygène* qui nous est indispensable.

Cet air plus vivifiant, nous l'aspirons à pleins poumons pendant nos promenades à travers les bois et les vertes campagnes : c'est pourquoi de telles courses vagabondes nous sont si profitables.

Par contre, la respiration se produisant seule à l'obscurité chez les végétaux, avec dégagement de gaz carbonique dans l'air et aux dépens de l'oxygène, *nous devons éviter de conserver des plantes dans notre chambre à coucher pendant la nuit;* elles pourraient nous asphyxier, ou tout au moins nous incommoder.

### La plante se nourrit de l'air et du sol.

71ᵉ LECTURE [2ᵉ & 3ᵉ COURS]

**286. La composition de l'air** dans lequel vivent les végétaux *est à peu près constante*, l'atmosphère étant sans cesse en mouvement (vents) et l'oxygène perpétuellement régénéré par l'assimilation chlorophyllienne [285].

L'air renferme : $\frac{1}{5}$ d'oxygène, $\frac{4}{5}$ d'azote, des traces de gaz carbonique et de la vapeur d'eau.

**287. La composition du sol**, par contre, *est très variable*. — Comme les plantes y puisent leur nourriture, il faut que nous sachions :

1° ce que le sol renferme ; 2° les matières dont les plantes ont besoin ; 3° la forme sous laquelle elles prennent ces matières ; 4° comment elles les utilisent.

Vous voyez de suite, mes Enfants, quelle attention et quelles connaissances exige la culture raisonnée ; vous devez être un jour des agriculteurs avisés. Étudions donc ensemble les quatre problèmes que je viens de poser.

**288. Quelles matières le sol renferme-t-il ?** — Dans une de nos causeries précédentes, nous avons appris que la surface de la terre est formée du sol (fig. 272) reposant sur le sous-sol [74 à 76].

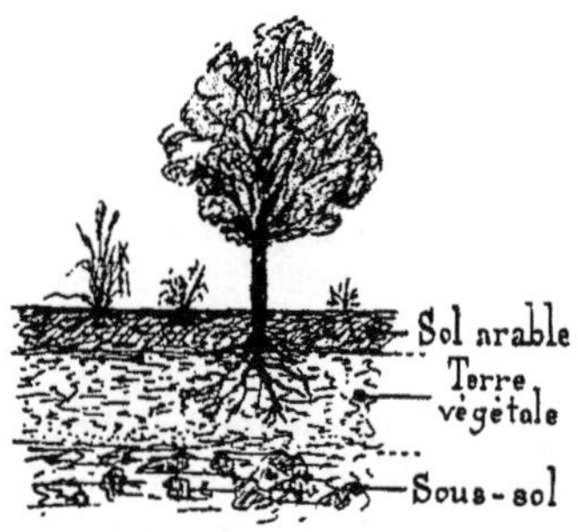


Fig. 272. — Le sol comprend le *sol arable* et la *terre végétale*, reposant sur le sous-sol.

Le **sol** comprend lui-même deux parties :

la *terre arable* superficielle, travaillée, retournée à l'aide des instruments aratoires (charrue, pioche, bêche, houe, etc.) ;

la *couche végétale* où les racines des plantes pénètrent plus ou moins.

Le **sous-sol** est rarement atteint par les labours, même très profonds : sa dureté est plus grande en général, sa composition assez voisine de celle du sol qui en provient ordinairement.

Par une analyse rapide de la terre végétale (applicable par suite au sol et au sous-sol), nous avons vu que 4 *substances principales la composent :* la **silice**, l'**argile**, le **calcaire** et l'**humus** ; je vous en ai fait connaître les propriétés principales [74].

289. La **silice**, capable de rayer le verre, n'est pas attaquée par les acides. — Les *sables* qui proviennent de la désagrégation du granite et du porphyre, le *silex* ou *pierre à fusil*, les *grès*, etc., sont formés de silice.

L'**argile** forme une pâte liante avec l'eau ; elle se laisse pétrir, modeler ; elle est plastique ; complètement humectée d'eau, elle devient *imperméable* pour ce liquide qui ne peut plus la traverser. — Le *kaolin* est de l'argile pure ; l'*argile plastique*, la *terre à foulon* sont des argiles impures ; l'*ocre* est une argile ferrugineuse ; l'*ardoise* est une argile ancienne fortement comprimée.

Le **calcaire** fait effervescence par les acides [15] ; il dégage alors du gaz carbonique ; calciné fortement dans le feu, il donne la chaux vive [82].

La *craie*, la *pierre à bâtir*, la *pierre à chaux*, certains *marbres* sont en calcaire ou carbonate de chaux.

L'**humus** est une substance organique noire, mal connue, que renferment le *terreau*, le *fumier* et le *purin* qui s'en écoule.

On appelle *terreau* le mélange de la terre arable avec les matières organiques provenant des débris de plantes et d'animaux qui s'y accumulent : tel
est le sol des forêts, constitué surtout par des *débris de feuilles* et de rameaux
en décomposition ; telles sont aussi les *couches* de nos jardins (page 75),
additionnées de beaucoup de *fumier*. Les terres ordinaires renferment peu
de terreau.

*L'humus peut être séparé du terreau* au moyen du carbonate de soude [103] dans
lequel il se dissout ; quand on verse ensuite, dans la dissolution filtrée, de l'acide
chlorhydrique, il se précipite des *flocons bruns d'humus.*

*L'humus renferme tous les corps simples dont sont composées les
plantes* ; il est donc extrêmement important, au double point de vue physique
et chimique.

**Physiquement**, il joue le rôle d'un véritable *ciment pour les terres sableuses*
dont il augmente la consistance et diminue la perméabilité ; *ajouté aux
terres argileuses*, il a la curieuse propriété de les rendre moins compactes
au contraire, et d'y faciliter l'écoulement des eaux.

**Chimiquement**, *l'humus augmente le* **pouvoir absorbant** *du sol*, en y
retenant les substances indispensables à la nourriture des plantes.

**290. Qu'est-ce que le pouvoir absorbant du sol ?** — C'est la propriété que possède la terre arable de fixer des principes fertilisants, tels que
les sels ammoniacaux, l'acide phosphorique et la potasse [103], pour les tenir
à la disposition des plantes. — C'est à
l'humus, vous ai-je dit, que la terre
arable doit ce pouvoir absorbant.

En voici la preuve basée sur ce fait que
*le purin renferme*, en quantité notable,
*l'ammoniaque, l'acide phosphorique et
la potasse :*

Dans 3 pots à fleurs, *A*, *B* et *C* (fig. 274),
je mets de la terre des champs presque
épuisée, passée au crible fin de manière
à en rejeter le gravier ; la terre est légèrement tassée, comme vous le voyez :

1° Je verse peu à peu en *A* et *B* du
purin très riche, en volume égal à peu
près à la moitié de celui des pots.

Remarquez que peu de liquide s'é-
chappe par l'orifice inférieur des pots ;
de plus, ce liquide qui a traversé
la terre est très limpide, sans couleur, ni odeur ; *la terre a donc retenu
les matières fertilisantes du purin*
(1re conclusion).

2° J'arrose lentement d'*eau ordinaire*
la terre du pot *B* ; l'eau recueillie à la
partie inférieure s'écoule claire également. L'analyse chimique montrerait

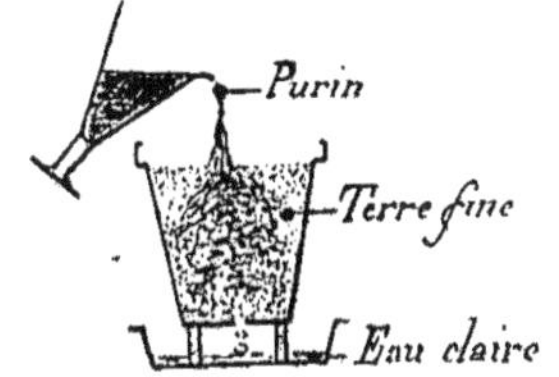

FIG. 273 et 274. — La terre arable fixe
les principes fertilisants du sol, par
l'humus qu'elle renferme.

que *cette eau de lavage n'a enlevé au sol aucun des principes que le
purin y a laissés sous une forme insoluble* (2e conclusion).

3° Enfin, le pot *C* ayant reçu une certaine quantité d'*eau ordinaire*, je sème en *A*, *B* et *C* le même nombre de grains d'Avoine, par exemple. Puis, les 3 pots étant placés dans le jardin, je les arroserai d'un peu d'eau ordinaire, chaque fois qu'il sera nécessaire. — Nous verrons dans quelques semaines que *les plants seront bien plus vigoureux dans les pots A et B, additionnés de purin, que dans le pot C qui n'a pas reçu de matières ferti-lisantes spéciales* (3° conclusion).

**291.** Faisons, en passant, cette remarque intéressante au point de vue de l'hygiène : *les eaux de sources sont excellentes pour notre alimentation* en général ; elles ont abandonné, en filtrant à travers les couches profondes du sol, toutes les matières organiques qu'elles pouvaient contenir (fig. 273).

**292. Qu'est-ce qu'une bonne terre arable ?** — C'est la terre qui renferme, *en proportions convenables* et *sous une épaisseur suffisante*, la silice, l'argile, le calcaire et l'humus : [en moyenne 55 parties de silice, 25 d'argile, 10 de calcaire en poudre, 10 d'humus]. — On l'appelle encore **terre franche.**

Il ne suffit pas que *ces matières* soient en de telles proportions pour que la terre soit bonne ; elles *doivent être intimè-ment mélangées*, exister dans chaque particule du sol ; celui-ci présente alors son maximum de fécondité, l'air et l'eau y peuvent circuler avec une égale facilité.

Ainsi, mes Enfants, *plus un sol est travaillé, meilleur il est.*

La plupart des terres ne sont pas des terres franches : les unes sont trop *sableuses* (75 p. 100 de silice) ; d'autres sont trop *argileuses* (plus de 33 p. 100 d'argile) ; d'autres sont trop *calcaires* (50 p. 100 de carbonate de chaux) ; d'autres enfin sont trop *humifères* (20 p. 100 de terreau).

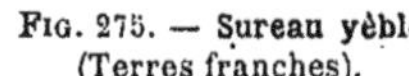

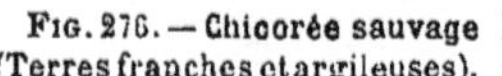

Fig. 275. — **Sureau yèble** (Terres franches).    Fig. 276. — **Chicorée sauvage** (Terres franches et argileuses).    Fig. 277. — **Prêle** (Terrains argileux et humides).

On rapproche leur composition de celle d'une terre franche

par les **amendements**, quand l'opération ne doit pas coûter
trop cher : alors on apporte de la marne (mélange d'argile et
de calcaire) dans une terre siliceuse ; on met de la craie dans
une terre trop argileuse, etc.

**Amender** *une terre, c'est modifier seulement sa composition*
**physique.**

293. Certaines plantes, plus particulièrement abondantes dans un terrain,
nous renseignent déjà sur sa composition principale :

FIG. 278.— **Tussilage** (Terres
argileuses et froides).

FIG. 279. — **Bruyère**
(Terrains secs et sableux).

FIG. 280. — **Mélampyre**
**rouge** (Terres calcaires).

Le Sureau yèble (fig. 275), la Chicorée sauvage (fig. 276), croissent dans
les *terres franches*.

La Prêle (fig. 277), le Tussilage ou Pas d'âne (fig. 278), le Populage, la Potentille rampante, caractérisent les *terres argileuses*, humides et froides.

La Bruyère (fig. 279), le Genêt, le Châtaignier (fig. 250), la petite Oseille sont abondants en *terre siliceuse*, peu consistante et séchant rapidement.

Le Mélampyre (fig. 280), l'Arrête-bœuf ou Ononis (fig. 281), le Buis, l'Anémone pulsatile, le Coquelicot, là Lupuline, caractérisent assez bien les *terres calcaires*.

FIG. 281. — **Ononis** ou
**arrète-bœuf** (Terres calcaires).

FIG. 282.
**Linaigrette** (Terrains
humifères).

La Menthe poivrée, la Linaigrette (fig. 282), le Carex, poussent dans les *sols*
*humifères*, noirs, tourbeux et acides.

## La plante se nourrit de l'air et du sol (*suite*).

72ᵉ LECTURE                                [2ᵉ & 3ᵉ COURS]

**294. De quelles matières les plantes ont-elles besoin ? Sous quelle forme convient-il de les leur donner?** — Pour résoudre ces questions, il nous faut savoir déjà *de quels éléments sont composées les plantes*, car elles devront évidemment les trouver dans l'air et dans le sol où elles croissent.

**Les éléments composant les plantes** sont trouvés par le chimiste : d'une part, dans les *produits gazeux* de leur combustion ; d'autre part, dans leurs *cendres*.

Les produits gazeux sont : le gaz carbonique renfermant du *charbon* ; la vapeur d'eau formée d'*hydrogène* et d'*oxygène*; des composés divers de l'*azote*.

Les cendres contiennent: de la *potasse* dont je vous ai parlé déjà [103] ; de la *silice*; des sulfates (avec du *soufre*) ; des phosphates (avec du *phosphore*) ; de la *chaux*, de la *magnésie*, du *fer*, etc.

Pour vivre et prospérer, la plante doit avoir tout cela à sa disposition.

Elle puise, soit par sa tige et ses feuilles, soit par sa racine :

le *charbon*, dans l'air (à l'état de gaz carbonique par l'assimilation chlorophyllienne), dans le sol (à l'état de carbonates);

l'*oxygène*, dans l'air et dans l'eau ;

l'*hydrogène*, dans l'eau surtout ;

l'*azote*, dans le sol (à l'état d'azotates) [dans l'air : *Légumineuses* [278] ;

les *autres substances* dans le sol (sous forme de combinaisons diverses).

Le cultivateur n'a qu'à se préoccuper de rechercher *si le sol renferme, en quantité suffisante*, l'**azote**, l'**acide phosphorique**, la **potasse** et la **chaux**, indispensables aux végétaux.

Si ces principes sont *absents* ou *insuffisants*, l'agriculteur devra les répandre dans le terrain de culture sous la forme **d'engrais.**

**295** **L'azote** *est absorbé par les plantes*, dans le sol, *sous la forme d'azotates* (ou *nitrates*).

Ces azotates résultent d'un phénomène curieux, la nitrification, due à l'action de microbes nitrificateurs : 1° sur les matières organiques azotées en décomposition dans la terre ; 2° sur les sels ammoniacaux apportés par les eaux de pluie.

Les conditions indispensables à l'action des microbes nitrificateurs sont :
la *porosité* du sol, afin que l'*oxygène* puisse y circuler facilement ; une *humidité*
suffisante ; une légère *alcalinité* de la terre ; une *température* comprise entre 5 et 45°
[la température de 37° est la plus favorable].

Sous ces diverses influences, les microbes transforment, *par oxydation*, l'azote
organique ou ammoniacal en acide azotique (ou nitrique) ; cet acide s'unit aux bases
du sol (la chaux et la potasse) en formant des azotates solubles que les plantes absorbent facilement.

Comme les azotates ne sont pas fixés par le sol, si les
plantes ne les absorbent pas à mesure de leur production, ils
sont entraînés par les eaux de pluie : c'est alors une perte
notable pour l'agriculteur.

**L'acide phosphorique** *est absorbé sous la forme de phosphate
de chaux*, un peu soluble dans l'eau chargée d'acide carbonique.

*La* **potasse** *et la* **chaux** *sont à l'état de sels* plus ou moins
solubles dont les plantes font leur profit.

**296. Les engrais**. — *On appelle* **engrais** *une substance
qui, mélangée à la terre arable, en augmente la fertilité.*

Si une plante déterminée ne trouve pas, dans le sol où elle
a été semée, tous les principes dont elle a besoin pour sa belle
venue, il faut lui donner ceux qui lui manquent : on répand
l'*engrais* **convenable** sur la terre en question.

L'expérience que je vous ai signalée déjà [290] suffit à vous
prouver la nécessité des engrais.

Pendant longtemps dans les campagnes, on se contentait
de répandre et d'enfouir du **fumier** dans les terres, croyant
leur rendre par là toutes leurs propriétés fertilisantes : ceci
n'est pas tout à fait exact, nous verrons bientôt pourquoi.

**297. Qu'est-ce que le fumier?** — C'est le mélange
de la litière fournie aux animaux et des excréments qu'ils y
déposent.

Plus une litière s'imbibe facilement de l'urine des animaux
ou *purin*, sans nuire à leur bien-être, meilleur est le fumier ;
telles sont la paille des céréales, la tourbe, la sciure de bois.

En effet, l'urine des animaux renferme de l'**urée**, *substance*
**azotée** *capable de se transformer en* **ammoniaque**, *puis en*
**azotates** *par la nitrification.*

Vous savez déjà que les azotates sont des principes fertilisants des plus précieux.

L'*azote* et la *potasse* sont surtout contenus dans les urines,
l'*acide phosphorique* dans les excréments solides. *Ces déchets*

*ont donc une grande valeur pour l'agriculteur qui doit les recueillir avec soin.*

A cet effet, le cultivateur *intelligent* dalle ou bétonne le plancher de son écurie et de son étable, d'ailleurs *très voisines de la* **plate-forme au fumier** *et de la* **fosse au purin**, pour que l'un et l'autre y soient amenés sans perte.

*Le fumier est disposé en tas,* et non épars dans la cour de la ferme.

Le tas de fumier, adossé à un petit mur, repose sur une surface pavée et légèrement inclinée vers la fosse à purin ; celle-ci doit être parfaitement étanche et couverte autant que possible : une pompe y est installée pour l'arrosage du fumier avec le purin.

Dans la masse ainsi disposée, se produisent des fermentations qui la transforment peu à peu en humus. [L'azote ammoniacal s'évaporerait facilement par la chaleur des fermentations et la chaleur du soleil, si l'on n'arrosait pas le fumier comme je viens de vous le dire.]

Mes Amis, rappelez-vous :

1° qu'*il faut éviter de laisser perdre le purin*, comme cela se produit trop souvent dans nos campagnes ;

2° que *le fumier doit être en tas* et non dispersé, gratté par les volailles qui en font perdre l'azote ammoniacal ;

3° que *l'arrosage du fumier avec le purin est essentiel à sa bonne fabrication*, en augmente la richesse.

**298. Quelle est la composition du fumier?** — On y trouve les 4 principes fertilisants fondamentaux : azote, acide phosphorique, potasse et chaux ; *c'est un* **engrais complet.** Mais, le fumier étant formé avec les plantes récoltées dans l'exploitation de la ferme, si les terres de cette exploitation sont pauvres en l'un des 4 principes (l'acide phosphorique, je suppose), le fumier le sera aussi. — *Le fumier est l'image du sol.*

Comme il est rare que le sol ait une composition parfaite, *le cultivateur ne peut se contenter du fumier pour enrichir ses terres ; il doit employer encore d'autres engrais*, des **engrais complémentaires.**

**299.** *Utilisera-t-il n'importe quelle substance?* celles que des gens peu scrupuleux viennent lui offrir, en particulier, comme *engrais bons pour toutes les terres?* Qu'il s'en garde bien ! il ferait, la plupart du temps, une opération déplorable.

**Donner trop** *ou* **donner trop peu** *d'une matière nécessaire à une plante, c'est préparer une récolte défectueuse dans les deux cas* ; on a fait, de plus, une dépense inutile.

Ainsi, mes Amis, il faut *apprendre à* **analyser sa terre** pour connaître les substances dont elle a besoin, *en vue de telle ou telle culture*, puis acheter et *y répandre* **en quantité convenable** *la matière qui fait défaut* (fig. 283). — [Vous apprendrez plus tard l'analyse chimique et la nature des engrais].

FIG. 283. — Cultures comparées du Haricot : dans une terre épuisée, à gauche ; dans une terre additionnée d'un engrais convenable, à droite.

**300.** Toutes les plantes n'ont pas les mêmes besoins, en effet ; voilà pourquoi *la culture doit être raisonnée :*

Le Blé, le Seigle, l'Avoine, le Chanvre exigent plus de *matières azotées ;*

FIG. 284.— Le Trèfle [Légumineuses].

la Vigne, la Luzerne, le Trèfle (fig. 284), la Pomme de terre demandent plus de *potasse ;*

au Maïs, au Topinambour, l'*acide phosphorique* est plus nécessaire.

On donne pour cela aux plantes : soit des *engrais verts*, c'est-à-dire une récolte enfouie en totalité (Lupin), ou en partie (Trèfle) ; soit des *engrais minéraux* qui sont :

le nitrate de soude et le sulfate d'ammoniaque [engrais *azotés*] ;

. le nitrate et le chlorure de potassium [engrais *potassiques*] ;

le phosphate et le superphosphate de calcium [engrais *phosphorique*].

(La chaux est généralement en quantité suffisante)..

## La plante se nourrit de l'air et du sol *(fin)*.

73ᵉ LECTURE                                   [3ᵉ COURS]

**301. Quel profit tire la plante des matières absorbées par elle dans le sol et dans l'air ?** — Voilà, mes Enfants, le dernier point qu'il nous reste à traiter pour savoir comment se nourrit le végétal.

La racine puise, dans la terre, l'*eau* et les *sels* que cette eau a pu y dissoudre toujours en fort petite quantité (2 ou 3 grammes au plus par litre.)

La sève brute qui en résulte monte, par les vaisseaux du bois, jusque dans la tige et les feuilles, *poussée* par l'absorption

constante des racines, *aspirée* par la transpiration qui s'effectue dans les feuilles (fig. 266).

Fig. 285.
Un bourgeon de
Marronnier qui
s'épanouit.

Cette *transpiration* enlève à la sève brute une grande partie de son eau ; la *respiration* et l'*assimilation chlorophyllienne* lui font subir une transformation complète :

La sève ne contenait presque que des *sels minéraux* en pénétrant dans les feuilles ; lorsqu'elle rentre dans la tige, à l'état de **sève élaborée**, pour s'y répandre en tous sens, elle renferme une grande proportion de *matières organiques* (sucres, dextrines, matières azotées, corps gras).

Ces matières sont propres à nourrir toutes les parties de la plante, surtout les organes en voie de croissance comme les bourgeons (fig. 285) ; elles sont capables aussi de s'accumuler, *sous forme de réserves*, dans la racine ou dans la tige, quelquefois dans les feuilles elles-mêmes.

## Installation de notre jardin potager.

**74ᵉ LECTURE**             [2ᵉ & 3ᵉ COURS]

**302. Notre jardin doit être fertile,** pour nous donner des légumes appétissants ; *il doit être à l'abri des vents froids ou trop violents* qui compromettraient la récolte : aussi nous l'abritons par un mur, surélevé du côté du nord et de l'ouest en général ; *pas de haie* autant que possible, parce que nombre d'animaux nuisibles s'y logent, qui commettent des dégâts pendant la nuit dans les cultures.

*Notre sol doit être défoncé profondément* (au moins à 60 centimètres), bien perméable, mais débarrassé des pierres et des gros débris de toutes sortes, du chiendent qui l'envahirait rapidement.

Une fois *le jardin préparé avant les grands froids*, nous y traçons les allées, bombées au milieu, concourant vers le puits, la citerne ou les bassins d'arrosage qui nous seront joliment utiles pendant les grandes chaleurs.

Ceci fait, nous donnons au jardin les engrais nécessaires : le **fumier** *fait* ou le **fumier** *frais* suivant les cultures des

Fig. 286. — La Laitue pommée (Composées).

diverses planches, le *compost*[1], les *cendres* de bois particulièrement riches en acide phosphorique et en potasse.

**303. Quels légumes cultiverons-nous?** — Il en est de 3 sortes:

ceux dont nous mangeons les **feuilles** (Chou (fig. 271), Salade (fig. 286

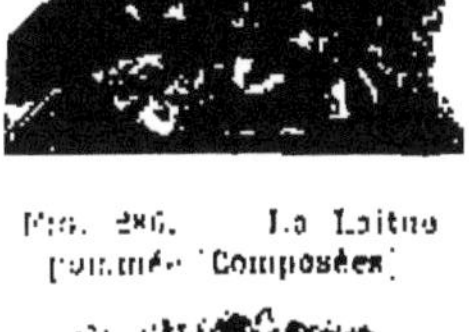

Fig. 287. — La Chicorée frisée (Composées).

Fig. 288. — L'Épinard (Chénopodiacées).

Fig. 289. — Le Céleri (Ombellifères).

Fig. 290. La Pomme de terre (Solanées).

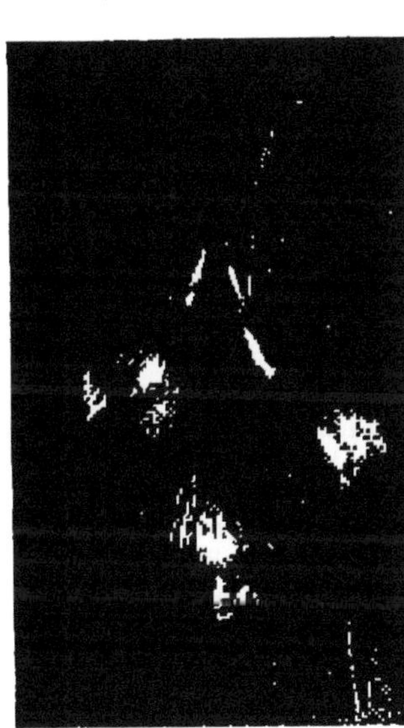

Fig. 291. — L'Oignon (Liliacées).

Fig. 292. — L'Ail (Liliacées).

1. Le compost est formé de débris de toutes sortes (déchets des légumes, feuilles

et 287), Épinards (fig. 288), Céleri (fig. 289), Cerfeuil, etc.];

ceux, dont nous utilisons la **racine** [Carotte, Navet, Radis, Betterave (fig. 234 et 235), etc.]; les **tubercules** (Pomme de terre (fig. 290); le **bulbe** [Oignon (fig. 291), Échalote, Ail (fig. 292), etc.];

ceux dont nous mangeons les **graines** [Haricot, Pois (fig. 238 et 257), Lentille, Fève, etc.]

Les *premiers* exigent beaucoup de fumier (*fait* ou *frais*, peu importe). — Les *seconds* doivent pousser dans un sol ne renfermant pas de fumier frais, pailleux, qui entraverait la croissance des racines et des tubercules. — Les derniers ont besoin de beaucoup d'acide phosphorique et de potasse; comme ce sont des *Légumineuses*, ces plantes fixent l'azote de l'air par leurs nodosités [278].

Dès lors nous devons réserver déjà dans le jardin potager 3 parties, dans chacune desquelles l'une de ces cultures sera entreprise.

[La même partie du jardin servira :

cette année à la culture des **légumes-feuilles**, après une abondante fumure au printemps ;

l'année prochaine à celle des **légumes-racines**, sans fumure préalable ;

dans deux ans, à celle des **légumes-graines**, en y répandant un peu de cendres. — Nous réalisons ainsi un *assolement* et nous recommencerons de même tous les trois ans (*assolement triennal*)].

**304.** Rappelons-nous, au moment de faire nos plantations, que pour avoir de beaux légumes, il faut employer de *bonnes* graines, c'est-à-dire des graines bien constituées, *ayant conservé leur faculté germinative* [256].
Les graines sont bonnes seulement :
pendant 1 an, pour les salsifis ;
— 2 ans, pour le cerfeuil, le persil, le haricot, le pois, la fève, le navet, l'oignon, le céleri, la laitue, la mâche, l'épinard ;
pendant 3 ans, pour la carotte, le radis, le chou, la chicorée;
— 6 ans, pour le melon, la citrouille, le cornichon.

rognures de cuir et autres débris animaux) accumulés dans un coin du jardin, en couches successives, avec de la terre interposée et un peu de chaux vive qui en facilite la décomposition.

**305. La culture hâtive ; la culture forcée.** — Voulons-nous obtenir une récolte rapide, avant l'époque ordinaire? Alors nous ferons une *culture hâtive*, sur **couche**, en employant des *châssis vitrés* (fig. 293) ou des *cloches* (fig. 294); par ce moyen, les plantes recevront une grande quantité de chaleur qui favorisera leur développement.

Dans la partie du jardin abritée par le mur contre les vents du nord, on établit ainsi les **couches** :

Du fumier frais de cheval est régulièrement tassé sur une épaisseur de 0ᵐ,40 à 0ᵐ,50, entouré d'un cadre en

Fig. 293. — Une couche et les châssis qui la recouvrent avec ou sans paillasson.

bois long de 1ᵐ,30, large de 1 mètre ; dans ce cadre, on dispose sur le fumier une couche de bon terreau épaisse de 0ᵐ,20 environ (page 77).

Par la fermentation du fumier, une grande quantité de chaleur se dégage d'abord.

Aussitôt le *coup de feu* passé, on fait les semis que l'on couvre d'un châssis vitré : le verre se laisse bien traverser, suivant *f*, par la chaleur du soleil qui contribue à maintenir la couche chaude ; mais il ne se laisse pas traverser en sens inverse par la chaleur de la couche. De cette façon, les graines germent rapidement et les jeunes plants se développent vivement.

Si le soleil est trop ardent, on soulève le châssis, ou bien on le recouvre d'un paillasson s'il est nécessaire.

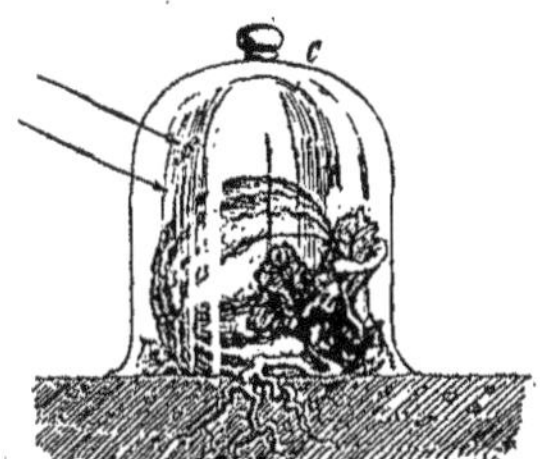

Fig. 204. — Culture sous cloche : la chaleur lumineuse du soleil traverse le verre, suivant les flèches *f*; la chaleur non lumineuse reste concentrée sous la cloche.

### 306. Les Légumes cultivés

**pour leurs feuilles**. — Je me contenterai de vous énumérer les principaux d'entre eux en vous indiquant les dates : de leurs semis, du repiquage des jeunes plants (s'il y a lieu), et de leur récolte.

| | LÉGUMES | SEMIS | REPIQUAGE DES PLANTS | RÉCOLTE |
|---|---|---|---|---|
| **Choux** | d'York. <br> Milan. <br> Quintal. <br> de Bruxelles. <br><br> Choux-fleurs. | Août. <br> Début du printemps. <br> id. <br> Février-Mars. <br><br> Au print. (sur couche) <br> Avril. | Nov. (puis buttage). <br> Avril. <br> id. <br> Avril-Mai (puis pince-ment de la tige). <br> Avril. <br> Mai. | Avril. <br> Août. <br> Novembre-Décembre <br> Octobre-Février. <br><br> Juillet-Août. <br> Octobre. |
| **Salades.** | Laitues. <br> Laitue de la Passion. <br> Chicorées. | Mars-Juillet. <br> Août-Septembre. <br> Juin-Juillet. | Quelq. semaines apr. <br> Avant l'hiver. <br> 3 semaines après. | Toute la belle saison. <br> Mars-Avril. <br> Octobre-Novembre. |
| **Divers.** | Céleri. | Avril-Mai. | 6 semaines après (buttage en Octobre). | Tout l'hiver. |
| | Épinard. | Printemps (craint la chaleur). <br> 15 Août-15 Octobre (préférable). | | Pendant l'été. <br> Pendant l'hiver. |
| | Oseille. | Au printemps. | | Toute l'année. |
| | Cerfeuil, Persil. | Février-Août. | | Toute l'année. |

FIG. 295. — L'Artichaut [Composées].

L'*Artichaut* (fig. 295) est un lé-gume dont nous mangeons la base des *feuilles-bractées* qui entourent les fleurs. — A l'automne, on enlève du pied les rejets ou *drageons* que l'on conserve à l'abri du froid pendant l'hiver ; au printemps, ils sont plan-tés, binés et arrosés souvent. — La récolte en a lieu pendant l'été.

**307. Les Légumes cul-tivés pour leur racine, leurs tubercules ou leur bulbe.** — Les principaux sont cultivés comme l'indique le tableau :

| | LÉGUMES | SEMIS | REPIQUAGE<br>et<br>opération de culture | RÉCOLTE |
|---|---|---|---|---|
| **Racines.** | Betterave rouge. | Avril-Mai. | 1er binage après 6 semaines puis on éclaircit. | Octobre. |
| | Carotte { grelot. / aut. variétés. | Août. Avril-Mai. | | Avant l'hiver. Fin Septembre. |
| | Navet, Chou-rave, etc. | id. | Sarclages. | Août-Octobre. |
| | Radis. | Tous les mois. | | 30 jours après (belle saison). |
| | Salsifis. | Au printemps. | | Pendant l'hiver. |
| | **Tubercules :** Pomme de terre. | Mars. | Buttage et binages [1]. | Fin Septembre. |
| **Bulbes.** | Oignon. Ail, Échalote. | Début de février. *Caïeux* plantés en Février. | Avril-Mai. Torsion des tiges fortes. | Août-Septembre. Août. |
| | Poireau. | Au printemps. | Juin, puis buttage. | Octobre-Février. |

L'*Asperge* se cultive par *griffes* (fig. 244). — Le semis d'une année donne des jeunes griffes plantées en mars, l'année suivante, dans une fosse bien fumée et en terre légère; au bout de 3 ans, on commence à récolter et ainsi pendant 20 ans, si l'on a soin de déchausser le plant à l'automne, de couper les tiges qui ont fleuri, et de fumer tous les deux ans.

On coupe en avril-juin les jeunes tiges comestibles.

## 308. Les Légumes cultivés pour leurs graines et leurs fruits. — Les principaux d'entre eux sont traités comme il suit :

---

1. Les feuilles de la Pomme de terre sont attaquées par un Champignon appelé *Phytophthora*, surtout par les temps chauds et humides; rapidement les feuilles sont détruites, l'assimilation chlorophyllienne est arrêtée, la mise en réserve d'amidon dans les tubercules est enrayée : les tubercules demeurent petits et sont souvent atteints par la maladie.

Un traitement *préventif* (à effectuer quand la chaleur et l'humidité persistent longtemps) consiste à arroser les feuilles avec la *bouillie bordelaise*, composée de : 100 litres d'eau, 1k.5 de sulfate de cuivre ou vitriol bleu, 1k de chaux vive.

Le sulfate de cuivre tue les spores à l'aide desquelles le Champignon se propage.

| | LÉGUMES | SEMIS | TRAVAUX PARTICULIERS | RÉCOLTE |
|---|---|---|---|---|
| **Graines.** | Pois.<br>Haricot.<br><br>Fève, Lentille. | Mars-Mai.<br>Avril-Mai (craint les gelées).<br>Mars-Avril. | | Pend. la belle saison.<br>id.<br><br>Septembre. |
| **Fruits.** | Tomate.<br>Melon.<br>Citrouille.<br>Concombre.<br>Fraisier. | Janv.-Fév.(s. couche)<br>Fin Mars (sur couche)<br>Au printemps, avec fumure abondante.<br>Se multiplie par *stolons* ou *coulants*. | En Mai, on pince les tiges.<br>Soins très minutieux. | Juillet-Octobre,<br>Maturité sous cloche.<br><br>Août-Octobre.<br>Juin-Septembre. |

309. Les légumes, associés à la viande en proportion convenable, constituent pour nous un excellent régime alimentaire.

Ils jouissent de propriétés diverses.

Le pois, le haricot, la fève, la lentille sont très nourrissants et bien plus faciles à digérer sous forme de purée; la pomme de terre, *conservée à l'obscurité*, nous est également précieuse par sa fécule; il en est de même pour la betterave et la carotte, riches en sucre.

Le chou, le navet, l'artichaut cru et le melon (fig. 296) sont pénibles à digérer. — L'épinard, l'oseille, la tomate, le céleri, le salsifis, sont très hygiéniques par contre. — Les salades ont sur nous des effets divers : la laitue est légèrement purgative, la chicorée est dépurative, le pissenlit est diurétique. L'asperge jouit aussi de cette dernière propriété.

Fig. 296. — Le Melon [Cucurbitacées].

## Nos arbres fruitiers.

75ᵉ LECTURE      [2ᵉ & 3ᵉ COURS]

310. **Les arbres fruitiers**. — Mes Enfants, on appelle ainsi les arbres que nous cultivons pour en obtenir des fruits comestibles.

Parmi ceux que renferment nos jardins, vous connaissez :
le *Cerisier* (fig. 236), le *Prunier*, l'*Abricotier*, le *Pêcher*, etc., avec leurs **fruits à noyaux**;

le *Pommier*, le *Poirier*, la *Vigne*, le *Groseillier* (fig. 297), etc., avec leurs **fruits à pépins**.

Le *Figuier* (fig. 298), l'*Oranger*, le *Citronnier*, le *Grenadier*, se cultivent

FIG. 297. — Le Groseillier à grappes [Saxifragées].    FIG. 298. — Le Figuier [Urticacées].    FIG. 299. — Le Noyer [Amentacées].

surtout dans le midi de la France, ou à l'abri des gelées et des vents froids. — Certains arbres tels que le *Noyer* (fig. 299), le *Noisetier*, le *Châtaignier* (fig. 250), le *Néflier*, le *Cognassier*, tout en étant d'un bon profit, nécessitent moins de soins que quelques-unes des espèces précédentes.

**311. Comment obtient-on un arbre fruitier ?** — On pourrait planter des graines, comme cela se fait pour un végétal ordinaire; mais, à part le Pêcher et quelques variétés de Pruniers, les arbres ainsi obtenus sont des *sauvageons* aux fruits petits et de médiocre qualité.

Alors on multiplie les arbres fruitiers :

1° par *marcottage* ou par *bouturage* aux dépens d'un arbre de choix;

2° par *greffage* des sauvageons.

**312.** Le **marcottage** consiste à enfouir dans la terre une partie du rameau *B* d'un arbre *A* (fig. 300); l'extrémité du rameau sort de terre. Au bout de quelque temps, des racines adventives se développent, surtout à l'endroit des bourgeons enfouis; le rameau enraciné pousse avec vigueur : c'est une *marcotte* qui pourra tôt ou tard être séparée de l'arbre[1].

---

1. Le Fraisier se multiplie aussi par marcottage de ses *stolons*, sans que nous ayons à nous en occuper.

C'est ainsi qu'on multiplie, ou qu'on remplace un peu avant l'hiver, les pieds de Vigne (*provignage*).

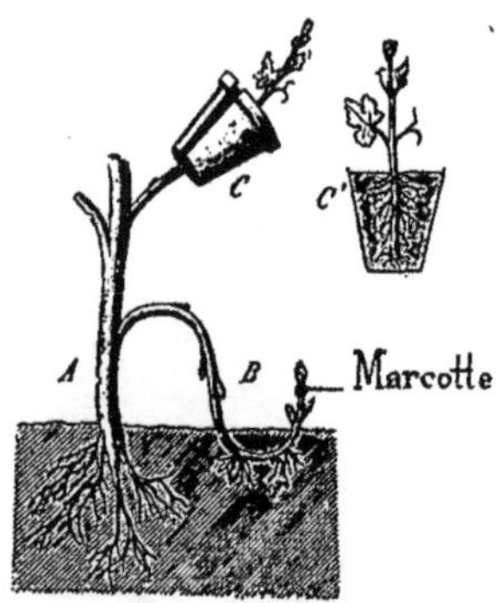


Fig. 300. — Par le marcottage, on enfouit, dans le sol, une partie d'un rameau qui y acquiert des racines adventives.

Quand il s'agit de multiplier d'excellents arbres fruitiers dont les rameaux sont éloignés du sol, on entoure quelques-uns de ces rameaux avec des pots à fleurs remplis de bon terreau (*C*); la portion de branche ainsi enfouie acquiert des racines adventives; puis on détache cette marcotte (*C''*) pour la mettre en pleine terre.

**313.** Le **bouturage** consiste à détacher un fragment de tige (fig. 301) avec ses boutons (yeux); la *bouture*, en partie enfoncée dans la terre humide au printemps, y acquiert des racines adventives et devient une plante nouvelle[1].

*Les arbres obtenus par marcottage et par bouturage héritent de toutes les propriétés, de toutes les qualités de leurs plantes-mères.*

**314.** Par le **greffage**, on transporte une bouture vigoureuse appelée *greffon*, non pas dans la terre, mais sur une autre plante (ou *sujet*) aux dépens de laquelle elle se nourrira.

La greffe ne peut avoir lieu qu'entre deux plantes identiques, entre deux variétés d'une même espèce, plus rarement entre deux espèces voisines.

Pour que l'opération ait toute chance de réussir, il faut : 1° *la faire au moment où la sève commence à circuler*, au printemps; 2° *mettre en contact parfait les cambiums du sujet et du greffon*, dont les sections ont dû être nettement faites, pour que la sève du sujet

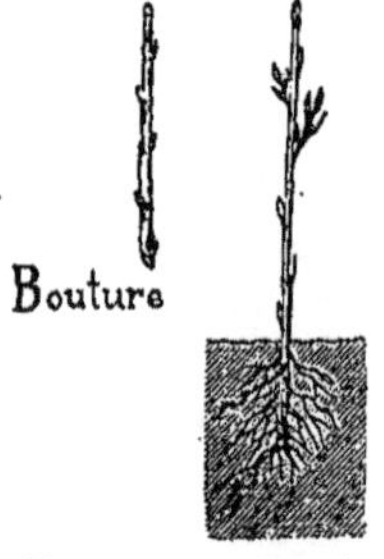


Fig. 301. — Par le bouturage, on enfouit, dans le sol, une portion de rameau *indépendante*, qui y acquiert des racines adventives par la suite.

---

passe facilement dans le greffon et en provoque l'épanouissement des bourgeons.

315. La greffe se pratique de diverses ma-
nières :

Dans la *greffe en fente* (fig. 302), le sujet est
coupé transversalement, puis légèrement fendu
suivant l'un de ses diamètres; on introduit dans
la fente le greffon, rameau taillé en *biseau*, en
faisant coïncider le cambium du greffon et celui
du sujet; on ligature fortement le tout et on
recouvre toutes les sections libres d'un mastic,
d'un onguent protecteur contre la dessiccation.

Fig. 302. — La
greffe en fente.

La *greffe* est dite *en couronne* quand plusieurs greffons sont
placés tout autour du même sujet, et
de la même manière.

La greffe en fente appliquée à la Vigne se
fait comme l'indique la
figure 303.

Dans la *greffe en
écusson* (fig. 304), c'est
un bourgeon qu'on
transporte sur le su-
jet, avec une petite
quantité du bois qui
aboutit à ce bourgeon

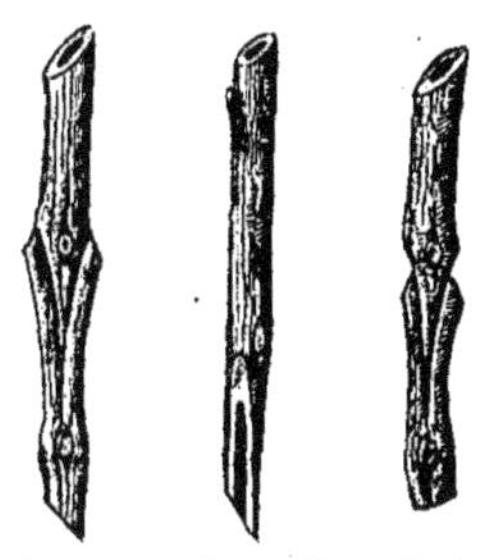

Fig. 303. — La greffe en fente
appliquée à la Vigne.

Fig. 304. — La greffe
en écusson.

(appelé encore *œil*). — Le sujet est ainsi préparé : deux fentes
en T sont pratiquées à travers l'écorce et le liber de la tige
jusqu'au cambium; on écarte légèrement les bords de la fente
en long, pour appliquer le bourgeon contre le cambium.

La sève parviendra de cette manière à l'écusson.

On dit que la greffe est effectuée : à *œil poussant*, au réveil
de la végétation au printemps; à *œil dormant*, en août, car
le bourgeon ne s'épanouira qu'au printemps suivant.

Le greffon, en se développant, donne des produits de même
valeur que ceux de l'arbre sur lequel il a été pris.

L'arbre fruitier une fois obtenu, il faut l'entretenir, le
tailler.

316. **Les soins qu'exige un arbre.** — Un arbre fruitier
doit être **planté** d'abord dans un trou d'assez grandes dimen-

sions. Une fois posé sur une motte centrale par ses racines rafraîchies [264], il est enfoui par son pied dans d'excellente terre, dont il convient d'exclure le fumier frais.

L'arbre pousse : *en plein vent*, quand ses branches croissent librement (fig. 236);

*en contre-espalier*, quand ses rameaux sont dirigés par des poteaux, des fils métalliques, suivant certains sens;

*en espalier* quand ses branches sont étalées contre un mur (fig 305) et parfois disposées en cordons horizontaux (fig. 306).

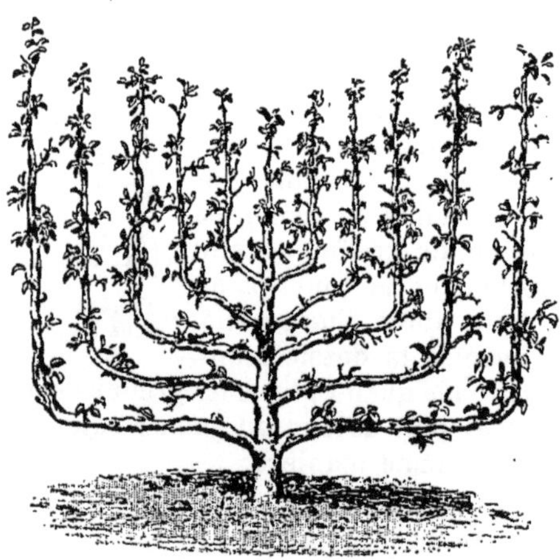

FIG. 305. — Le Poirier en *palmette*.

Dans ces derniers cas, l'arbre est **taillé** suivant les principes connus des jardiniers.

**317.** La taille des arbres a pour but d'en enlever, au sécateur, les parties qui

FIG. 306. — Le Pommier en *cordon*.

nuisent à sa beauté, à la régularité de son rendement et au développement de ses fruits.

*Cette opération a lieu quand la sève ne circule pas* (au début du printemps, en général) ; elle exige de l'opérateur la connaissance des **productions fruitières**.

Soit le Poirier, par exemple. — Au printemps, nous y remarquons 2 sortes de bourgeons : des *bourgeons à bois* pointus; des *bourgeons à fruits* plus gros.

Ces bourgeons sont portés par des rameaux qu'on appelle **lambourde**, **dard**, **rameau à bois**, suivant leur aspect.

**La lambourde** (fig. 307) est un rameau court et cassant, à surface ridée, qui se développe en 3 ans et fructifie seulement au bout de ce temps. Le jardinier commence à le tailler la 4ᵉ année.

FIG. 307 et 308. — Une *lambourde* à gauche, un *dard* à droite, figurés après 1, 2 et 3 ans.

FIG. 309.
Le Poirier en *pyramide*.

Le **dard** (fig. 308) est un rameau court également mais peu cassant, avec une surface lisse; il ne fructifie aussi que la 3ᵉ année.

Le **rameau à bois** ou brindille ne porte pas de bourgeons à fruits. S'il est taillé d'une façon particulière, ayant pour but de retarder la circulation de la sève, il peut acquérir des bourgeons fructifères.

### 318. Principaux arbres fruitiers [1].

Le *Poirier* a de nombreuses variétés qui se plient assez bien aux diverses formes de taille [la pyramide (fig. 309), la palmette (fig. 305), le cordon (fig. 306)]. — On le greffe sur sauvageon ou sur cognassier.

Récolte *en été* : doyenné de juillet, bon chrétien William (juillet, août), Louise-Bonne (septembre), duchesse d'Angoulême (octobre). — Récolte *en hiver* : doyenné et bergamote d'hiver qui mûrissent dans le fruitier.

Le *Pommier* se cultive plutôt en plein vent, mais aussi en cordons.

Certaines variétés donnent des fruits de table; les autres donnent des pommes à cidre. [On le greffe sur sauvageon, on le multiplie par marcottage.]

Récolte des pommes de table : Rambourg d'été (septembre), reinette d'Angleterre et calville d'automne (octobre), calville blanc, reinette de Canada (hiver) qui mûrissent dans le fruitier.

---

1. Les troncs des arbres fruitiers sont communément couverts de plaques jaunes ou d'un gris cendré, hérissés de végétations touffues, dues à des *Lichens* parasites. Il convient de les en débarrasser, en les chaulant pendant la mauvaise saison, après avoir enlevé la vieille écorce.

Le *Pêcher* en plein vent, obtenu de semis, pousse dans les vignes; on ne le taille pas. Les variétés de jardin sont cultivées surtout en espalier; elles exigent une taille attentive. (On le greffe sur amandier (fig. 310) ou sur prunier.)

L'*Abricotier*, très sujet aux gelées de printemps, à cause de sa floraison hâtive, doit être cultivé à l'abri des vents froids.

Le *Cerisier* est cultivé en plein vent. (On le greffe sur merisier ou sur bois de Sainte-Lucie.)

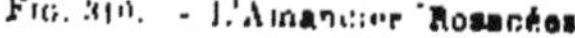

Fig. 310. — L'Amandier (Rosacées).

Fig. 311. — Le Cerisier en fleurs.

Les variétés principales de cerises sont : la cerise commune sphérique, la guigne à chair molle et le bigarreau à chair croquante, tous deux de forme alongée.

Le *Prunier* est aussi un arbre de plein vent obtenu par semis, non taillé dans les vergers.

Les variétés estimées sont : la reine-Claude, la mirabelle, la prune d'Agen (dont on fait des pruneaux).

Le *Groseillier* (fig. 297) et le *Framboisier*, très rustiques, ne se taillent pas d'ordinaire.

## La Vigne. — Nos Arbres forestiers. — Usages des arbres.

76° LECTURE                                    3° COURS.

**319. La vigne.** — C'est un arbrisseau dont la culture couvre en France 2 millions d'hectares : à cause de son importance, elle mérite que nous en parlions un peu longuement.

La vigne ne peut être cultivée que dans le centre et le midi de la France, car elle craint : les gelées de printemps (pour les bourgeons en train d'éclore), les pluies trop abondantes au moment de la floraison (*coulure* de la vigne), la grêle à tout moment (et pendant la fructification), les gelées à nouveau pendant les vendanges.

On multiplie la vigne par marcottes (provignage) et par boutures [311], dans les terrains légers, secs et bien exposés aux rayons solaires. Le mode de culture et la taille en sont différents suivant les régions.

Au printemps, le *cep* produit des sarments couverts de feuilles et pourvus de vrilles (fig. 312) ; en mai-juin apparaissent des grappes de petites fleurs : le fruit charnu est une baie remplie d'un liquide sucré à sa maturité qui survient en août-septembre.

Fig. 312. — La Vigne [Ampélidées].

Le raisin mûr est alors vendangé : on en fait le *vin*.

Veut-on obtenir du *vin blanc ?* on exprime de suite le jus du raisin et on le laisse fermenter seul. — Si on désire du *vin rouge*, le jus est abandonné à la fermentation au contact des débris de la grappe, car la pellicule des grains renferme une matière colorante rouge, insoluble dans l'eau et soluble dans l'alcool.

La Levure de bière (fig. 220), toujours abondante à ce moment sur les grains, transforme le sucre en alcool ; *le jus sucré devient le vin.*

Par la distillation du vin, on obtient de l'*alcool* ; en distillant le marc de raisin, on prépare les *eaux-de-vie* ; avec le vin, on peut aussi obtenir du *vinaigre*.

La France récolte environ 30 millions d'hectolitres de vin par an [1].

---

1. Outre la Pyrale, l'Eumolpe et le Phylloxéra, dont nous avons déjà parlé [154 et 155], qui sont des Insectes, la vigne a de nombreux ennemis parmi les Champignons : l'*Oïdium* (fig. 87) que l'on combat en répandant de la fleur de soufre sur la tige et les feuilles attaquées [101] ; — l'*Anthracnose* qui couvre de taches et de plaies noires la tige, les feuilles et les fruits [On badigeonne, à l'aide d'un pinceau, en hiver, les tiges malades avec un liquide comprenant : 100 litres d'eau, 1 litre d'acide sulfurique, 50 kil. de sulfate de fer] ; — le *Pourridié* qui attaque les racines et qu'on ne sait encore combattre ; — le *Black-rot* auquel sont dues des taches rouges développées sur les feuilles ; — le *Mildew* (mildiou) dû à un champignon appelé *Peronospora*, qui envahit les jeunes tiges et les feuilles. [Ces deux dernières maladies sont combattues par une pulvérisation de *bouillie bordelaise* sur les vignobles atteints (voyez la note de la page 207)].

## 320. Nos arbres forestiers. — Mes Enfants, une forêt

Fig. 313. — Futaie

*est une grande étendue de terrain couverte d'arbres très variés.*

Dans la même forêt sont : des espaces où ne se trouvent que de beaux arbres (ce sont des *futaies* (fig. 313) ; des espaces couverts d'arbres ramifiés dès le pied, au milieu desquels il est difficile de marcher (ce sont des *taillis* (fig. 315). — De beaux arbres surgissent parfois des taillis appelés alors *taillis sous futaies*.

Les taillis sont coupés tous les 10 ans. Ils donnent du bois de chauffage, du bois servant à faire des cercles de tonneaux, des échalas pour les vignes, des lattes pour les toits.

Fig. 314. — Un rameau de Chêne avec fleurs mâles ♂ et fleurs femelles ♀ (Amentacées).

Les futaies fournissent les arbres pour les beaux bois de

construction, c'est-à-dire le Pin, le Sapin, l'Épicéa (fig. 265) des forêts des Landes, des pays de montagnes et du nord de

Fig. 315. — Taillis.

l'Europe ; le Chêne (fig. 314), le Hêtre, l'Orme, le Charme qui peuplent nos forêts du Centre.

**321. Quel usage faisons-nous des arbres?** — Nous n'examinerons ici, mes Amis, que les principales applications de ces végétaux.

Au point de vue de leurs qualités, les bois sont divisés en 3 catégories :

Les *bois blancs*, légers, médiocres combustibles, sont employés pour la fabrication des charbons légers et de la pâte à papier.

Les *bois durs*, lourds, bons combustibles, sont utilisés pour la fabrication des charbons de cuisine, la charpente, la menuiserie, l'ébénisterie, etc.

Les *bois résineux*, excellents combustibles et précieux comme matériaux de construction parce qu'ils sont imputrescibles, abandonnent de la *résine* d'où on peut extraire l'essence de térébenthine.

1° **Bois blancs**. — Les principaux sont : le *Peuplier*, tendre (fig. 316) [caisses d'emballage, menuiserie et carrosserie grossières, pâte à papier, allumettes] ; l'*Aulne*, qui résiste à l'action de l'eau [pilotis, chaises, échelles] ; le *Bouleau*, très tendre [bois de chauffage des boulangers, sabots, cercles de tonneaux] ; le *Saule*, beaucoup plus tendre [vannerie] ; le *Tilleul*, dont le grain est très fin [allumettes, jouets d'enfants] ; le *Châtaignier* [tonneaux, échalas de vigne, grosse charpente), la *Bourdaine* et le *Fusain* (charbon à poudre, crayons à esquisses pour le dessin).

**2° Bois durs.** — Le plus important de tous nos arbres, par la qualité et les usages de son bois, est le *Chêne* dont les forêts couvrent plus de 2 millions d'hectares en France (excellent bois de chauffage, charbon de première qualité; constructions navales, traverses de chemins de fer, merrains pour les tonneaux, lattes; ébénisterie).

Puis viennent : le *Hêtre*, à tige droite et régulière, u bois flexible sous l'action de la vapeur d'eau (poutres et planches pour meubles de cuisine, bateaux, rames, merrains, établis de menuisier), le *Noyer*, excellent bois pour la sculpture et l'ébénisterie; l'*Orme* et le *Charme*, dont le bois se travaille sans se fendre (moyeux de roues, poulies, vis de pression, instruments de menuiserie); le *Poirier*, dont le bois serré et uni est employé pour la sculpture (teint en noir, il imite l'ébène);

Fig. 316. — Le Peuplier croît au bord de l'eau.

le *Prunier*, dont le grain est fin et serré, très riche par son coloris varié (petits meubles).

**3° Bois résineux.** — Ce sont : le *Sapin* qui couvre en France 640 000 hectares; son bois, uni et léger, résiste bien à l'humidité (charpente et constructions navales; caisses d'emballage, allumettes, jouets d'enfants); l'*Épicéa*, susceptible d'un beau poli; le *Pin sylvestre*, le *Mélèze* (grosses constructions maritimes, traverses de chemins de fer, poteaux télégraphiques); l'*If*, le *Cèdre* (fig. 230), le *Cyprès*, le *Thuia* et le *Genévrier* dont le bois a le grain très fin (petits meubles et objets de fantaisie).

## Nos Céréales.

77° LECTURE         2° & 3° COURS

**322. Les Céréales.** — On appelle céréales des plantes dont les graines sont à peu près indispensables à notre alimentation et à celle de nos animaux domestiques; ce sont presque toutes des Graminées (343).

Le *Blé* (fig. 317), le *Seigle*, l'*Orge*, l'*Avoine*, le *Maïs*, le *Riz*, le *Sarrasin* sont des céréales. Les grains qu'on en extrait présentent :

1° des enveloppes qui donnent le *son* par la mouture;

2° un contenu appelé *farine* quand il est moulu ; dans la farine se trouvent du *gluten* et de l'*amidon* [223].

Avec la farine du blé et du seigle, on fait le pain qui est un aliment complet [223].

**323. La culture des céréales** est l'une des plus importantes en France.

Ces plantes exigent un sol bien labouré, débarrassé des mauvaises herbes, suffisamment fumé un mois environ avant les semailles [fumier et superphosphate de chaux [1]].

Fig. 317.
Le Blé barbu
[Graminées].

Les semailles se font : soit à l'automne, soit au début du printemps, *à la volée* (c'est-à-dire avec la main) ou *en lignes* (avec un semoir); ce dernier mode a l'avantage de favoriser l'action de la lumière sur le développement des plantes, de favoriser le *sarclage fait à la main* au début du printemps.

Par le sarclage, on enlève des champs de céréales les chardons, les coquelicots (fig. 318), la moutarde, les bleuets, etc., qui prennent à la culture principale une partie de sa nourriture, de l'air et de la lumière.

**324. *Soit la culture du Blé.*** — On en fait les semailles généralement à l'automne avec des grains de l'année précédente, traités préalablement par une dissolution de 250 gr. de sulfate de cuivre (vitriol bleu) dans 100 litres d'eau.

Fig. 318. — Le Coquelicot, mauvaise herbe dans les champs de céréales [Papavéracées]

Au bout de peu de temps le blé lève, c'est-à-dire que les grains ont germé ; la germination s'arrête par le froid, et les jeunes tiges conservent tout l'hiver une longueur de quelques centimètres seulement.

Au printemps, le développement continue, des racines adventives apparaissent sur la tige près du sol, ainsi que des tiges secondaires : *le blé talle.*

---

1. On recommande de répandre au printemps, sur le sol, des engrais (nitrate de soude et chlorure de potassium); mais l'azotate ou nitrate de soude, très soluble et assimilable, risque de favoriser la *verse* des blés : la verse est due à ce que l'épi très lourd, à l'extrémité d'une haute tige, la casse et la couche. Aussi, dans les bonnes terres à blé, il ne faut pas employer d'azotate de soude; dans les terres riches en azote, il ne faut pas mettre de fumier, mais seulement un engrais sans azote.

A ce moment, on roule le blé pour coucher les tiges contre le sol et favoriser le tallage, en tassant la terre que les gelées de l'hiver ont un peu soulevée.

On sarcle en avril-mai avant la floraison.

L'*épi* (fig. 319), qui apparaît au sommet de la tige, est formé d'un axe le long duquel sont rangés des *épillets* (fig. 320) ; chaque épillet comprend 3 fleurs dont chacune donnera un grain de blé (fig. 321).

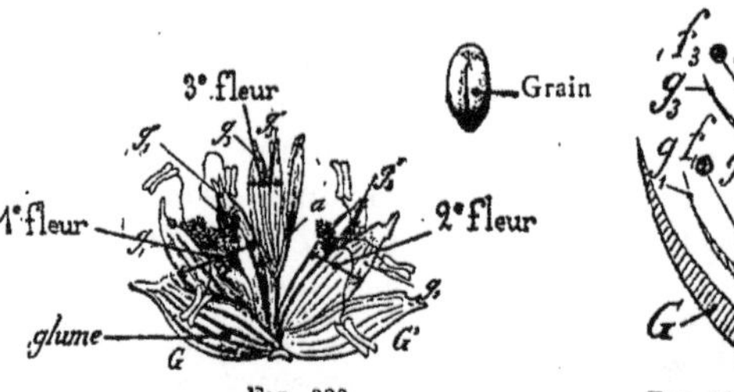


FIG. 319.
Un épi de
Blé.

FIG. 320.
Un épillet de Blé.

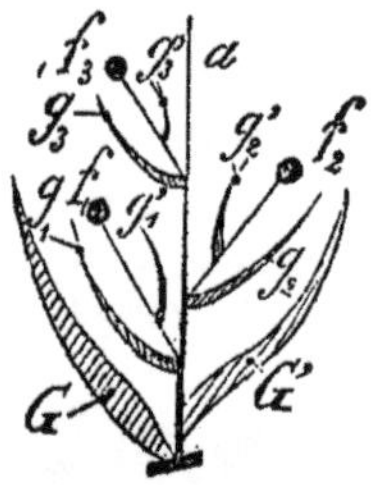

FIG. 321. — Disposition théorique de l'épillet du Blé.

Au mois de juillet, l'épi ayant atteint sa grosseur normale, les tiges jaunissent et meurent. Le moment de la moisson est arrivé ; celle-ci se fait à l'aide de la moissonneuse dans les grandes exploitations, ou plus simplement avec la faux ou la faucille.

Par le battage, au fléau ou à la batteuse, on retire de la récolte : la *paille*, les *balles* ou enveloppes des épillets, enfin les *grains*.

La mouture du blé donne la farine et le son, comme je vous l'ai dit déjà.

**325. Comment fabrique-t-on le pain ?** — Le boulanger *pétrit* la farine avec de l'eau tiède, du *levain* (ou de la levure de bière) et du sel, de manière à obtenir une pâte homogène.

Le levain consiste en un peu de pâte provenant du pétrissage précédent ; il contient des microbes qui feront fermenter la pâte et provoqueront le dégagement de bulles de gaz carbonique en tous ses points.

Le boulanger pétrit à nouveau sa pâte, après quelques heures, avec de l'eau salée, avant de la diviser en *pâtons* dont chacun servira à former un pain. Les pâtons sont placés dans des corbeilles, saupoudrées de farine, puis abandonnés à la fermentation ; ils se gonflent plus ou moins rapidement suivant la température (40 minutes à 1 heure et demie), puis sont portés au four pour la cuisson.

Sous l'influence de la chaleur du four, les bulles de gaz carbonique augmentent beaucoup de volume, soulèvent davantage la pâte et déterminent les yeux du pain ; la pâte de la surface, étant plus cuite, se dore peu à peu. — C'est au boulanger à savoir retirer à temps le pain quand la cuisson est achevée.

## 326. Les diverses céréales et leurs usages. — Le Blé est la plus importante des céréales ; il pousse bien dans les terres fortes et riches de la Brie et de la Beauce [1].

Avec sa farine on fait le pain ; les grains de blé dur riche en gluten, passés au four, puis broyés, donnent la *semoule.*

Le Seigle est cultivé dans les terres légères et pauvres des montagnes ; il résiste mieux que le Blé aux rudes climats. Semé en septembre, il talle en octobre-novembre ; aussi le roule-t-on avant l'hiver [2].

La farine de seigle donne un pain moins nourrissant que celui de blé, mais qui se dessèche moins vite. Le pain de *méteil* est obtenu avec 2/3 de farine de blé et 1/3 de farine de seigle. — Avec la paille de seigle, on fait des paillassons, des liens, des ruches pour les abeilles, des chaises, etc., car elle est moins grosse et plus résistante que la paille de blé.

L'Orge (fig. 323) pousse bien dans les terres fertiles à demi perméables, calcaires ou argilo-siliceuses. C'est une céréale

---

1. Le Blé est atteint par diverses maladies qu'il faut énergiquement combattre :
La *Carie* envahit le grain et le remplit d'une véritable poudre brune, formée des spores d'un Champignon ; ces spores, rendues libres par l'écrasement des grains malades, recouvrent les grains sains, sont semées avec eux et propagent la maladie. (On combat la Carie en plongeant les grains de blé à semer dans une dissolution composée de : 250 grammes de sulfate de cuivre, 100 litres d'eau.)
Le *Charbon* s'attaque au grain de blé dans l'épi et le remplit d'une poussière noire de spores. — La *Rouille* couvre la tige et les feuilles de longues taches orangées, puis noires en juillet : Ce sont là des maladies causées par d'autres Champignons. La meilleure manière de les combattre consiste : à *débarrasser les sentiers et les chemins*, voisins des champs de blé, *des herbes vivaces* qui y poussent ; à *détruire partout l'Épine-vinette*, arbrisseau nécessaire à la propagation de la rouille du Blé.
2. Le Seigle est attaqué par un Champignon, appelé *Claviceps*, qui provoque sur l'épi l'apparition de l'*ergot*. — Certains grains de l'épi de Seigle ont servi au développement d'un corps allongé, noir (fig. 322) renfermant un poison violent. Les débris de l'ergot sont disséminés, par le battage, au milieu des grains de seigle ; par la mouture, ils se retrouvent dans la farine.

Fig. 322.
L'Ergot du Seigle.

Or le poison de l'ergot de Seigle a des effets déplorables sur l'Homme qui mange du pain provenant de cette farine : vertiges, violentes douleurs de tête, convulsions, anesthésie (perte de la sensibilité), refroidissement des membres inférieurs, etc.
On ne combat que difficilement le *Claviceps*.

de printemps ; on l'emploie pour engraisser les bestiaux et les volailles, mais surtout pour *fabriquer la bière*.

Fig. 323. —
L'Orge.
[Graminées].

A cet effet, on fait germer les grains d'orge, disposés en couches de 0ᵐ,50 dans des caves à la température de 12 à 15° ; la masse s'échauffe, aussi la remue-t-on de temps à autre en diminuant son épaisseur ; au bout de 5 à 8 jours, par la germination, une *diastase* ou *ferment* a commencé à se développer. — On arrête cette germination en portant l'orge dans des greniers secs et aérés, puis en le soumettant à une température élevée : le *malt* est ainsi obtenu. Porté dans des cuves au contact de l'eau, de 40° à 65°, le malt abandonne à l'eau *la diastase* qui *agit sur l'amidon* du grain d'orge *et le transforme en sucre.*

Fig. 324. — Un cône de Houblon.

*La fermentation du moût*, additionné de *houblon* (fig. 324), consiste dans le changement du *sucre* en alcool ; le liquide alcoolique produit s'appelle la *bière*

Fig. 325. —
L'Avoine
[Graminées].

L'Avoine (fig. 325 et 326, qui réussit bien dans les terres franches et légères, est cultivée en vue de l'alimentation des chevaux et des volailles.

Sa paille, comme celle de l'Orge, sert de litière et de nourriture aux bestiaux.

En France, le Maïs se cultive pour le grain seulement dans le Midi ; dans le Centre et le Nord, on le récolte comme fourrage vert, très riche en sucre (fig. 237).

Fig. 326. —
Une grappe
d'épillets
d'Avoine.

Avec la farine de maïs, on fait une sorte de pain ou *gaude* difficile à digérer. — Le grain broyé sert à engraisser les porcs, les volailles, à nourrir les jeunes bestiaux. — Avec les grandes bractées qui enveloppent l'épi, on fait des matelas ; avec la paille, on fabrique des paillasses. — La distillerie utilise le maïs pour en tirer de l'alcool.

Le Sarrasin ou Blé noir est une plante des terrains granitiques pauvres. Il craint les gelées de printemps et les chaleurs excessives ; il réussit bien en Bretagne et dans le Plateau central.

Sa farine sert à nourrir les volailles et les animaux domestiques ; parfois même l'Homme s'en alimente. Le Sarrasin est enfoui quelquefois comme engrais vert, moins riche en azote que les Légumineuses.

Le **Sorgho** est cultivé dans le midi de la France, comme le Maïs.

Les tiges de sorgho servent à faire des balais; les volailles apprécient ses graines comme aliment. — C'est en Afrique surtout que le sorgho acquiert une importance comparable à celle du blé chez nous; le *couscous* des Sénégalais est la farine de sorgho, avec laquelle ils font leur pain.

Le **Riz** ne se cultive pas en France, mais dans nos colonies équatoriales où se trouve un sol marécageux [l'Indo-Chine, par exemple] et aussi en Italie.

Le Riz est très substantiel et d'une digestion facile quand il est bien cuit.

## Les prairies.

**78° LECTURE**                                    [2° & 3° COURS].

**327. Les Plantes fourragères.** — On désigne sous ce nom, mes Enfants, les plantes qui constituent nos **prairies** *naturelles* et nos **prairies** *artificielles*, indispensables à l'alimentation du bétail.

Au printemps, dès que la végétation se manifeste, les plantes des prairies croissent; certaines d'entre elles, grandissant plus vite, pourront être fauchées de bonne heure et donner un *fourrage vert* dont les bestiaux sont très friands.

La récolte la plus importante, faite en juin ou juillet et séchée sur le pré, donne un *fourrage sec* appelé *foin*, recueilli sous des hangars ou dans les greniers; ce foin servira de nourriture aux animaux domestiques en hiver.

**328. Les prairies naturelles.** — Une prairie naturelle occupe d'ordinaire le fond d'une vallée, au bord d'un cours d'eau; toutefois dans les pays montagneux, grâce à une irrigation convenable, le cultivateur a pu obtenir que les prairies naturelles couvrissent les flancs très inclinés des montagnes jusqu'à plusieurs centaines de mètres de hauteur.

Les bonnes plantes des prairies appartiennent à 2 importantes familles : les **Graminées** et les **Légumineuses** [343].

Les principales Graminées fourragères sont: le *Paturin* (fig. 327), la *Fétuque* avec une grappe étalée de petits épillets; le *Dactyle* aux épillets disposés par paquets; la *Fléole* et le *Vulpin* (fig. 328) avec leur épi cylin-

FIG. 327.
Le Paturin des prés
[Graminées].

FIG. 328. — Le
Vulpin des prés
[Graminées].

FIG. 329.
Le Lotier corniculé
[Légumineuses].

FIG. 330.
La Renoncule âcre,
mauvaise plante des
prairies naturelles.
[Renonculacées].

drique; le *Ray-grass* aux épillets aplatis, assez espacés le long de l'épi; le *Fromental* ou Avoine élevée, etc.

La *Flouve odorante* et la *Brize* sont de médiocre valeur.

L'*Agrostide*, le *Brome*, la *Canche*, la *Molinie* donnent un foin grossier et fort peu nutritif.

Les principales Légumineuses fourragères des mêmes prairies sont : le *Trèfle blanc* rampant à courte grappe de fleurs (fig. 284), le *Sainfoin* à grappe allongée de fleurs roses, la *Lupuline* aux minuscules fleurs jaunes, le *Lotier corniculé* (fig. 329).

**329**. Si vous voulez créer une bonne prairie naturelle, il faut d'abord bien préparer le terrain, puis y semer quelques espèces de graines seulement, choisies parmi les meilleures et variables avec l'exposition du pré [5 Graminées par exemple, associées à 4 ou 5 Légumineuses]. — Dans la suite, vous en enlèverez les mauvaises herbes par dés hersages en hiver (en vue d'arracher les Mousses) ou au commencement du printemps.

Au réveil de la végétation, il faut y répandre des engrais contenant de l'acide phosphorique et de la potasse (les cendres sont excellentes à ce point de vue); à l'automne, on arrose la prairie avec du purin très étendu d'eau.

**330. Les prairies artificielles.** — Une prairie artificielle est formée de Légumineuses. Les principales espèces
employées à cet effet sont : la *Luzerne*, le *Trèfle*,
le *Sainfoin*, la *Lupuline*, la *Vesce*, etc.

La *Luzerne* est une plante à racine pivotante qui nécessite un sol calcaire, profond et fertile; elle vit 7 ou 8 ans.
— Semée en mars avec une céréale de printemps, la
Luzerne croît à l'abri de cette dernière; aussi, après la
moisson, elle reste seule à couvrir le sol; à l'automne,
elle est assez forte pour résister aux gelées. Elle
donnera 3 ou 4 coupes par an.

Le *Trèfle* violet (ou Trèfle rouge) prospère dans un sol
profond, riche et un peu frais; il vit 2 ans. — Semé avec
une céréale en mars, il est pâturé après la moisson et donne
2 coupes l'année suivante; le Trèfle est utilisé surtout
comme fourrage vert [1].

Le *Sainfoin* ou *Esparcette* est une plante rustique des
terrains calcaires, qui y vit ordinairement 3 ou 4 ans, souvent davantage. Elle ne donne qu'une coupe par an à la
floraison, puis on la fait pâturer à l'automne; son foin est
excellent.

La *Lupuline* ou *Minette dorée* se contente de terrains
calcaires médiocres; elle dure 2 ans; semée avec une
céréale de printemps, elle donne un excellent pâturage à
l'automne, et l'année suivante un très bon fourrage.

La *Vesce* prospère dans les sols argileux. — La *Vesce
velue*, semée à la fin d'août, donne une récolte en mai
suivant; la variété de printemps semée de mars à juin, de
3 en 3 semaines, donne du fourrage vert pendant toute la
belle saison.

Fig. 331. — La
Cuscute (parasite
de la Luzerne et
du Trèfle).

Toute prairie artificielle doit recevoir des
engrais convenables pour prospérer, *des arrosages au purin*
et particulièrement les substances qui lui donnent l'acide
phosphorique, la potasse et la chaux [cendres, plâtre, chaux,
suie].

---

1. La Luzerne et le Trèfle sont attaqués par un parasite, la *Cuscute* (fig. 331); cette
plante sans chlorophylle consiste en de longs filaments d'un rose pâle, présentant çà
et là des *suçoirs*, au contact des tiges de Luzerne ou de Trèfle étroitement enserrées;
c'est à l'aide des suçoirs que la plante parasite puise sa nourriture, aux dépens de la
Luzerne ou du Trèfle envahis. Ces dernières se développent mal et finissent par
mourir.

Quand les taches de Cuscute sont peu étendues, on les fauche avec soin, on brûle
l'herbe coupée, puis on arrose le sol, à l'endroit des taches, avec une dissolution de
10 kilogr. de sulfate de fer dans 100 litres d'eau. — Si les taches de Cuscute sont
trop étendues, il ne reste qu'à défricher.

## Nos Plantes industrielles, nos Plantes médicinales, etc.

**79ᵉ LECTURE** [3ᵉ COURS]

**331. Qu'est-ce qu'une plante industrielle?** — C'est une plante qui fournit un ou plusieurs produits dont l'industrie peut tirer parti.

Vous savez déjà, mes Amis, que de la Betterave et de la Canne à sucre on extrait le sucre que nous mangeons; que la Pomme de terre fournit de la fécule; que l'Orge sert à fabriquer la bière.

Il existe encore d'autres plantes industrielles importantes.

Les **plantes textiles**, comme le Chanvre (fig. 332), le Lin (fig. 253), la Ramie, etc., nous donnent des fibres employées en filature pour là confection des toiles. — Les **plantes oléagineuses**, comme le Colza, le Pavot, l'Olivier, nous fournissent de l'huile. — Les **plantes tinctoriales**, comme la Garance, nous donnent des matières colorantes, etc.

FIG. 332. — Le Chanvre (pied mâle à gauche, pied femelle à droite) [Urticacées].

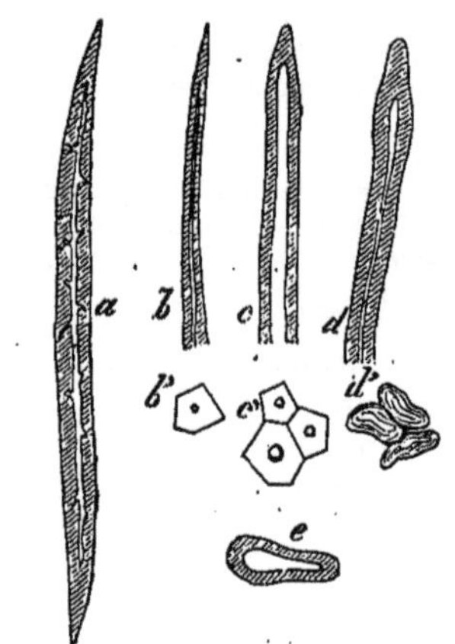

FIG. 333. — Fibres textiles : *a*, forme générale : *b*, Lin ; *c*, Jute ; *d*, Chanvre ; *b'*, *c'*, *d'*, sections des mêmes fibres ; *e*, section d'une fibre de Ramie.

**332. Les Plantes textiles** — Les tiges de ces plantes renferment des fibres longitudinales (fig. 333) intercalées dans leurs tissus, qui leur donnent une grande solidité.

Ces fibres, rendues indépendantes les unes des autres par le *rouissage* suivi du *peignage*, sont ensuite travaillées à la filature pour la fabrication des toiles.

Le *rouissage* consiste à faire séjourner au fond de l'eau pendant près de 15 jours les tiges de Chanvre, de Lin, etc.; celles-ci sont envahies par un microbe, le Bacille Amylobacter (fig. 223) qui détruit tous les éléments de la tige, sauf les fibres. Il suffit alors de prendre par paquets les tiges ainsi altérées, de les faire passer entre les pointes d'acier de peignes de plus en plus fins, pour isoler les fibres. — Le rouissage doit s'effectuer loin des habitations. — *Évitez soigneusement de boire l'eau où ont séjourné ces tiges.*

Le **Chanvre** est une plante textile cultivée dans les terres fraîches, profondes et fertiles de nos pays; elle présente des pieds de 2 sortes : les uns, plus petits, ne portent que des fleurs avec étamines [ce sont les *pieds mâles*], les autres, plus grands et plus forts, ne portent que des fleurs à pistil [ce sont les *pieds femelles*, que les cultivateurs appellent à tort les pieds mâles].

Semé au mois de mai, le Chanvre est récolté à 2 reprises : les pieds mâles sont arrachés à la floraison, les pieds femelles avant la fin de la maturation du fruit (qu'on appelle *chènevis*).

Avec les fibres du Chanvre, on fabrique de la toile et des cordages. — Le fruit est donné comme nourriture aux Oiseaux; comprimé, il abandonne l'*huile de chènevis employée* pour l'éclairage, la peinture, la fabrication des savons.

Le **Lin** se complaît dans les pays du Nord, en terre fertile et profondément travaillée.

Le lin d'hiver est semé en septembre, le lin de printemps en avril; s'il est nécessaire, on le sarcle pendant sa croissance. On l'arrache avant la complète maturité des graines.

Les fibres du Lin sont très fines (fig. 333, *b*) et employées pour fabriquer le linge fin, les dentelles. — Sa graine comprimée fournit une huile siccative qui durcit vite à l'air; avec la farine de lin on fait des cataplasmes.

La **Ramie** cultivée aujourd'hui dans le midi de la France, l'**Ortie**, l'**Alfa**, etc., sont d'autres plantes textiles dont les fibres servent à la confection de cordages, de carpettes, etc.

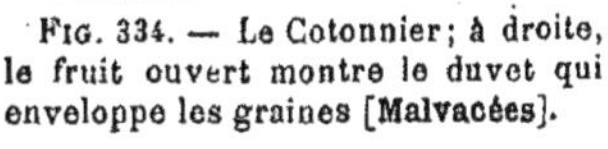

Fig. 334. — Le Cotonnier; à droite, le fruit ouvert montre le duvet qui enveloppe les graines [**Malvacées**].

Le **Cotonnier** (fig. 334), qui vit en Amérique, donne des graines enveloppées d'un duvet employé aussi en filature.

**333. Les Plantes oléagineuses.** — Les graines du Chanvre et du Lin nous donnent de l'huile; ce sont donc des plantes oléagineuses; mais les plus importantes sont : le *Colza* et le *Pavot-Œillette*, etc.

Le **Colza** pousse bien en terrain riche et humide, dans le nord de la France. On le cultivait beaucoup autrefois; mais aujourd'hui sa culture est remplacée par celle de la betterave.

Les graines de colza comprimées donnent une huile à brûler, employée aussi dans la fabrication des bougies, des savons; les tourteaux, obtenus comme résidu, forment un engrais complet et un aliment pour les bêtes à cornes.

Le **Pavot-Œillette**, cultivé également dans les terres riches et profondes, nécessite des binages et sarclages répétés, comme le Colza.

On extrait des graines l'*huile d'œillette*, bonne à manger. Les capsules encore vertes (fig. 258), incisées, laissent écouler un suc qui s'épaissit à l'air : c'est l'*opium*.

L'**Olivier** est un arbre qui redoute les froids; aussi ne pousse-t-il que sur les bords de la Méditerranée.

Son fruit vert, gros comme une noisette, renferme une huile comestible très estimée. Les olives sont récoltées après les premières gelées.

**334. Les Plantes tinctoriales.** — On appelle ainsi les plantes qui renferment des matières colorantes employées pour teindre les étoffes.

Autrefois ces plantes étaient cultivées en grand ; mais aujourd'hui on les délaisse parce que les chimistes savent retirer du goudron de houille, noir et infect [61], les couleurs les plus variées et les plus belles.

Des racines de la **Garance**, on retire une couleur *rouge* avec laquelle est teint le drap qui sert à faire les pantalons des soldats. — Les feuilles du **Pastel** donnent une couleur *bleue*. — Des stigmates des fleurs du **Safran**, on retire une belle couleur *jaune*, etc.

**335. Les Plantes médicinales et les Plantes vénéneuses.** — Un certain nombre de plantes renferment des *poisons*, des *substances toxiques;* il y a danger à ce que vous les touchiez, à ce que vous les mettiez dans votre bouche. — Il faut, mes Enfants, que vous connaissiez les **plantes vénéneuses** principales.

**336. *Plantes vénéneuses.*** — Le joli **Bouton d'or** ou **Renoncule** (fig. 330) est une herbe dangereuse, âcre, qui répugne aux bestiaux.
*Évitez d'en mâcher la tige ou les feuilles.*
Les racines de l'**Aconit** et de l'**Hellébore** (fig. 335), les feuilles de la **Clématite**, etc., sont également dangereuses [**Renonculacées**].
A côté de la Pomme de terre, les botanistes rangent, dans les **Solanées**,

des espèces contenant des poisons violents : — La **Belladone**, cultivée quel-

FIG. 335. — L'Hellébore ou rose de Noël
[Renonculacées].

FIG. 336. — La Belladone
[Solanées].

quefois pour l'ornement, a un fruit comparable à une cerise noire (fig. 336) ;
mais ce fruit est *vénéneux*, facile à reconnaître d'ailleurs au calice vert qui
l'enveloppe à sa base. — Les feuilles du **Tabac** (fig. 337) renferment de la
*nicotine*, poison très actif.

[Le tabac à priser ou à fumer est fabriqué avec les feuilles de cette plante ;
il contient de la nicotine. — *Fumer n'est pas utile ; abuser du tabac, c'est
compromettre gravement sa santé.*]

La **Digitale** (fig. 338) aux longues grappes de fleurs pourpres, la **Ciguë**
(fig. 339) abondante sur les décombres, etc., le **Colchique** à la corolle d'un
rose pâle émaillant les prés à l'automne, sont
tous vénéneux.

FIG. 337. — Le Tabac
[Solanées].

FIG. 338. — La Digitale
[Scrofulariées].

FIG. 339. — La Ciguë
[Ombellifères].

Je ne dois pas oublier de vous signaler nombre de **Champignons** dangereux ; aussi convient-il que vous apportiez la plus grande prudence en faisant

le choix des Champignons comestibles tels que : le *Bolet* (fig. 340), l'*Agaric* champêtre (fig. 341), la *Clavaire* (fig. 342), la *Girolle* (fig. 343).

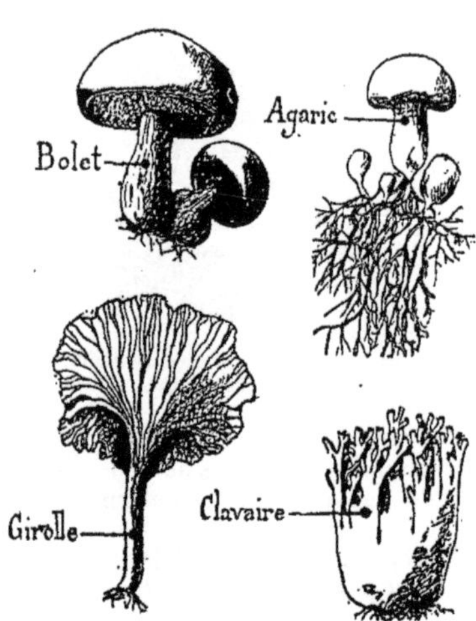

Fɪɢ. 344. — La Pariétaire
[Urticacées].

Fɪɢ. 340 à 343.
**Champignons** comestibles.

Fɪɢ. 345. — Le Tilleul (feuille, *f*;
bractée, *br*; fleur, *fl*) [Tiliacées].

**337. *Plantes médicinales*.** — Elles sont très nombreuses :

Les unes sont **apéritives,** c'est-à-dire excitent l'appétit et facilitent la digestion, comme les racines et les feuilles de la *Chicorée sauvage* (fig. 276), les fleurs de la *Camomille*, les cônes du *Houblon* (fig. 324) pris en infusion.

D'autres sont **purgatives,** comme le fruit du *Lierre* (à employer prudemment). — D'autres sont **vermifuges,** c'est-à-dire chassent ou tuent les vers intestinaux, comme les feuilles de l'*Absinthe* en infusion dans l'eau, l'*Ail* en décoction dans le lait, etc.

Sont **astringentes** les feuilles de *Ronce* et de *Framboise* dont l'infusion sert à se gargariser dans le cas de mal de gorge, le *Coing* en gelée ou en sirop dans le cas de diarrhée.

Les plantes **diurétiques,** c'est-à-dire qui favorisent l'émission de l'urine, sont : le *Chiendent*, l'*Asperge*, la *Réglisse* dont on utilise les racines, la *Pariétaire* (fig. 344).

Les plantes **sudorifiques,** c'est-à-dire qui favorisent l'émission de la sueur, sont : le *Buis* (copeaux), la *Douce-amère* (tiges), le *Tilleul* (fleurs) (fig. 345) dont on fait des décoctions.

Les plantes **calmantes** ne doivent être employées qu'avec extrême prudence; ce sont : le *Coquelicot* (pétales), le *Pavot* (capsule), la *Laitue* (feuilles), etc., employés en tisanes très étendues d'eau.

**338. Autres Plantes utiles** comme **médicaments pour l'usage externe.**
La teinture de fleurs d'*Arnica* (fig. 346) est employée contre les coups, les meurtrissures; les cataplasmes de fécule de *Pomme de terre* réagissent contre les brûlures; ceux de *Laitue* cuite, contre les érysipèles et les ophtalmies; les bains de *Thym*, de *Serpolet*, de *Lavande* (fig. 347), de *Menthe*, de feuilles de *Noyer* sont fortifiants pour les enfants; les cataplasmes de bulbe de *Lis*, cuit sous la cendre, sont recommandés pour accélérer la formation des abcès, etc.

Fig. 346.
L'*Arnica*
[Composées].

**339. Autres Plantes utiles** comme **médicaments d'usage interne.** — Lés infusions de fleurs de *Tilleul* et de *Mélisse* réagissent contre les indigestions; celles de fleurs de *Mauve*, contre les irritations de poitrine; il en est de même de la tisane pectorale des quatre fleurs, faite avec les fleurs de *Violette*, de *Mauve*, de *Bouillon-blanc* et de *Coquelicot*. Les grains d'*Orge* en infusion donnent une boisson rafraîchissante; ceux d'*Avoine*, un liquide adoucissant; l'infusion de *Genêt* constitue un vomitif léger, etc.

Fig. 347. — La Lavande
[Labiées].

# LES PRINCIPAUX GROUPES DE PLANTES

**80° LECTURE**  [1ᵉʳ, 2ᵉ & 3ᵉ COURS]

**340.** Mes Enfants, je vous ai parlé de plantes diverses au cours de nos causeries sur la Botanique. Or, ces plantes ont une structure plus ou moins compliquée, des caractères qui permettent de rapprocher certaines d'entre elles et d'en faire des groupes, des *familles* assez faciles à reconnaître.

Je me contenterai de vous donner un aperçu :

1° des grandes divisions ou **Embranchements** du *Règne végétal;*

2° des subdivisions principales établies dans les *plantes à fleurs* qui vous intéressent surtout.

## 341. Les Embranchements du Règne végétal.

**1° *PHANÉROGAMES*.** — On appelle **Phanérogame** *toute plante pourvue d'une racine, d'une tige* et *de feuilles; elle porte des fleurs* à un moment donné de son existence ; de ces fleurs proviennent les *fruits* et les *graines* qui servent à sa reproduction.

Fig. 348. — La Pomme de terre (fleur entière et vue en coupe ; étamine et fruit) [Solanées].

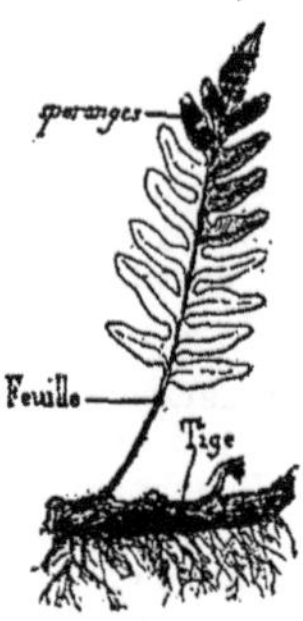


Fig. 349.
Racines, tige et feuille de Fougère.

Fig. 350. — Tige, feuilles et sporanges de Mousses.

Le Haricot, la Ronce, la Pomme de terre (fig. 348) le Blé, sont des Phanérogames.

**2° *CRYPTOGAMES VASCULAIRES*..** — Une **Cryptogame** *est une plante* **sans fleurs.**

On appelle **Cryptogame vasculaire** *toute plante qui comprend une racine, une tige et des feuilles.*

Par ses racines, la plante puise dans le sol la sève qui monte vers la tige et les feuilles par des *vaisseaux* : d'où sa dénomination de plante *vasculaire.*

Les Fougères de nos forêts (fig. 349), les Prêles abondantes dans les prairies humides, sont des Cryptogames vasculaires.

**3° *MUSCINÉES*.** — On appelle **Muscinée** *toute plante pourvue d'une tige et de feuilles* : telles

Fig. 351. — Une Algue rouge.

sont les Mousses dont la tige est maintenue au sol par des poils faisant office de crampons (fig. 350).

4° **THALLOPHYTES**. — On nomme **Thallophyte** *toute plante comprenant un thalle*, corps végétatif non différencié.

Il est impossible d'y reconnaître la structure d'une racine, d'une tige ou de feuilles.

Les *Algues* développées dans les eaux stagnantes ou sur les rochers dans la mer (fig. 351), les *Champignons* (fig. 340) qui envahissent les matières en décomposition, sont des Thallophytes.

<table>
<tr><td rowspan="4" style="writing-mode:vertical-lr">VÉGÉTAUX</td><td colspan="2">à fleurs, pourvus de racine, tige, feuilles...</td><td colspan="2">Embranchements</td></tr>
</table>

|  |  |  | Embranchements |
|---|---|---|---|
| à fleurs, pourvus de racine, tige, feuilles... | | | **Phanérogames** [Haricot]. |
| sans fleurs : **Cryptogames** | avec racine, tige, feuilles. | { **Cryptogames vasculaires.** } | [Fougères]. |
|  | O , tige, feuilles. | **Muscinées** [Mousses]. | |
|  | avec un thalle............ | **Thallophytes** [Champignons]. | |

## 342. Les Subdivisions des Phanérogames.

Ces plantes à fleurs comprennent 2 classes :

1° Les **Gymnospermes** ont des fleurs dont *les carpelles non fermés portent les ovules* à **nu** (fig. 352).

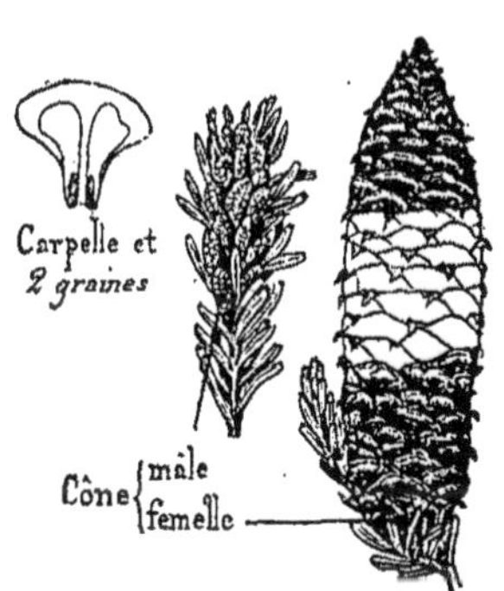


Fig. 352. — Le Sapin. Cônes de fleurs mâles (à gauche), de fleurs femelles (à droite). — Un carpelle indépendant portant 2 graines [Conifères].

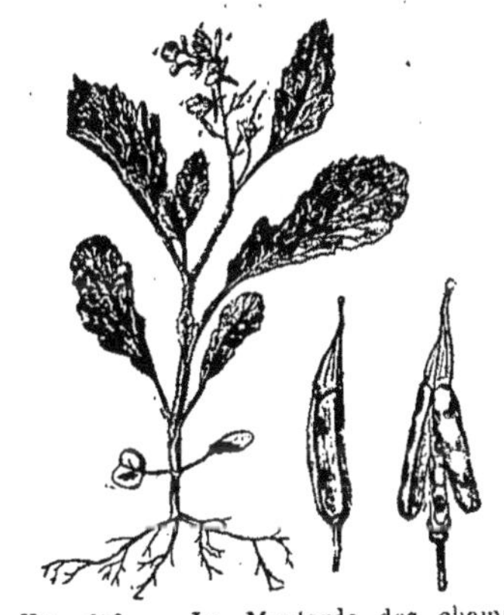

Fig. 353. — La Moutarde des champs (à droite, silique fermée et silique ouverte) [Crucifères].

Les fleurs et les fruits sont groupés en cônes chez la plupart de ces plantes, appelées **Conifères** pour cette raison.

Les Conifères comprennent : le Pin, le Sapin, le Mélèze, le Cèdre, le Genévrier, etc.

2° Les *Angiospermes* ont des fleurs dont *les carpelles forment des ovaires clos* **abritant** *les ovules*, puis les graines (fig. 353).

Les Angiospermes comprennent :

les **Dicotylédones**, plantes dont les graines possèdent 2 *cotylédons*, comme le Lupin (fig. 224), le Pois, etc.

les **Monocotylédones**, dont les graines possèdent 1 *cotylédon* seulement, comme le Blé, le Maïs (fig. 256).

Les *Dicotylédones* comprennent elles-mêmes des plantes :
dont les fleurs n'ont pas de corolle [**Apétales**], comme le Chêne (fig. 314), le Chanvre, l'Ortie ;
dont les pétales de la corolle sont soudés entre eux [**Gamopétales**], comme la Pomme de terre (fig. 348) ;
dont les pétales de la corolle sont libres [**Dialypétales**], comme la Rose, le Lin (fig. 254), le Pois.

<pre>
            / à graines nues :      )
PHANÉROGAMES|   Pas de stigmate.    ) Gymnospermes................. .. .............. [Sapin].
            |
            |                              ( 1 cotylédon :     )
            | à graines renfermées ) Angiospermes. Monocotylédones. ) ... ..... ... [Blé].
            \ dans un ovaire clos. )   Graines avec
                                         ( 2 cotylédons :   ( Apétales       [Chêne].
                                           Dicotylédones.  ( Dialypétales  [Lin].
                                                            ( Gamopétales [Tabac].
</pre>

### 343. Caractères des principales familles de Phanérogames.

#### I. Monocotylédones.

*Plantes dont les graines renferment 1 cotylédon.*
Les 2 familles principales de ce groupe sont les **Liliacées** et les **Graminées**.
*Les* **Liliacées** *ont un bulbe* (oignon) *ou une tige souterraine, des fleurs régulières avec un calice et une corolle de même couleur, 6 étamines et 3 carpelles soudés.*

**Liliacées** { *ornementales :* Lis, Tulipe, Fritillaire, Jacinthe, Muguet, Aloès, etc. ;
{ *alimentaires :* Oignon, Ail, Échalote, Poireau, Asperge, etc. ;
{ *industrielles et médicinales :* Phormium, Aloès, Colchique.

*Les* **Graminées** *ont une racine fasciculée, une tige appelée chaume, des fleurs sans calice ni corolle.*

**Graminées** { *alimentaires :* Blé, Seigle, Orge, Avoine, Riz, Maïs, etc. ;
{ *fourragères :* Paturin, Fétuque, Dactyle, Fléole, Vulpin, Ray-grass, etc
{ *industrielles :* Canne à sucre, Sorgho, Bambou.

## II. *Dicotylédones.*

*Plantes dont les graines renferment 2 cotylédons.*

(*a*) ***Apétales.*** — La principale famille est celle des **Amentacées**, comprenant la plupart de nos arbres forestiers : Chêne, Hêtre, Châtaignier, Noisetier, Charme, Saule, Peuplier, Aulne, Bouleau, Noyer.

A côté sont rangées :

les **Urticacées** à fleurs vertes unisexuées : Ortie, Orme, Chanvre, Houblon ;
les **Chénopodiacées** aux fleurs avec étamines et carpelles : Betterave, Épinard ;
les **Polygonées** au fruit anguleux : Oseille, Sarrasin, etc.

(*b*) ***Gamopétales.*** — On y range 3 familles principales : les **Solanées**, les **Labiées** et les **Composées**.

*Les* **Solanées** *sont des plantes ou des arbrisseaux à fleurs régulières.*
On y range : la **Pomme de terre** (fig. 348), la **Tomate**, l'**Aubergine**, la **Belladone** (fig. 336), la **Pomme épineuse**, le **Tabac** (fig. 337) : ces 3 dernières plantes sont très vénéneuses, etc.

*Les* **Labiées** *sont des plantes herbacées à tige carrée, à fleurs irrégulières, ordinairement à 2 lèvres, avec 4 étamines* (dont 2 grandes et 2 petites).
La plupart d'entre elles sécrètent un parfum agréable dont on fait des essences : la Lavande (fig. 347), les Menthes, le Thym, le Serpolet, la Mélisse, le Romarin, la Sauge (fig. 354), etc.

*Les* **Composées** *sont des plantes herbacées, dont les fleurs sont rassemblées en une tête* (capitule), *entourée d'un ensemble de bractées* ou feuilles modifiées.
On y range : l'Artichaut, le Cardon, le Bleuet ; — la Pâquerette (fig. 355), le Soleil, le Dahlia, la Marguerite, l'Estragon, l'Absinthe, l'Arnica (fig. 346) ; — la Chicorée (fig. 276), le Pissenlit, la Laitue, le Salsifis, la Scorsonère, etc.

FIG. 354. — Une fleur de Sauge [**Labiées**].

FIG. 355. La Paquerette [**Composées**].

(*c*) ***Dialypétales.*** — Ce groupe comprend principalement : les **Crucifères**, les **Légumineuses**, les **Rosacées** et les **Ombellifères**.

*Les* **Crucifères** *ont des fleurs régulières comprenant : 4 sépales, 4 pétales disposés en croix, 6 étamines* (4 grandes et 2 petites), *2 carpelles ; le fruit est une silique.*
Appartiennent à cette famille : le Chou, le Navet, le Colza, la Moutarde (fig. 353), le Radis, le Cresson, le Raifort, le Pastel, la Giroflée (fig. 356).

FIG. 356. Une fleur de Giroflée [**Crucifères**].

A côté des Crucifères, on place : les **Papavéracées** avec une corolle formée de 4 pétales chiffonnés : Pavot, Coquelicot (fig. 318).

*Les* **Légumineuses** *ont des fleurs irrégulières avec une corolle papilionacée* (fig. 357).

**Légumineuses**
- *alimentaires :* Pois, Haricot, Fève, Lentille, etc. ;
- *fourragères :* Luzerne, Trèfle, Sainfoin, Lupuline, Vesce, Lupin, etc. ;
- *industrielles :* Indigotier, Bois de Campêche, Bois de rose, Robinier, Acacia, Palissandre, Sophora, etc.

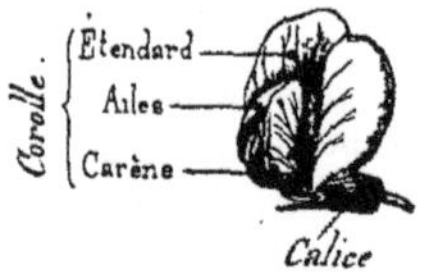

FIG. 357. — Une fleur de Pois [Papilionacées].

*Les* **Rosacées** *sont herbacées ou arborescentes, avec des fleurs régulières à 5 sépales et 5 pétales ; leur calice, en forme de plateau ou de coupe, porte de nombreuses étamines* (fig. 251).

Parmi les Rosacées, on trouve : le Framboisier, le Fraisier ; — l'Amandier (fig. 310), le Pêcher, l'Abricotier, le Prunier, le Cerisier ; — le Poirier (fig. 309), le Pommier (fig. 249), le Néflier, le Cognassier, le Rosier, etc.

FIG. 358. — La Carotte commune [Ombellifères].

Le Groseillier (fig. 297) appartient à une famille voisine, celle des **Ribésiées.**

*Les* **Ombellifères** *sont des plantes aromatiques à petites fleurs, régulières ou non, disposées en ombelle.*

Les principales Ombellifères sont : la Carotte (fig. 358), le Céleri, le Persil, le Cerfeuil, le Panais, la Ciguë (fig. 339), etc.

La famille des **Cucurbitacées** voisine comprend : le Melon, le Concombre, la Citrouille, etc.

# NOTIONS COMPLÉMENTAIRES DE PHYSIQUE

## La pesanteur.

81° LECTURE                                 [3° COURS]

**344. Tout corps est attiré par la terre**. — Mes Enfants, je porte ce petit caillou en l'air au-dessus de la table ; j'écarte les doigts, le *caillou tombe* sur la table ; si la table n'était pas à cet endroit, il tomberait par terre ; admettez que le sol s'entr'ouvre sur son trajet, *la pierre continuerait sa chute vers le centre de la Terre* (fig. 359).

Le seau qui tombe dans le puits, le couvreur précipité du haut d'un toit, le voyageur qui glisse sur le flanc d'une montagne dans un gouffre, tous obéissent à la même cause que le petit caillou, à la même force appelée *pesanteur*.

Nous dirons donc que *la pesanteur est la force qui attire tout corps*, abandonné à lui-même, *vers le centre de la Terre*.

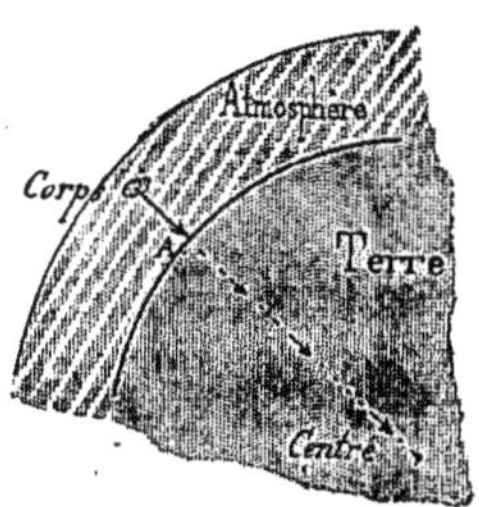


FIG. 359. — Tout corps, abandonné à lui-même, tombe en se dirigeant vers le centre de la terre.

**345. La direction de la pesanteur.** — En un point *A* de la Terre, la direction de la pesanteur est celle de tout corps qui y tombe : c'est la **verticale** en ce point *A* (fig. 359).

La *direction verticale* est indiquée par le *fil à plomb* FF (fig. 360) ; celui-ci consiste en une petite masse de plomb maintenue par un fil. — Je suspends l'instrument au-dessus de l'eau d'une terrine : *la direction du fil est perpendiculaire à la surface de l'eau tranquille*. — La surface de l'eau tranquille est *plane* et horizontale.

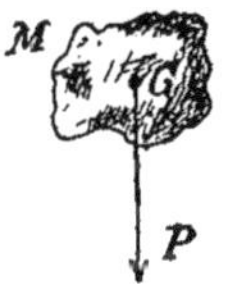

FIG. 361. — La force de pesanteur *P* est appliquée au *centre de gravité* du corps *M*.

FIG. 360. — Le maçon se sert du fil à plomb, FF, pour construire verticalement les murs.

Le maçon emploie constamment le fil à plomb pour dresser verticalement les murs en construction.

**346. Le poids d'un corps.** — La force de pesanteur qui s'exerce sur un corps *M* (fig. 361) est appliquée en un point *G*, appelé **centre de gravité** de ce corps. — Cette force a une valeur différente pour chaque corps dont elle représente le **poids** : ainsi 1 centimètre cube d'eau pure est attiré par la Terre avec une force de 1 gramme ; on dit qu'*un centimètre cube d'eau pure pèse 1 gramme.*

Les masses de laiton ou de fonte de diverses grandeurs, employées par le boulanger, l'épicier, etc., sur lesquelles sont gravées les indications : $1^{Gr}$, $2^{Gr}$, $10^{Gr}$, $200^{Gr}$, $1^{K}$, etc., ces masses sont appelées ordinairement *poids marqués;* cela signifie que leur poids, comparé à celui du centimètre cube d'eau, lui est 1, 2, 10, 200, 1000 fois égal.

347. Nous pouvons *déterminer le poids d'un corps quelconque* à l'aide de ces poids marqués et d'un appareil appelé **balance.**

En principe, une balance se compose d'une barre rigide en acier, appelée *fléau* (fig. 362) ; le fléau est traversé en son milieu par un *couteau;* celui-ci repose, par ses deux bouts, sur un double support que porte le pied de la balance. — Aux

Fig. 362. — Le *fléau* de la balance appuie, par le *couteau*, sur le *support* ou pied de l'appareil.

extrémités A et B du fléau, 2 *plateaux* sont disposés d'une manière variable avec les types de balance employés. [C'est la balance Roberval (fig. 363) qui est la plus usitée dans le commerce.]

*De quelle manière pèse-t-on un corps ?* — Quand les plateaux A et B de la balance sont vides, ils sont situés au même niveau et le fléau FF' est horizontal (fig. 364, 1) ; on reconnaît ce fait à ce qu'une aiguille, placée au milieu du fléau, est en face du zéro d'un cadran porté par le support.

Je mets en A le *corps à peser;* il tomberait s'il n'était retenu par le

Fig. 363. — La balance Roberval.

plateau; mais comme il y presse de tout son poids P, il fait pencher le fléau du côté de A (II).

Je place alors en B des poids marqués jusqu'à ce que le fléau redevienne

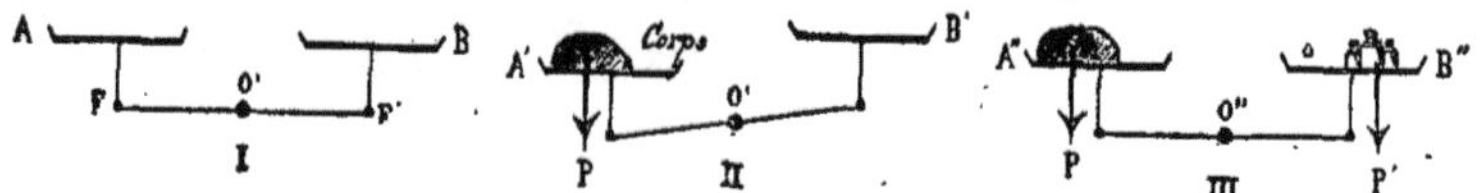


Fig. 364. — La manière de peser un corps.

horizontal (soit 50 grammes) ; le poids P' ($=$ 50 grammes) a fait baisser à son tour le plateau B (III), en y exerçant un effort égal à celui qu'exerce le corps à peser sur le plateau A.

*Le poids du corps est de 50 grammes.*

348. **La densité d'un corps.** — Je verse de l'huile dans l'eau que

contient un verre; l'huile s'étale à la surface de l'eau, parce qu'elle est plus légère, parce qu'*elle est moins dense que l'eau.*

1 centimètre cube d'eau pèse 1 gramme; 1 centimètre cube d'huile pèse 0$^{gr}$,92. — La densité de l'huile égale 0,92.

*La densité d'un corps est exprimée par le poids de l'unité de volume de ce corps.* — Pour calculer la densité d'un corps, il faut donc connaître le poids et le volume de ce corps, puis chercher le quotient du nombre exprimant le poids par le nombre exprimant le volume.

**Exercice.** — *Une barre de fer a 40 centimètres de longueur, 10 centimètres de largeur et 2 centimètres de hauteur; elle pèse 5 600 grammes. Quelle est la densité du fer?*

Le volume de la barre égale $40 \times 10 \times 2 = 800$ centimètres cubes; le poids de la barre étant de 5 600 grammes, la densité cherchée égale $\dfrac{5\,600}{800} = 7$.

Cela veut dire qu'un centimètre cube de fer pèse 7 grammes.

# L'équilibre des liquides dans les vases.
## Le principe d'Archimède.

**82° LECTURE**        **[3° COURS]**

**349. La surface libre d'un liquide en équilibre est plane et horizontale.** — Nous avons déjà énoncé ce principe en étudiant le fil à plomb [345]; vous pouvez le vérifier en laissant reposer de l'eau dans une terrine, une carafe ou tout autre vase, quelle qu'en soit la forme.

Un arrosoir, par exemple (fig. 365), avec son tube d'écoulement C, constitue en réalité 2 *vases communicants.* — Les surfaces libres y sont planes et horizontales, en AB dans le vase et en C dans le tube : de plus, **les surfaces libres, AB et C, sont**

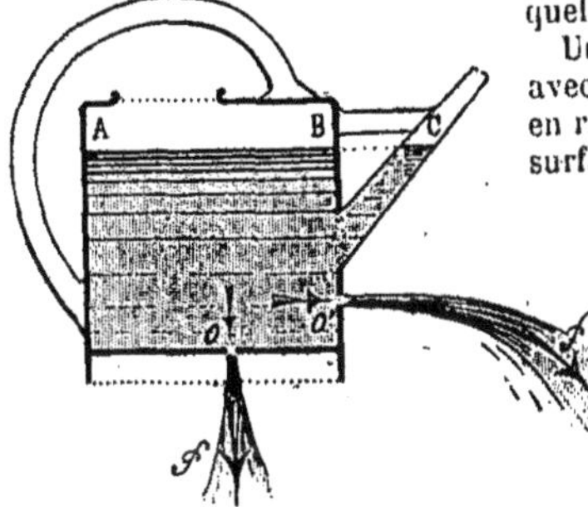

Fig. 365. — La surface libre AB d'un liquide en équilibre est *plane* et *horizontale.* — Les surfaces libres AB et C sont *au même niveau* dans 2 vases communicants. — Le liquide exerce des pressions, en o en o', etc., sur tous les points de la paroi avec lesquels il est en contact.

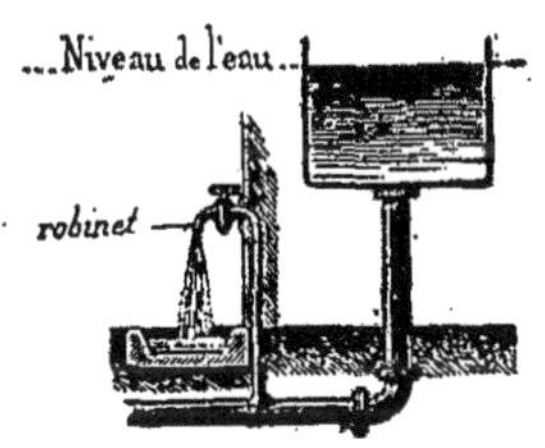


Fig. 366. — L'eau jaillit quand on ouvre le robinet.

**situées dans le même plan horizontal,** c'est-à-dire **au même niveau.**

Tel est le *principe des vases communicants* qui reçoit de nombreuses applications :

L'eau jaillit du robinet d'une *conduite d'eau* (fig. 366), parce que l'ouverture du robinet est placée au-dessous de la surface libre de l'eau qui alimente la conduite. — Si l'ouverture du robinet était dirigée en haut, le liquide formerait un *jet d'eau,* comme ceux que vous voyez dans les jardins publics des villes. — La surface de l'eau dans nos *puits* est constamment au niveau de la nappe souterraine formée par l'eau d'infiltration [25 et 28] : suivant les périodes de sécheresse ou d'humidité prolongées, le puits renferme moins ou plus d'eau.

**350. Les liquides pressent sur les parois des vases qui les contiennent.** — Un arrosoir est-il usé (fig. 365)? l'eau qu'on y verse, s'échappe aussitôt par les trous, *o, o'* : c'est que l'eau exerce des pressions sur tous les points de la paroi où elle est appliquée.

*La pression au point o,* par exemple, *est perpendiculaire à la paroi* de l'arrosoir en ce point, ainsi que l'indique la direction, *f,* suivie par l'eau qui s'échappe.

A chaque instant nous utilisons cette propriété : pour remplir un tonneau, *T,* par exemple (fig. 367), le vigneron y introduit, par l'ouverture *o,* le bec d'un entonnoir *E* dans lequel il versera son vin. — Le liquide versé presse de haut en bas sur le fond (comme dans l'arrosoir), s'écoule par l'ouverture inférieure et passe dans le tonneau.

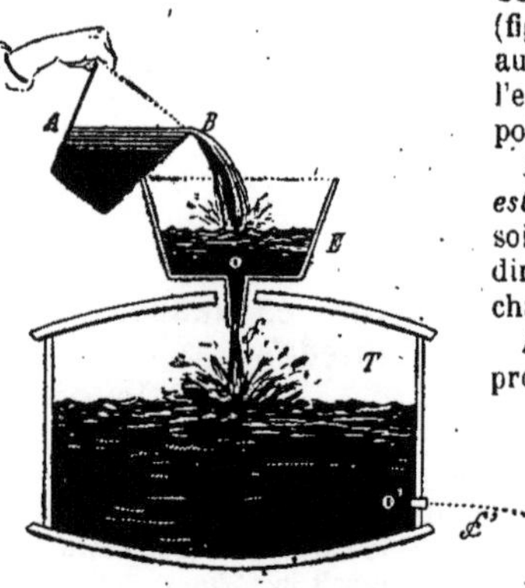

FIG. 367. — Le vin coule du vase AB dans l'entonnoir E; il s'échappe par l'ouverture inférieure de l'entonnoir, o, pour pénétrer dans le tonneau. — Si je perçais un trou en o', le vin jaillirait suivant la direction f'.

Si l'on enlevait le bouchon *O'* du tonneau, le vin s'écoulerait suivant *f',* parce qu'il exerce des pressions sur les parois latérales [d'où l'emploi des cannelles].

**351.** *Les pressions exercées par les liquides peuvent être mesurées.*

Je suppose un vase à fond plat et de forme quelconque (fig. 368), contenant de l'eau jusqu'à une hauteur de 20 centimètres. Chaque centimètre carré, *s, s',* du fond du vase, supporte la pression d'une colonne d'eau haute de 20 centimètres ; le volume de cette colonne est de 20 centimètres cubes; son poids est de 20 grammes.

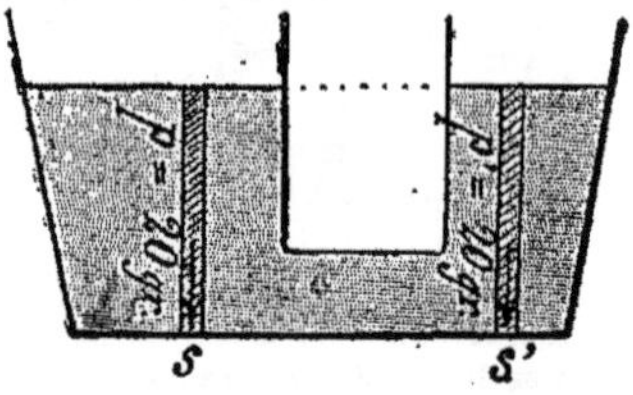

FIG. 368. — Deux surfaces égales, *s, s',* prises sur le fond horizontal du vase contenant un liquide en équilibre, supportent des pressions égales.

[Si le vase contenait de l'huile de densité 0,92, la surface *s* supporterait une pression de : $0^{gr},92 \times 20 = 18^{gr},40.$]

Il résulte de cette observation que : *deux surfaces égales, prises au même niveau dans tout liquide en équilibre, supportent des pressions égales.*

**352. Le principe d'Archimède.** — Quand vous prenez un bain, mes Enfants, vous vous sentez très légers dans l'eau ; étendez votre bras dans le liquide, vous n'avez presque aucun effort à faire pour le soutenir : c'est ce qu'a observé Archimède bien longtemps avant vous.

Ce savant énonça même le principe suivant :

*Tout corps plongé dans un liquide est poussé de bas en haut, avec une force égale au poids du volume du liquide déplacé par le corps.*

Ainsi 1 centimètre cube de fer (qui pèse 7 grammes), une fois plongé dans l'eau, déplace 1 centimètre cube d'eau (dont le poids est de 1 gramme) ; le petit morceau de fer est poussé de bas en haut par une force de 1 gramme ;

il ne pèse plus *dans l'eau* que :

$$7 - 1 = 6 \text{ grammes (fig. 369).}$$

Le fer est plus dense que l'eau ; il tombe au fond.

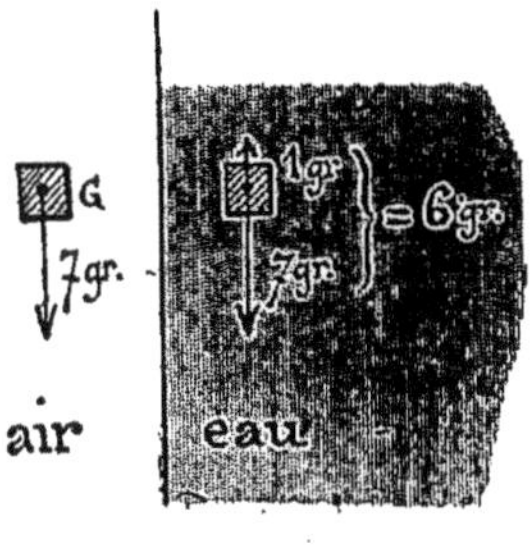

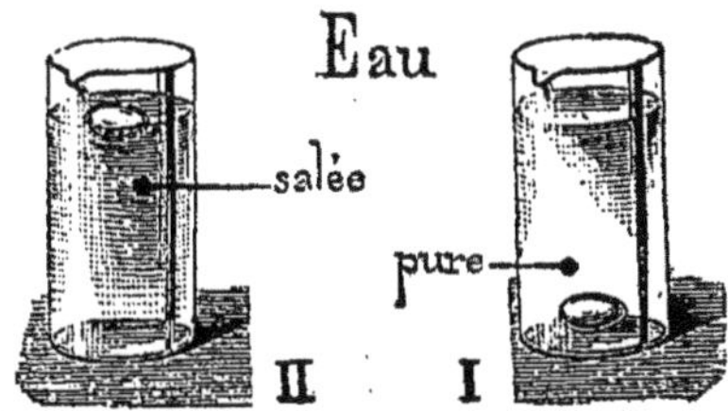


Fig. 369. — Un morceau de fer, pesant 7 grammes dans l'air, paraît ne peser que 6 grammes dans l'eau.

Fig. 370. — Les conséquences du principe d'Archimède.

353. Remarque. — Quand le poids du corps, qui s'exerce de haut en bas, est plus grand que la poussée (de bas en haut) de la part du liquide dans lequel le corps est plongé, *le corps tombe au fond* du liquide.

[Exemple : un œuf dans l'eau ordinaire] (fig. 370, I).

Quand le poids du corps plongé est plus faible que la poussée qu'il éprouve, *le corps monte à la surface du liquide, il flotte.*

[Exemple : un œuf dans l'eau très salée] (fig. 370, II).

Les bateaux qui glissent sur l'eau dans la rivière, les navires (fig. 23 et 25) qui sillonnent les mers en vue des échanges commerciaux entre les nations, les bois transportés par les torrents et les cours d'eau rapides (fig. 28), les ceintures et les bouées de sauvetage, etc., sont autant de **corps flottants.**

## La pression atmosphérique. Le baromètre.
## La force élastique des gaz.

**83ᵉ LECTURE**                                    **3ᵉ COURS]**

354. *Les gaz exercent une pression sur les parois des vases qui les contiennent,* tout comme le font les liquides [350].

L'enfant qui fait un petit trou dans l'enveloppe de son ballon captif (fig. 18) voit aussitôt s'affaisser l'enveloppe dont s'échappe le gaz.

Nous vivons, à la surface de la Terre, dans l'atmosphère que vous avez déjà étudiée [pages 17 à 23]. Cette couche d'air (fig. 359) exerce, sur nous et sur les corps qui y sont plongés, une pression appelée **pression atmosphérique.**

D s expériences simples vous prouveront l'existence de la pression  atmosphérique ·

1° Voici un œuf cuit dur dont la coquille a été enlevée ; il est un peu plus large que le goulot de cette carafe (fig. 371, I). Je fais brûler dans la carafe 3 ou 4 bandes de papier qui échauffent l'air et le chassent en partie ; le papier va s'éteindre ; j'appuie de suite l'œuf sur le goulot... Le papier a cessé de brûler ; voyez comme l'œuf s'allonge dans le goulot (II) ; il est pro-

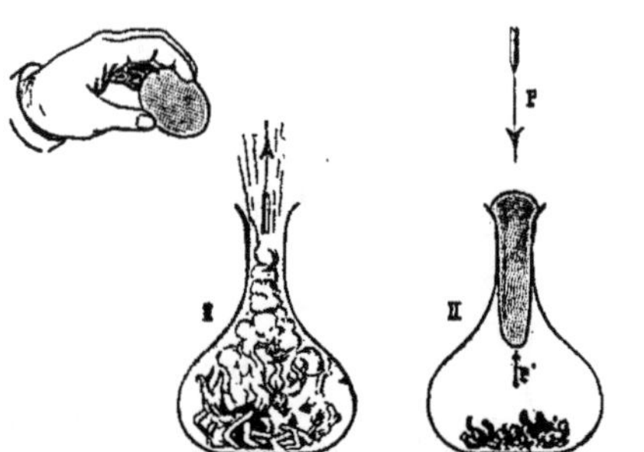
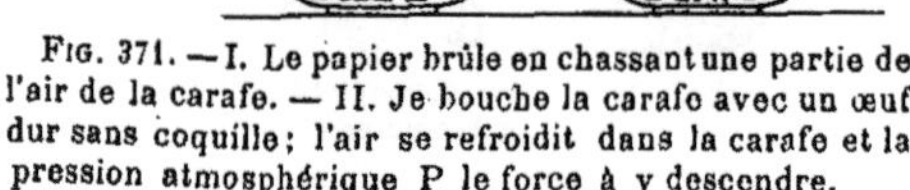
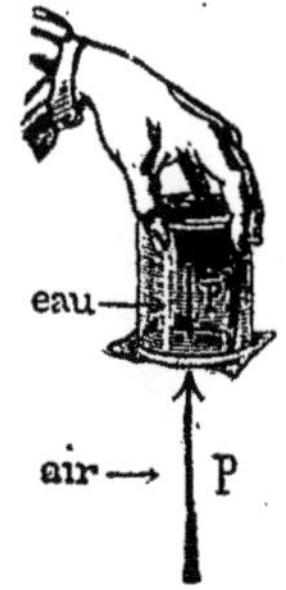


Fig. 371. — I. Le papier brûle en chassant une partie de l'air de la carafe. — II. Je bouche la carafe avec un œuf dur sans coquille ; l'air se refroidit dans la carafe et la pression atmosphérique P le force à y descendre.

Fig. 372. — La pression atmosphérique P maintient le papier contre le verre plein d'eau.

jeté avec bruit dans la carafe. — C'est qu'en effet l'air, se refroidissant dans la carafe, a exercé *de bas en haut* sur l'œuf une *pression P′ moindre que la pression atmosphérique P*, qui s'exerce *de haut en bas*.

2° Ce verre sans bec (fig. 372) est complètement rempli d'eau ; j'applique avec soin une feuille de papier sur l'eau et contre le bord du verre ; il m'est possible de retourner le verre sans que l'eau s'écoule. — La colonne d'eau de 10 centimètres environ, contenue dans le verre, exerce *de haut en bas*, sur la feuille de papier, une poussée $P'$ ; l'air à l'extérieur exerce *de bas en haut* une poussée $P$ beaucoup plus forte, équivalant à une colonne *d'eau* de plus de 1000 centimètres, ou a une colonne de mercure de $\dfrac{1.000^{cm}}{13,6} = 76$ centimètres environ (car le mercure est 13,6 fois plus dense que l'eau).

**355. Le baromètre.** — C'est un *appareil qui permet de mesurer la pression atmosphérique ;* car, en un même lieu, cette pression change à chaque instant.

Le baromètre consiste en un tube long de 1 mètre environ, *BC* (fig. 373), fermé en *C* et reposant sur la cuve à mercure. — Préalablement rempli de mercure, puis bouché avec le doigt à son extrémité *B*, le tube a été retourné sur la cuve à mercure et débouché ; le liquide a quitté le sommet *C* et une colonne de mercure, *AB*, est restée en suspension dans le tube que je suppose *vertical*.

Cette colonne de mercure exerce sur 1 centimètre carré *m′*, au niveau *CD*, une pression *p′* ; cette pression équivaut à la pression *p* que supporte, de la part de l'atmosphère, le centimètre carré *m* au même niveau. — [Or la pression $p'$ est facile à calculer, si l'on connaît exactement la hauteur $h = AB$] hauteur qu'on mesurera avec une règle.

[On se contente ordinairement d'exprimer la pression atmosphérique par cette hauteur $h$ : on dit par exemple, qu'elle est de 748 millimètres, de 763 millimètres, etc.]

On emploie souvent aujourd'hui des baromètres métalliques, basés sur l'élasticité des métaux.

Le baromètre nous donne des indications précieuses sur les variations du temps.

**556. La force élastique des gaz.** — On appelle ainsi *la pression qu'exerce un gaz renfermé dans un récipient.* Si le volume du récipient est rendu 2 fois plus grand, la pression du gaz y devient 2 fois plus petite, et inversement :

Quand on écarte les 2 valves d'un soufflet (fig. 374), l'air extérieur soulève le clapet et se précipite dans l'instrument où *la pression de l'air intérieur avait diminué;* quand on rapproche les valves, *l'air intérieur du soufflet* est comprimé, *augmente de pression* et s'échappe par le bec de l'appareil : nous pouvons ainsi projeter de l'air sur le feu pour l'activer.

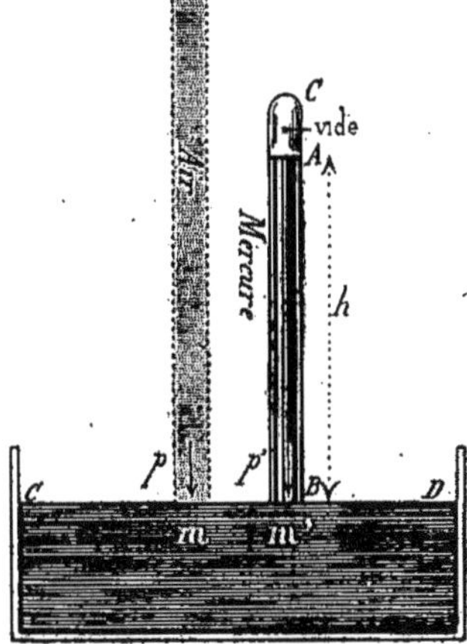

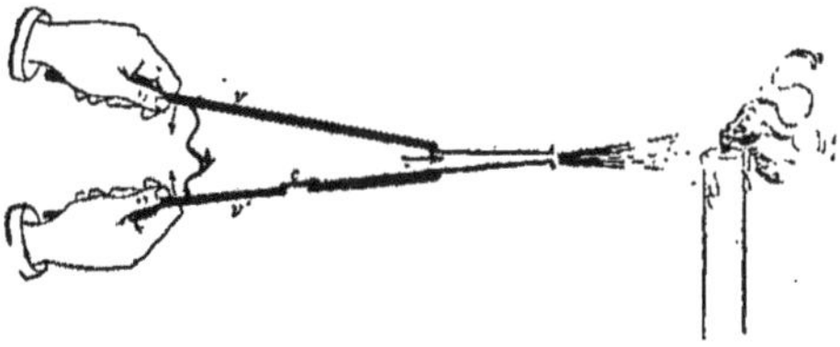

FIG. 373. — Le baromètre.

FIG. 374. — Le soufflet. — Quand on en rapproche les valves, on comprime l'air qui s'échappe avec force par le bec du soufflet.

**357. Les pompes.** — Ces appareils sont des applications de la pression atmosphérique et de la force élastique des gaz dont on fait varier le volume. On s'en sert pour soulever, à une hauteur plus ou moins grande, l'eau d'une rivière, d'une citerne, d'un puits ordinaire, d'un puits de mine, etc.

Il en est de trois sortes :

1° La *pompe aspirante* permet d'élever l'eau à une hauteur de 10 mètres au plus (pompe installée au-dessus d'un puits ordinaire dans les jardins). Avec la pompe aspirante et élévatoire, qui en est une application, on peut amener l'eau du puits jusque dans un réservoir situé en haut d'une maison par exemple ; des tuyaux de conduite, partant de ce réservoir, permettent de distribuer l'eau en tous les points de la maison (fig. 366).

2° La *pompe foulante* sert à projeter l'eau à une hauteur considérable (la pompe à incendie en est une application).

3° La *pompe aspirante et foulante* résulte de la combinaison des deux appareils précédents ; elle sert notamment à extraire l'eau qui coule dans les galeries de mine et ne tarderait pas à les inonder.

# La dilatation des corps par la chaleur
## Conductibilité et rayonnement.

84° LECTURE                                                      [3° COURS]

**358. La plupart des corps augmentent de dimensions quand on les chauffe.** — Rien n'est plus facile à vérifier, mes Enfants :

J'enfonce, dans la table, $T$ (fig. 375), une solide cheville de bois de chêne $C$ ; au bord de la table est fixée une poulie $B$, capable de tourner autour de son axe horizontal ; sur cet axe est fixée une paille $a$. Autour de la cheville, j'enroule l'extrémité d'un fil de fer $ABD$ qui s'engage sur la poulie et soutient un poids $P$. — En léchant le fil de fer avec la flamme d'une lampe à alcool, je vois la paille se déplacer

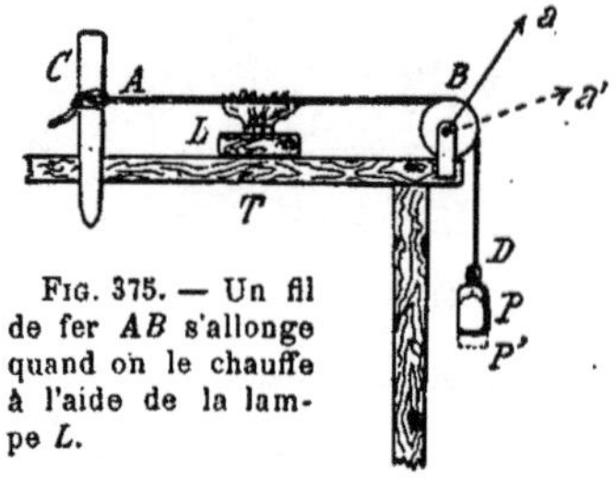

Fig. 375. — Un fil de fer $AB$ s'allonge quand on le chauffe à l'aide de la lampe $L$.

de $a$ en $a'$ : donc *le fil s'est allongé*, puisque le poids $P$ est un peu descendu en $P'$, en faisant tourner la poulie.

**359.** *Les barres métalliques s'allongent par la chaleur.* — Ce fait reçoit de nombreuses applications :

Dans la pose des rails de chemin de fer, on laisse toujours un espace libre de quelques millimètres entre leurs extrémités, pour qu'ils puissent s'allonger sans se courber par la chaleur, sinon les trains dérailleraient.

Le charron, ayant construit une roue de voiture faite de pièces en bois (fig. 376), consolide le tout à l'aide d'un bandage circulaire en fer ; le

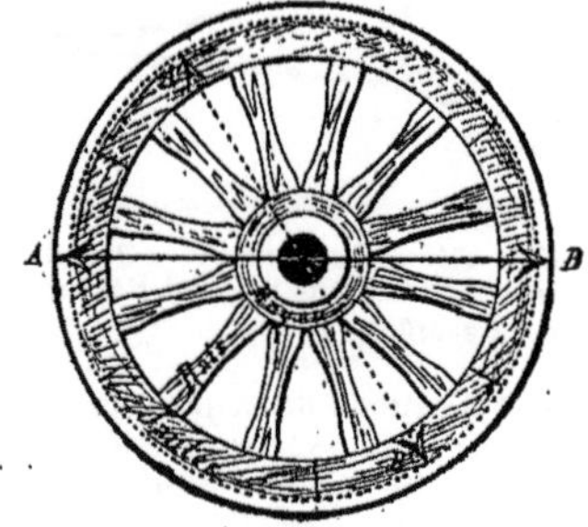

Fig. 376. — Une roue de voiture.

cercle de voiture a un diamètre, $A'B'$, un peu plus étroit que le diamètre $AB$ de la roue.

Porté au rouge dans un foyer, le cercle se dilate et présente un diamètre plus grand que celui de la roue ; celle-ci peut donc y entrer (fig. 377). A peine le cercle chaud est-il appliqué contre les jantes, on y projette de l'eau froide qui détermine sa contraction : le cercle de fer, en se rétrécissant, serre fortement jantes et rais contre le moyeu ; le tout est désormais très solide. .

Les plaques de zinc ou de plomb employées pour couvrir les toits, les gouttières qui servent à l'écoulement de l'eau de pluie, les ponts (fig. 80), les charpentes métalliques, etc., se dilatent d'une manière assez notable pour qu'on en tienne compte, lors de leur installation.

Fig. 377. — La manière de cercler une roue de voiture.

**360. La conductibilité des corps pour la chaleur.** — 1° **Cas des solides.** — Appliquez votre main sur la table de bois d'abord, puis sur les pieds de fer qui la soutiennent : vous trouvez le métal plus froid que le bois ; et cependant, placés au même endroit, bois et fer ont la même température.

Pourquoi éprouvez-vous ces impressions différentes ? Parce que *le métal* **conduit** *mieux la chaleur que le bois ;* il enlève alors une plus grande quantité de chaleur à votre main qui y est appliquée.

Ceci vous fait comprendre pourquoi certains ustensiles de cuisine, les cafetières par exemple, destinés à recevoir un liquide bouillant, sont pourvus d'un manche en bois pour être facilement transportables.

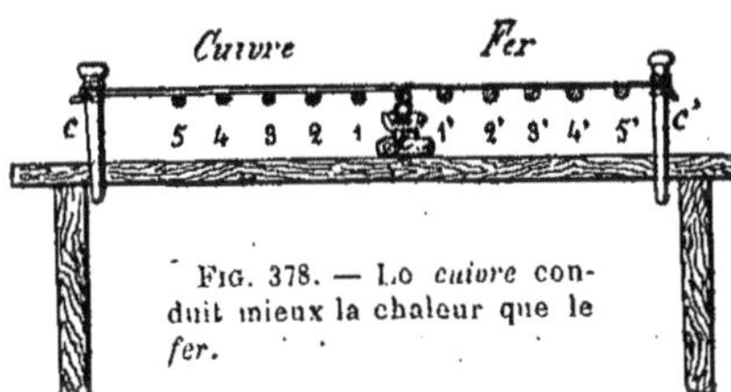

Fig. 378. — Lo cuivre conduit mieux la chaleur que le fer.

*Les métaux,* **bons conducteurs de la chaleur,** *ne la conduisent pas également bien.* — Pour vous le montrer, je prends 2 fils : l'un de **cuivre** (fig. 378), l'autre de **fer,** tordus ensemble à un bout et soutenus par les chevilles de bois c et c' ; *sous chacun d'eux* et *à égale distance de la partie tordue,* sont fixées des billes avec un peu de cire.

Je chauffe la portion tordue : les billes se détachent plus vite, par fusion de la cire, sur le cuivre que sur le fer ; elles tombent dans l'ordre où elles sont placées à partir de la région chauffée [1, 2, 3, 1', 4, 2', 5, 3', 4,' 5'].

La meilleure conductibilité du cuivre justifie son emploi pour la construction des alambics (fig. 42), des chaudières et bassines de grandes dimensions, des appareils de rectification des liquides alcooliques, etc.

**2° Cas des liquides et des gaz.** — *Les liquides* (sauf le mercure) *et les gaz sont très mauvais conducteurs de la chaleur.* — Nous appliquons cette propriété des gaz pour nous préserver du froid excessif, comme de la chaleur trop vive :

En hiver, nous prenons des vêtements très pelucheux, des draps de laine, des fourrures épaisses, etc. ; sur notre lit, nous mettons couvertures de laine et édredons qui emprisonnent une épaisse couche d'air conservant sa chaleur à notre corps.

Les tuyaux de conduite d'eau comme ceux des pompes, les bornes-fontaines, sont enveloppés de chiffons ou de paille qui s'opposeront à la congélation de l'eau. — A l'automne, les jardiniers couvrent de feuilles, d'enveloppes de paille, etc., les plantes et les arbres qui risqueraient de geler en hiver. — Les animaux des régions glaciales, comme l'Ours, le Vison, le Renard bleu, ont une épaisse toison.

Dans les régions brûlantes de la zone torride, l'Européen, l'Arabe s'abritent également, par des étoffes de laine, de l'excessive chaleur extérieure qu'ils ne pourraient supporter.

**361. La chaleur rayonnée par les corps.** — Rangez-vous autour du poêle allumé en hiver, vous en éloignant à des distances différentes ; vous en ressentez *tous* l'effet bienfaisant (et d'autant mieux que vous en êtes plus rapprochés) : *le poêle envoie* donc *de la chaleur dans toutes les directions ; il* **rayonne** *de la chaleur.*

Deux corps voisins, *A* et *B*, s'envoient mutuellement de la chaleur ; si la quantité rayonnée de l'un à l'autre est la même, ils conservent la même température ; si *A* rayonne plus de chaleur que *B*, *A* se refroidit et *B* s'échauffe.

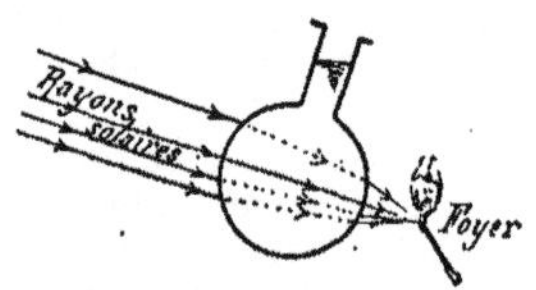


Fig. 379. — J'enflamme une allumette à l'aide des rayons solaires qui traversent un ballon plein d'eau.

Pareillement le soleil [A] rayonne plus de chaleur sur la terre [B] que celle-ci ne lui en renvoie : *le soleil échauffe donc la terre* [7]. — La chaleur nous parvient à travers l'espace glacé, car vous savez que plus on s'élève dans l'air, en ballon ou en gravissant les hautes montagnes (fig. 29), plus il y fait froid.

Ne vous ai-je pas fait observer, un jour, que *les rayons du soleil peuvent traverser une lentille de glace sans la fondre* et enflamment une allumette, de l'amadou ou de la paille sèche, placée au foyer de cette lentille [53] ? Je puis faire la même chose avec un ballon de verre plein d'eau (fig. 379.)

**362. La chaleur lumineuse et la chaleur obscure.** — Le soleil nous rayonne de la chaleur dite **lumineuse**, accompagnée de lumière. — Une casserole pleine d'eau bouillante, le poêle non porté au rouge, nous rayonnent de la chaleur dite **obscure**, non accompagnée de lumière.

*La chaleur lumineuse traverse le verre* et échauffe les corps placés au delà ; elle se fait sentir dans notre chambre en franchissant les vitres ; *la chaleur obscure ne traverse pas le verre.* — Les horticulteurs savent bien cela, quand ils emploient serres, cloches, châssis (fig. 293) pour faire des cultures hâtives [305]. Un melon sur le point de mûrir est couvert d'une cloche (fig. 294) ; les rayons solaires lui parviennent à travers la cloche, la chaleur s'accumule autour de lui. Mais *cette chaleur devient obscure;* rayonnée par la terre et le melon, elle ne peut traverser le verre en sens contraire ; ainsi emprisonnée, elle active la maturité du fruit.

## Le son et la lumière.

85° LECTURE                                                    [3° COURS]

**363. Un corps qui vibre émet un son.** — Ceci est facile à vérifier.

Entre 2 clous, *A* et *B* (fig. 380) plantés dans la table, j'ai tendu fortement un fil de cuivre bien brillant [les physiciens appellent ce fil une *corde,* capable de vibrer] ; je tire sur le fil avec le doigt, puis je l'abandonne. Voyez le va-et-vient du fil qui paraît élargi en son milieu ; *il* **vibre** *et* en même temps *il rend un* **son.** — Le son, d'abord intense, s'affaiblit à mesure que le fil revient au repos ; *vous n'entendez pas de bruit quand le fil ne vibre plus.*

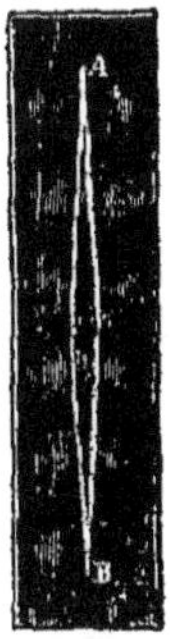

Les cloches de l'église émettent des sons quand on les agite afin que le battant les frappe. — Ce verre, que je frappe avec le doigt, fait sautiller la petite bille qui y est appliquée (fig. 381).

**364.** *Les vibrations de tout objet sonore sont communiquées à l'air qui les transporte jusqu'à notre oreille;* celle-ci nous permet de les apprécier [216]. — Le son parcourt environ 340 mètres par seconde, dans l'air. Il met donc un temps appréciable à nous parvenir d'un point éloigné : Vous n'entendez le bruit d'un coup de fusil, tiré à quelque distance, que plusieurs secondes après avoir vu la fumée de la poudre ; c'est pour la même raison que *le bruit du tonnerre se fait entendre plus ou moins longtemps après l'éclair* qu'il accompagne cependant.

Fig. 380. — *La corde* A B *qui vibre paraît plus large en son milieu; elle émet un son.*

Fig. 381. — *Le verre, sur lequel je frappe, rend un son et fait* sautiller une bille : donc *il vibre.*

**365. La lumière se propage en ligne droite entre 2 points voisins dans l'air.** — On appelle corps lumineux *tout corps qui envoie de la lumière.* Le soleil, les étoiles, le bec de gaz et la lampe allumés (fig. 50 à 53), la lampe électrique (fig. 64) sont des sources de lumière.

Cette *bougie allumée, placée sur la table, rayonne de la lumière dans toutes les directions :* rangés autour de la table, tous vous l'apercevez. — Que chacun de vous ferme un œil et mette son doigt entre l'œil ouvert et la bougie ; aucun de vous ne verra plus la flamme : donc *la lumière se propage en ligne droite* de la bougie à l'œil de chacun de vous.

On appelle : *corps* **transparents** ceux qui se laissent traverser par la lumière, comme l'air, l'eau, le verre ; — *corps* **opaques** ceux qui ne se laissent pas traverser ainsi, comme votre doigt, un livre, la table, etc.

**366. La chambre noire.** — Voici une boîte en carton fermée de tous côtés (fig. 382); l'une des faces, *CD*, est formée de papier très fin, presque transparent; sur la face opposée, *AB*, j'ai fait un tout petit orifice, *o*.

Descendons à la cave avec une bougie allumée. Je place la bougie devant la face *AB*; voyez son image renversée qui se dessine sur le fond *CD*; pourquoi ?

Chacun des points lumineux *a* de la bougie,

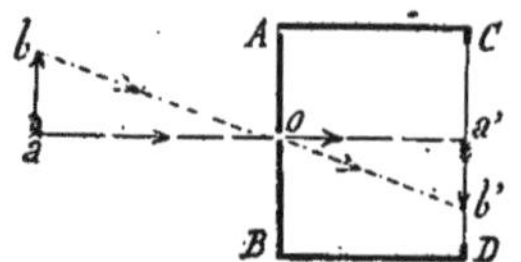

Fig. 382. — La chambre noire.

rayonnant de la lumière autour de lui, n'en laisse pénétrer qu'une faible partie, *en ligne droite* suivant *ao*, dans la boîte de carton; le rayon de lumière, *ao*, forme donc une trace lumineuse en *a'* sur le fond *CD*. Tous les autres points agissent de même; seulement le point lumineux *b*, situé *au-dessus* de *a* dans l'air, forme sa trace lumineuse en *b'*, *au-dessous* de *a'* dans la boîte.

*La boîte en carton est une chambre noire.* — L'image de la bougie est peu éclai-

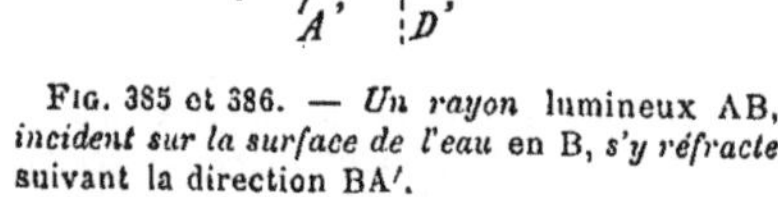

Fig. 383 et 384. — *Un rayon lumineux AB, incident sur le miroir en B, s'y réfléchit suivant la direction BC.*

Fig. 385 et 386. — *Un rayon lumineux AB, incident sur la surface de l'eau en B, s'y réfracte suivant la direction BA'.*

rée, parce que l'orifice *o* est très étroit. Pour la rendre plus voyante, on pratique un orifice plus large dans la face *AB*; en y adaptant ce que les physiciens appellent une *lentille de verre;* la lentille concentre au fond de la chambre noire la lumière envoyée par les objets ; elle en donne une *image à la fois nette et suffisamment éclairée.* [C'est la chambre noire des photographes.]

**367. La lumière réfléchie.** — Vous vous êtes tous amusés, mes Enfants, à recevoir les rayons du soleil sur une petite glace, sur un *miroir,* puis à faire tourner vivement le miroir entre les doigts, de manière à envoyer la lumière sur la figure d'un de vos camarades ou sur le plafond de la chambre ? *La lumière du soleil s'est réfléchie sur votre miroir.*

Dans la figure 383, vous voyez un faisceau très étroit de lumière, *AB*, qui se propage en ligne droite jusqu'au miroir placé sur la table [*AB* est un *faisceau incident*]. Il rencontre le miroir, s'y **réfléchit** et adopte une nouvelle direction, *BC* [*BC* est un *faisceau réfléchi*]. — En élevant une perpendiculaire, *BD*, sur le miroir au point *B* (fig. 384), on fait 2 remarques importantes :

1° *les rayons lumineux A B, BC et la perpendiculaire BD sont situés dans un même plan;* — 2° *l'angle d'incidence, ABD, égale l'angle de réflexion, DBC.*

Ce sont les **lois de la réflexion de la lumière.**

Quand vous serez plus savants, ces lois vous permettront de comprendre pourquoi vous voyez votre image, et celle des objets qui vous entourent, dans la glace devant laquelle vous êtes placés ; une foule d'autres phénomènes curieux ne vous surprendront plus.

**368. La lumière réfractée.** — Un faisceau de lumière, *AB* (fig. 385 et 386), se propageant en ligne droite dans l'air, rencontre la surface de l'eau ; alors il change de direction suivant *BA'* ; *il se* **réfracte**, en se rapprochant de la perpendiculaire *BD'* menée à la surface de l'eau au point B.

*L'angle de réfraction, A'BD', est plus petit que l'angle d'incidence, ABD.*

Il en est de même quand le faisceau lumineux pénètre dans le verre.

On appelle **lentilles** ces appareils de verre qui forment les

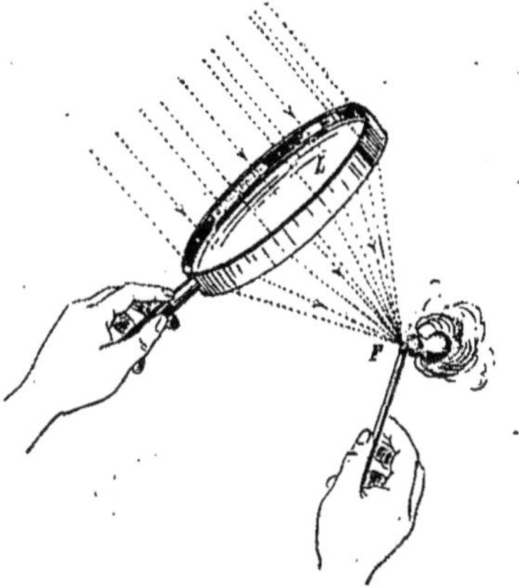

FIG. 387. — Les rayons du soleil convergent au *foyer* F de la loupe L..

lunettes, les loupes (fig. 387) dont je vous ai déjà parlé [**132 et 218**] ; leur emploi est basé sur la réfraction de la lumière ; leurs effets sont différents suivant que ces lentilles sont à bord mince ou à bord épais ; vous verrez cela plus tard.

## Le magnétisme et l'électricité.

**86ᵉ LECTURE**　　　　　　　　　　　　　　　　　**[3ᵉ COURS]**

**369. Les aimants et la boussole.** — Mes Enfants, on trouve quelquefois dans la nature des pierres, appelées **aimants**, dont la propriété est d'attirer la limaille de fer (poudre grise détachée du fer travaillé à la lime). — Quand on frotte ces *aimants naturels* contre des tiges et des aiguilles d'acier, comme les aiguilles à tricoter, celles-ci acquièrent la même propriété : ce sont des *aimants artificiels*.

.Voici une petite aiguille à tricoter ainsi frottée (fig. 388); plongée dans la limaille de fer, elle la retient surtout à ses extrémités, appelées **pôles** *de l'aiguille aimantée*. — Je suspends l'aiguille dans

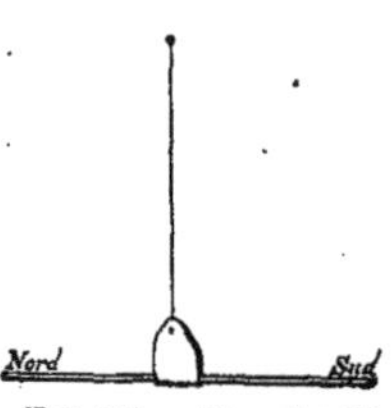



FIG. 388. — Une aiguille aimantée, suspendue par un fil adopte une direction constante.

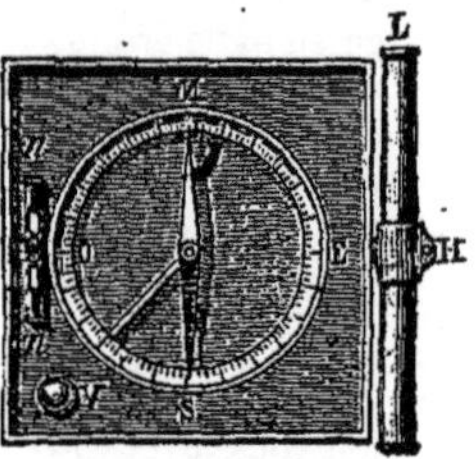

FIG. 389. — La boussole d'arpentage.

une chape de papier, au bout d'un fil de chanvre; elle oscille et s'arrête toujours dans la même position : le même pôle se dirige toujours vers le nord de la terre [c'est le *pôle* **nord** *de l'aiguille*] ; l'autre se dirige vers le sud de la terre [c'est le *pôle* **sud** *de l'aiguille*].

En tenant compte de cette propriété, on a construit les instruments appelés **boussoles** dont se servent les voyageurs pour se guider à travers les régions inconnues qu'ils explorent, les géomètres pour orienter les levés de plans des terrains (fig. 389).

**370. Tout corps s'électrise quand on le frotte.** — Frottez vivement un porte-plume en caoutchouc durci, ou un bâton de soufre, contre la manche de votre paletot en laine; présentez le corps frotté à de légers bouts de papier et à de petits fragments de barbes de plume d'oie, placés sur la table (fig. 390); immédiatement ceux-ci sont attirés. — De même serait atti-

FIG. 390.
Un corps *électrisé* attire les corps légers.

FIG. 391. — Un corps *électrisé* attire la balle de sureau d'un *pendule électrique*.

rée vivement une balle de sureau suspendue, par un fil de chanvre, à un support quelconque (fig. 391). — Une bande de papier, bien séchée au-dessus de la flamme d'une lampe, frottée *vivement* ainsi entre les deux doigts, s'attache à ma main, à mes vêtements, au tableau noir contre lequel elle restera longtemps collée.

*Tous les corps ont acquis, par le frottement, un état particulier* appelé **état électrique : ils sont électrisés.**

Je frotte maintenant *ensemble*, entre les doigts, 2 bandes de papier identiques, appuyées l'une contre l'autre ; tantôt elles s'attirent fortement, tantôt elles se repoussent et leurs extrémités libres s'écartent (fig. 392) ; leur état électrique peut donc être différent ? — L'expérience montre, en effet, que les corps frottés peuvent avoir deux états électriques : dans un cas, on dit qu'ils sont chargés d'*électricité positive* (représentée par le signe +) ; dans l'autre cas, ils sont chargés d'*électricité négative* (—).

*Deux corps,* A et B, *frottés l'un contre l'autre, se chargent d'électricités* **contraires.** [Si le corps A est positif (+), B sera négatif (—)].

*Deux quantités égales d'électricités contraires s'attirent;* elles peuvent s'unir en donnant du fluide neutre : c'est-à-dire que les deux corps électrisés, mis en contact, ont perdu tous deux leur état électrique.

Fig. 392. — Deux bandes de papier, électrisées de la même manière, se repoussent.

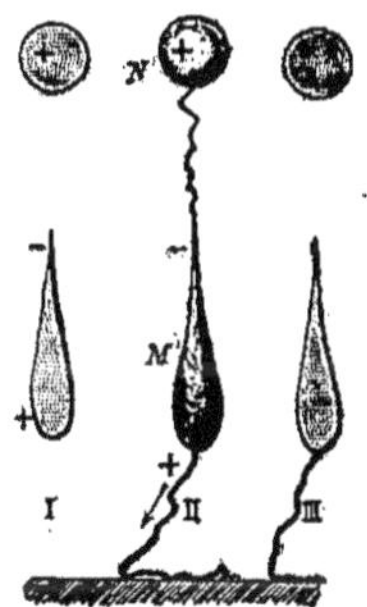

Fig. 393. — Le corps électrisé *N* exerce une influence sur le corps voisin *M*; il y provoque l'apparition d'électricités contraires.

Fig. 394. — Un nuage électrisé, *N'*, passe au-dessus d'une maison pourvue d'un paratonnerre, *M'*. Si la distance est faible entre le nuage et la maison, la foudre y pourra tomber sans causer de dégâts à l'édifice.

**371. L'influence électrique et l'étincelle.** — Quand un corps électrisé, *N* (fig. 393), est placé en présence d'un autre corps, *M*, sans le toucher, il provoque sur ce dernier l'apparition des deux électricités [+ et —], en quantités égales.

Si le corps *N* est électrisé positivement par exemple et le corps *M* muni d'une pointe, sur ce dernier l'électricité négative se porte à la pointe, s'échappe et va neutraliser peu à peu l'électricité positive du corps *N*, *M* demeure chargé d'électricité positive (fig. 393, I).

Si le corps *M* communique par une chaîne avec le sol, sa charge positive + elle-même se perdra dans le sol (II) : les deux corps perdront leur état électrique (III). — Souvent une **étincelle électrique** jaillit entre le corps *N* et la pointe du corps *M*.

**372. La foudre et le paratonnerre**. — Le corps *N* ne vous représente t-il pas un nuage *N'* (fig. 394)? le corps *M'*, une maison pourvue d'une tige de fer pointue appelée *paratonnerre ?* Cette tige est reliée au sol par un câble métallique qui plonge dans l'eau d'un puits (nappe d'eau souterraine). — En temps d'orage, une énorme étincelle électrique, la *foudre*, peut

Fig. 395. — Vous devez éviter de chercher un abri sous les arbres en pleine campagne, pendant les orages.

jaillir entre un gros nuage électrisé et la maison ; celle-ci est préservée par le paratonnerre.

La foudre, due aux décharges électriques entre les nuages et la terre, tombe de préférence sur les corps terminés en pointe, tels que les (clochers d'églises, les édifices élevés, les arbres (fig. 395), les meules de paille (fig. 396) auxquelles elle peut mettre le feu. — Vous comprenez pourquoi, si vous êtes surpris par un orage en pleine campagne, là où se trouvent

Fig. 396. — La foudre, tombant sur une meule de paille, y met le feu.

seulement quelques arbres, propres à vous donner abri contre la pluie, *vous devez éviter de vous y réfugier* sous peine d'être foudroyés.

**373. La pile et le courant électrique.** — *Une* pile *est un appareil producteur d'électricité.*

La pile se compose d'une série de vases (fig. 397) dont chacun, appelé *élément de pile*, renferme une lame de cuivre et une lame de zinc plon-

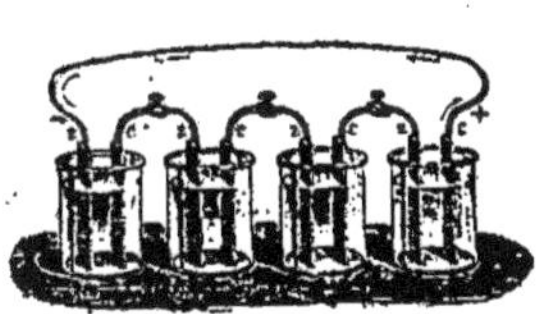

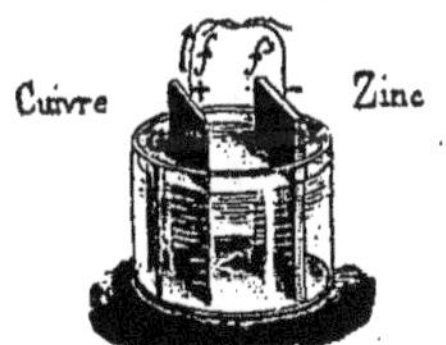



Fig. 397. — Une pile comprend un certain nombre d'éléments (fig. 398).

Fig. 398. — Un élément de pile comprend une lame de cuivre, et une lame de zinc plongeant dans de l'eau acidulée par l'acide sulfurique.

geant dans de l'eau additionnée d'acide sulfurique (fig. 398); chaque lame est pourvue d'un fil de cuivre *f, f'*.

La lame de cuivre est électrisée positivement [pôle +]; la lame de zinc est électrisée négativement [pôle =]. — Réunissant les deux fils dont ces lames sont pourvues, il se produit un *courant électrique* dans le circuit [C, *f*, *f'*, Z], ainsi déterminé.

*Le courant est d'autant plus intense, la quantité d'électricité* produite
*est d'autant plus abondante, que la pile comprend un plus grand nombre*
*d'éléments* associés comme l'indique la figure 397.

Les applications du courant électrique sont trop nombreuses, mes Enfants,
pour que je vous en donne même une idée ; il en est une cependant dont
vous avez tous entendu parler : c'est le **télégraphe**.

**374. Le télégraphe électrique.** — Le mot *télégraphe* signifie « *écrire
au loin* ».

Cet appareil permet à deux personnes éloignées de correspondre,
d'échanger leurs idées. Il consiste en *une pile*, un *fil de ligne* conducteur
du courant, un *manipulateur* manié par la personne qui envoie une **dépêche**,

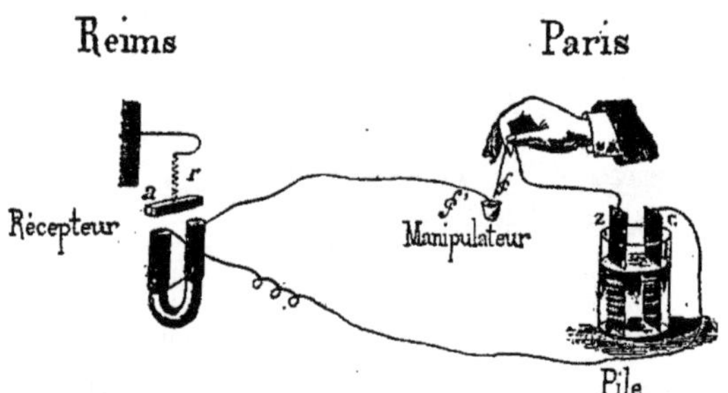


FIG. 399. — Le principe du télégraphe électrique.

un *récepteur* devant lequel est placée la personne qui reçoit cette dépêche (fig. 399).

Le manipulateur consiste ici en un godet contenant du mercure dans
lequel plonge constamment le fil $f'$ ; le fil $f$ peut y plonger (alors le
courant électrique passe dans le *fil de ligne*) ou en être retiré (alors le courant ne passe plus).

Le récepteur s'appelle un *électro-aimant*, c'est-à-dire un appareil *capable
d'attirer un petit morceau de fer doux, a* (soutenu par un ressort *r*), *chaque
fois que le courant est lancé dans le fil de ligne ;* quand le courant ne passe
plus, le fer doux n'est plus attiré et le ressort le fait remonter.

Imaginez, que la personne envoyant la dépêche soit à Paris avec le manipulateur, que la personne recevant la dépêche soit à Reims.

Entre elles, il a été convenu que :

1 attraction du fer doux représenterait la lettre *a* ;

2 attractions rapides représenteraient la lettre *b* ;

3 attractions rapides représenteraient la lettre *c* ; et ainsi de suite.

Grâce à cette convention, la personne de Paris pourra envoyer à son cor-
respondant de Reims toutes les nouvelles qu'elle voudra.

Le télégraphe d'aujourd'hui est évidemment bien plus expéditif. — Il me
suffit de vous en avoir fait connaître le principe.

# INDEX ALPHABÉTIQUE

**E**



**F**

# TABLE DES MATIÈRES

## LES PLANTES

# NOTIONS COMPLÉMENTAIRES DE PHYSIQUE

IMPRIMERIE E. CAPIOMONT ET Cie

PARIS
57, RUE DE SEINE, 57

www.ingramcontent.com/pod-product-compliance
Ingram Content Group UK Ltd.
Pitfield, Milton Keynes, MK11 3LW, UK
UKHW022204120726
13694UKWH00002B/402